朝倉物性物理シリーズ

4

編集委員 川畑有郷・斯波弘行・鹿児島誠一

極限実験技術

三浦 登・毛利信男・重川秀実 著

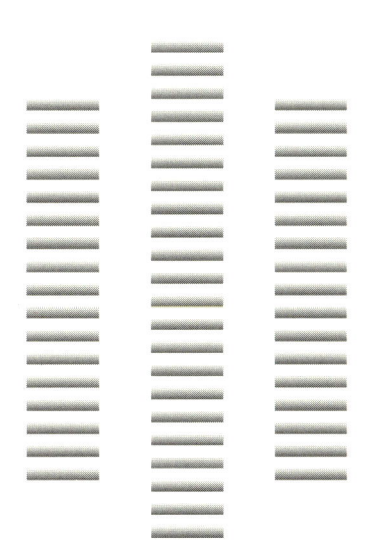

朝倉書店

まえがき

　物理学は自然科学であるから，機器を用いた実験と計算に基づく理論とが連携して理解の体系がつくられる．20世紀初頭に現代物理学が姿を見せ始めたときから，物理学の発展は実験技術の開拓とともに進んだ．実験技術の開拓は，単に物理学それ自身の発展に必要なだけではない．いったん実験技術が誕生すると，その後工学的に磨き上げられることによって他の学問分野や一般社会に広く役立つようになるのが通例である．磁気共鳴の実験技術がMRIとなって医療に役立っているし，高真空と電子線放射の実験技術が今日のエレクトロニクスの基盤をなしている．本書は現代の最先端実験技術のうち，強磁場，高圧，ナノスケール観測の3つの極限技術の最新の姿と，それによって何ができ，何が明らかになるかを解説したものである．

　まず第1編は強磁場実験技術を扱う．物性物理の世界では，磁場は一般に，電子スピンに対してはゼーマン相互作用によって，軌道運動に対してはローレンツ力を介して影響を与える．したがって，磁場効果は電子状態を探る強力な手段となる．きわめて強い磁場においては，磁場は電子状態に対するプローブの役割を超え，電子状態そのものを大きく変えて制御し，新たな電子状態を生み出すことも可能になる．

　第2編では超高圧実験技術が解説される．物性物理は，原子物理や分子科学とは違って，原子・分子が集団をなすことによって初めて現れる現象を相手にする．したがって，原子配列は物性現象において最も基本的な要素であり，物性が演じられる舞台そのものである．高圧を加えることはその原子配列を制御することになる．物質の構造を制御する1つの方法は化学的手法であるが，高圧は構造制御のための数少ない物理的手法であるといえよう．

　第3編では，ナノスケールでの構造観測の手段として，走査プローブ顕微鏡の実験技術を扱う．この方法で原子スケールでの構造を見ることができるが，

電子線・中性子線・X線回折などによる構造解析と全く違う点は，原子が格子を組んでいる必要がなく，単独の原子1個を見ることができることである．したがって結晶でない物質や，原子・分子のクラスターの内部構造を見ることが可能になる．またこの方法は観測手段であるだけでなく，人為的に構造をつくる手段でもある．原子や分子を1つ1つつまみ上げて並べ，人工的な構造をつくることも実際に試みられている．

物理学の実験研究において，既存の機器を組み合わせてデータをとり，それを解析することは，研究の，重要ではあるが一部でしかない．新たな実験技術を開発することがいかに重要であるかは，過去のノーベル賞級の研究を見てみれば明らかである．本書を手がかりとして，実験技術開拓の重要性を認識していただければ幸いである．

 2003年5月

担当編集委員　鹿児島誠一

目　　次

I．超強磁場

[三浦　登]

1. 磁場と電子 ·· 2
   1.1 磁場とスピン ·· 2
      1.1.1 ゼーマン分裂と交換相互作用 ······························· 2
      1.1.2 常磁性体の磁化過程 ·· 4
      1.1.3 反強磁性体の磁化 ··· 5
      1.1.4 フェリ磁性体の磁化 ·· 6
   1.2 磁場中の伝導電子 ·· 7
      1.2.1 ランダウ準位 ··· 7
      1.2.2 状態密度 ··· 10
2. 強磁場の発生と測定 ·· 12
   2.1 定常磁場 ·· 12
   2.2 パルス磁場 ··· 16
   2.3 超強磁場 ·· 20
      2.3.1 爆縮法 ··· 20
      2.3.2 電磁濃縮法 ·· 22
      2.3.3 一巻きコイル法 ·· 29
   2.4 パルス磁場の測定 ·· 33
3. 強磁場磁性 ·· 35
   3.1 磁化の測定 ··· 35
   3.2 スピンフロップ転移とスピンフリップ転移 ············· 37
   3.3 強相関電子系の磁気相転移 ···································· 39
   3.4 量子スピン系 ·· 40

3.5　超伝導体の磁化 ……………………………………………………… 41
4．量子輸送現象 ………………………………………………………………… 43
　　4.1　電気的測定 …………………………………………………………… 43
　　4.2　磁場中の電気伝導 …………………………………………………… 44
　　4.3　量子振動現象 ………………………………………………………… 47
　　4.4　量子ホール効果 ……………………………………………………… 48
　　4.5　磁気フォノン共鳴 …………………………………………………… 48
　　4.6　磁気トンネル効果 …………………………………………………… 50
5．強磁場と光学的性質 ………………………………………………………… 52
　　5.1　強磁場下の光学的測定 ……………………………………………… 52
　　　　5.1.1　OMAを用いる測定 ………………………………………… 52
　　　　5.1.2　イメージコンバーターカメラを用いる測定 …………… 55
　　5.2　帯間磁気光吸収 ……………………………………………………… 57
　　　　5.2.1　ランダウ準位間の光学遷移 ……………………………… 57
　　　　5.2.2　励起子と磁場 ……………………………………………… 58
　　5.3　2次元励起子の磁気光学スペクトル ……………………………… 59
　　5.4　短周期超格子の磁気光学スペクトル ……………………………… 62
　　5.5　量子細線，量子ドットの磁気光学スペクトル …………………… 63
6．テラヘルツ・スペクトロスコピー ………………………………………… 66
　　6.1　赤外・遠赤外測定技術 ……………………………………………… 66
　　6.2　サイクロトロン共鳴 ………………………………………………… 68
　　6.3　低移動度物質のサイクロトロン共鳴 ……………………………… 69
　　6.4　フォノンとの相互作用 ……………………………………………… 71
　　　　6.4.1　ポーラロン・サイクロトロン共鳴 ……………………… 71
　　　　6.4.2　サイクロトロン共鳴による構造相転移の観測 ………… 72
　　6.5　準位クロスオーバー ………………………………………………… 74
　　　　6.5.1　半金属-半導体転移 ………………………………………… 74
　　　　6.5.2　直接-間接型転移 …………………………………………… 75
　　6.6　量子ポテンシャルとの競合 ………………………………………… 77
　　　　6.6.1　量子ドットのサイクロトロン共鳴 ……………………… 77
　　　　6.6.2　傾いた磁場中での量子井戸のサイクロトロン共鳴 …… 79

6.7 電子間相互作用 ……………………………………………………… 80
参 考 文 献 …………………………………………………………………… 83

II. 超 高 圧
[毛利信男]

1. 高圧と物質構造 ……………………………………………………………… 88
   1.1 状態方程式 …………………………………………………………… 88
      1.1.1 希ガス結晶や分子性結晶 ……………………………………… 90
      1.1.2 イオン結晶 ……………………………………………………… 92
      1.1.3 金属結晶 ………………………………………………………… 94
      1.1.4 現象論的状態方程式 …………………………………………… 95
   1.2 結晶構造転移 ………………………………………………………… 97
2. 超高圧発生方法 …………………………………………………………… 103
   2.1 圧力容器設計技術と高強度材料 …………………………………… 103
   2.2 圧力媒体とその密閉技術 …………………………………………… 107
   2.3 圧力制御測定技術 …………………………………………………… 112
      2.3.1 圧力制御技術 …………………………………………………… 112
      2.3.2 圧力測定技術 …………………………………………………… 114
   2.4 物理量測定技術 ……………………………………………………… 118
      2.4.1 結晶構造と磁気構造測定 ……………………………………… 118
      2.4.2 光学的測定 ……………………………………………………… 119
      2.4.3 電気・磁気測定 ………………………………………………… 119
      2.4.4 比熱測定 ………………………………………………………… 121
3. 超高圧下の物性 …………………………………………………………… 123
   3.1 バンド電子への高圧効果 …………………………………………… 123
   3.2 スピン密度波への高圧効果 ………………………………………… 125
   3.3 電荷密度波への高圧効果 …………………………………………… 127
   3.4 モット–ハバード絶縁体の金属転移 ………………………………… 128
   3.5 ヘビーフェルミオン系物質への高圧効果 ………………………… 131
   3.6 酸化物高温超伝導への高圧効果 …………………………………… 134
   3.7 分子解離と水素結合への高圧効果 ………………………………… 135

参考文献 ……………………………………………………………………… 143

III. 走査プローブ顕微鏡

[重川秀実]

1. 走査プローブ顕微鏡とは ………………………………………………… 148
2. 走査プローブ顕微鏡と分解能 …………………………………………… 152
   2.1 空間分解能 …………………………………………………………… 152
       電流をプローブとした場合 / その他のプローブの場合
   2.2 時間分解能 …………………………………………………………… 156
   2.3 力の分解能 …………………………………………………………… 159
       AFMの測定方式 / 光テコ方式 / スロープ検出法と周波数
       変調(FM)検出法 / 水晶振動子法 / 横方向の力の高感度検
       出
   2.4 S/N比からの考察 …………………………………………………… 165
   2.5 その他の分解能 ……………………………………………………… 166
3. 走査プローブ顕微鏡と極限計測 ………………………………………… 168
   3.1 ナノスケールの電子物性 …………………………………………… 168
       3.1.1 単一原子・分子レベルの電子構造 ……………………… 168
           原子ワイヤーの伝導特性 / 分子伝導 / 分子内電子準位 / 構
           造変形と電子状態の変化
       3.1.2 トンネル分光測定 ………………………………………… 176
           トンネル分光法の原理 / 定在波・分散関係 / 電子緩和寿
           命 / ナノ構造の解析
       3.1.3 局所トンネル障壁 ………………………………………… 188
       3.1.4 局所容量計測 ……………………………………………… 189
           容量顕微鏡 / 単一電子トンネル
       3.1.5 ケルビン法と関連技術 …………………………………… 191
           変位電流の解析 / 静電気力の解析法
       3.1.6 弾道電子の測定 …………………………………………… 193
           電流検出 / 発光検出
       3.1.7 局所磁性計測 ……………………………………………… 196

スピン偏極 / スピン共鳴 SPM
3.2 ナノスケールの力学物性 ……………………………………………… 198
　3.2.1 力学測定の基礎 ………………………………………………… 198
　　　　フォース曲線と凝着力 / 曲げ・バネ定数 / 摩擦力・せん断
　　　　力 / 転がり摩擦 / 探針の磁場制御 / エネルギー散逸
　3.2.2 単一原子-分子間相互作用の測定 …………………………… 207
　　　　化学力顕微鏡 / 動力学的な力の測定 / 探針のブラウン運動
3.3 ナノスケールの光物性 ………………………………………………… 212
　3.3.1 光励起 SPM …………………………………………………… 212
　　　　測定法と問題点 / 電子構造の解析 / 高速時間分解 STM
　3.3.2 表面プラズモンの直接観察 ………………………………… 223
　3.3.3 エキシトンの拡散 …………………………………………… 223
　3.3.4 レーザー周波数混合 ………………………………………… 224
　3.3.5 光局所状態密度の観察 ……………………………………… 225
　3.3.6 光・SPM による加工 ………………………………………… 225
　3.3.7 その他 ………………………………………………………… 226
4. マニピュレーション ……………………………………………………… 227
　4.1 微小構造の形成・制御 ……………………………………………… 227
　　　　原子・分子操作 / 分子の電子構造操作 — 分子スイッチ
　4.2 分子素過程の解析と制御 …………………………………………… 229
　　　　化学反応の制御 / 運動モードの制御
5. その他の技術 ……………………………………………………………… 232
参 考 文 献 ……………………………………………………………………… 235
索　　　引 ……………………………………………………………………… 243

I. 超強磁場

　最近の強磁場技術の進展は目覚ましく，以前には夢のような数値であった磁場の下での実験が可能になった．ある程度までの磁場は定常磁場として利用が可能であり，それより強い磁場は1〜100 ms程度の時間幅のパルス磁場，またさらに強い超強磁場は破壊的な手段によって時間のより短い（数μsの程度）パルス磁場として発生される．これらの下で，新しい量子現象や磁気相転移などが次々に見出されている．今後強磁場下の物性研究はますます発展を遂げ，重要性を増すと考えられる．本編では強磁場下の物性研究に必要な磁場発生技術やその下での物性測定技術について述べ，それらを使ってどのような研究がなされているかについて，いくつかの例を紹介する．もとより磁場は物性研究にとって非常に有力かつ一般的な手段であり，本シリーズでも随所に強磁場物性に関する話題が含まれている．また実験としてはパルス磁場の方が通常の実験室にはない特殊な技術を必要とするので，ここでは特に超強磁場を含むパルス強磁場領域での研究を中心に議論を進める．1章ではまず，本編の基礎となる物質中の電子の磁場に対する応答について，ごく簡単に概観する．2章では各種の強磁場の発生法と磁場の測定法を，主として技術的観点から解説する．3章以降では，物質の磁気的性質，電気的性質，光学的性質，遠赤外・赤外領域の電磁応答のそれぞれについて，測定法と実験例を紹介する．

1

磁場と電子

　磁場を物質に加えると物質の性質にはさまざまな変化が現れる．物質には磁化が現れ，電気伝導には増減がみられ，光吸収や反射に変化が現れたりする．これらの物質の磁場に対する応答は一般に物質中の電子，それも外殻の価電子によるものである．磁場によって電子のスピン状態は分裂し，伝導電子の状態は量子化される．加える磁場を強くしていくと，これらの量子化の効果が顕著に物質の性質に反映される．本章では強磁場下の物性の基礎となる電子状態について述べる[1,2]．

1.1 磁場とスピン

1.1.1 ゼーマン分裂と交換相互作用

　個々の電子はスピンをもっている．スピンは固有の角運動量 $\hbar s$ とこれに比例した磁気モーメントをもち，その向きは上向きか下向きである．磁束密度 B の磁場が加わると上向きのスピンと下向きのスピンの状態のエネルギーは分裂する．この分裂を**ゼーマン分裂**，分裂した後のスピンのエネルギーを**ゼーマンエネルギー**という．ゼーマンエネルギーは

$$\mathcal{E}_s = \pm g\mu_B B s \tag{1.1}$$

と表される．ここで μ_B はボーア磁子 (Bohr magneton) とよばれる量であり，

$$\mu_B = \frac{e\hbar}{2m} \tag{1.2}$$

である．g は g 値とよばれる量で，自由電子の場合には，$g=2.0023$ である．

　スピンの他に，軌道角運動量 $\hbar l$ にも磁気モーメントが伴う．物質中のイオンの中で，電子軌道の1つの殻が完全に電子で占められた場合には，その殻の

電子の角運動量の和 $L=\sum_i l_i$ とスピンの和 $S=\sum_i s_i$ は打ち消してゼロとなるから全体として磁気モーメントをもたない．3d遷移金属イオン，4f希土類金属イオン，5fアクチナイド金属イオンはいわゆる不完全殻をもち，有限の L, S をもつので磁性イオンとなる．S と L はスピン軌道相互作用によって結合し，全角運動量 $J=L+S$ とこれに伴う磁気モーメントをもつ．軌道角運動量の磁気モーメントはスピンの半分であるので，J のもつ磁気モーメントは，$M=-\mu_B(2S+L)$ となる．希土類イオンでは全角運動量 J を考える必要があるが，3d遷移金属イオンではふつう結晶場のために L の平均値が消滅し，S の効果のみが現れる．自由なイオンでは，量子数 J で表される状態は $2J+1$ 重に縮退しているが，磁束密度 B の外部磁場を z 方向に加えるとそのエネルギーは J の z 方向の成分 J_z によって

$$\mathcal{E}_s = g\mu_B B J_z \tag{1.3}$$

に従って分裂する[*1)]．磁場が強くなるとゼーマンエネルギー $\mathcal{E}_s$ が大きくなり，これを通して磁場は物質の性質に変化を及ぼす．固体中ではスピン間にさまざまな相互作用がはたらいているが，$\mathcal{E}_s$ が相互作用のエネルギーを越えると磁気的な相転移現象を起こすことがある．磁気的な相互作用には，**交換相互作用，超交換相互作用，RKKY** (Ruderman-Kittel-Kasuya-Yoshida) **相互作用，反対称交換相互作用** (Dzyaloshinsky-Moriya相互作用)などがある．交換相互作用というのは，同じ状態を2つの電子が占めることができないというパウリの原理によって電子間のクーロン相互作用がスピンの向きによって異なることから発生するものである．スピン S_i と S_j の間の交換相互作用エネルギーは

$$\mathcal{E}_{ex} = -J S_i \cdot S_j \tag{1.4}$$

と表される．ここで J は**交換相互作用定数**で，正の場合は強磁性的にスピンの向きを平行に，負の場合には反強磁性的にスピンの向きを反平行に揃えようとするはたらきをする．交換相互作用によってスピンの向きが平行ないし反平行に揃っている物質を**秩序磁性体**という．秩序磁性体のうち反強磁性体やフェリ磁性体では，強磁場を加えることによってこの秩序を破壊するような**磁気相転移**が起こる．

[*1)] このエネルギーも1電子の場合と同様，ゼーマンエネルギーという．

1.1.2 常磁性体の磁化過程

常磁性体では，磁性イオンが独立して物質中に存在する．磁場を加えると各イオンの磁気モーメントのエネルギーは式(1.3)のように分裂する．$J=5/2$の場合の分裂したエネルギーを図1.1の挿入図に示す．電子は，温度によって決まる熱分布則に従ってこれらの準位を占める．それぞれの準位の磁化への寄与は $g\mu_B J_z$ であるから，これらの寄与の熱平均をとれば磁化が次のように求められる．

$$M = N g\mu_B J B_J\left(\frac{gJ\mu_B B}{kT}\right) \tag{1.5}$$

ここで N はイオンの数であり，$B_J(x)$ は**ブリュアン関数**(Brillouin function)とよばれ，次式で表される．

$$B_J(x) = \frac{2J+1}{2J}\coth\left(\frac{2J+1}{2J}x\right) - \frac{1}{2J}\coth\left(\frac{1}{2J}x\right) \tag{1.6}$$

$J=5/2$ の場合の磁化は図1.1のようになる．このように常磁性体の磁化では，磁束密度 B は常に温度のエネルギー kT との比で現れる．高温，弱磁場で x が小さいとき，$B_J(x)$ はほぼ線形の関数である．この領域では磁化は

$$M \approx \chi H \tag{1.7}$$

$$\chi \approx N\frac{(g\mu_B)^2}{3kT}J(J+1) \tag{1.8}$$

となる．この温度に反比例した帯磁率を**キュリーの法則**という．磁場が強くなると磁化の飽和傾向がみられ，次第に磁場に対する傾きが小さくなる．

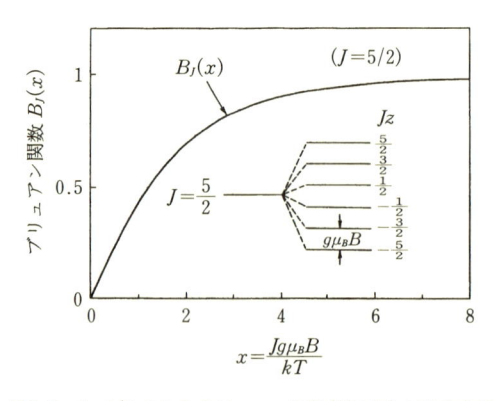

図1.1 $J=5/2$ のときのゼーマン分裂(挿入図)と磁化曲線

強磁性体ではもともとスピンの向きが平行に揃っているが，全体として磁化していない状態では磁化の向きがばらばらな向きを向いた細かい磁区に分かれている．磁場を加えると，磁区の向きが揃うために磁化が増大し，磁場を取り去っても磁化が残るヒステリシス現象が現れる．磁区の向きを揃えるようなマクロな磁化過程を**技術磁化** (technical magnetization) とよんで，磁場が個々のスピンにはたらいて起こる磁化とは区別している．

1.1.3 反強磁性体の磁化

反強磁性体では，隣り合うイオンのスピンが逆向きを向いており，物質全体としては磁場が加わらないときに磁化を示さない．結晶にはふつう磁気的な異方性があり，スピンの向きはある特定の結晶軸の方向を向いている．この方向は**容易軸**方向とよばれている．反強磁性体に磁場を加えた場合，磁場が容易軸に平行であるか，垂直であるかによって磁化率は大きく異なる．

磁場を容易軸に平行に加えた場合には，磁場と平行なスピンと反平行なスピンは磁場によって大きな影響を受けないので，絶対零度では帯磁率はゼロである．磁場をどんどん強くしていくと，磁場と反平行なスピンはエネルギーが高くなるのでいずれはすべてのスピンが磁場の方向に向きを変える．強磁場では，このようなスピンの向きが反転する過程をみることができる．容易軸方向の外部磁場を強くしていくと，ある磁場 H_{c1} でまずスピンは磁場と垂直な方向に方向を変える．磁場と反平行のスピンは磁場の増加とともにエネルギーが高くなるので，異方性に逆らってでも垂直を向いた方がエネルギーが低いからである．交換相互作用のためにもともと磁場と平行であったスピンも磁場と垂直になる．このようにスピンの方向が突然 90° 回転するような現象を**スピンフロップ転移**とよんでいる．垂直になった後は，磁場の増加とともにスピンは磁場の方向に傾いていき，磁化は磁場に対して直線的に増加する．

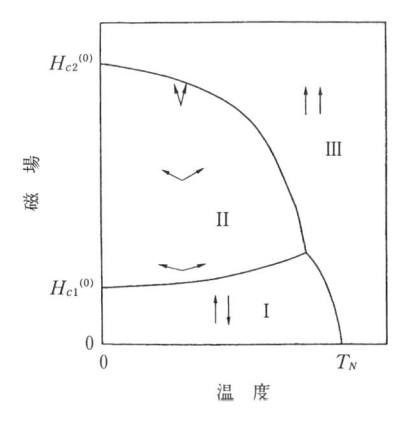

図 1.2 強磁場における反強磁性体の磁気相図 磁場が容易軸に平行に加わった場合を示す．

磁場 H_{c2} で傾きが 90° に達するとすべてのスピンが磁場の方向を向き，磁化は飽和する．図 1.2 は，磁場と温度が変化したときにみられるこのような磁気構造が現れる領域を表した相図である．第 3 章に示す反強磁性体 MnF_2 における磁化にはこのようなスピンフロップ転移の典型例がみられる．スピンフロップ転移は**分子場近似**によってよく記述できる．分子場近似では，スピンに対する交換相互作用や異方性を，スピンにはたらく有効的な磁場 (分子場) で表す．交換相互作用，異方性を表す分子場をそれぞれ H_{ex}, H_A とすると，上述の H_{c1}, H_{c2} は，

$$H_{c1} = (2H_A \cdot H_{ex})^{1/2} \tag{1.9}$$

$$H_{c2} = 2H_{ex} \tag{1.10}$$

と表される．

1.1.4 フェリ磁性体の磁化

　フェライト，ガーネットなどの物質は**フェリ磁性体**とよばれ，磁場がないときや弱いときは強磁性体と同じように振る舞う．フェリ磁性体では，負の交換相互作用がはたらいており，隣り合うイオンどうしは反強磁性体と同じように互いに逆方向を向いている．しかし上向きのスピンと下向きのスピンの数が異なったり，大きさが異なったりするとこれらが打ち消さずに全体として有限の磁化が残る．分子場近似では，結晶の中で向きが同じで等価なスピン集合を**副格子** (sublattice) として扱う．上向きスピンの副格子の磁化を M_a，下向きスピンの副格子の磁化を M_b とすると，全体の磁化は $M = M_a + M_b$ と表される．分子場近似では，交換相互作用が個々のスピン間にはたらいている状態を考える代わりに，副格子の間に交換相互作用がはたらいていると考える．$|M_b| > |M_a|$ とすると，外部磁場 H_0 が弱い間は M_b が磁場の方向を向き，M_a はこれと逆方向を向いているから，物質全体の磁化は $M_b - M_a$ となる．磁場を強くしていくと，副格子 a のエネルギーが

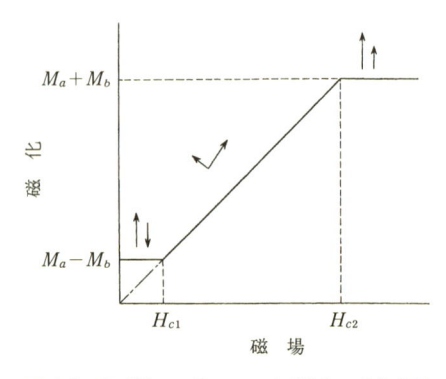

図 1.3　強磁場におけるフェリ磁性体の磁化過程

高くなるので，M_a は磁場の方向に少し傾き始める．M_b も交換相互作用を通してこの影響を受け，磁場の方向から傾く．この副格子のスピンの傾斜はある磁場 H_{c1} から急に起こり始める．磁場をさらに強くしていくと，どちらの副格子の磁化も次第に磁場の方向に傾きを変え，全体の磁化は磁場に対して線形に増加する．外部磁場が H_{c2} に達すると，両スピンともに磁場に平行になり磁化は飽和する．図 1.3 はこのようなフェリ磁性体の磁化過程を示したものである．フェリ磁性体においてスピンが反平行を向いたフェリ磁性相からスピン傾斜相を経てスピンが平行な強制強磁性相に至る一連の転移を**スピンフリップ転移**とよんでいる．ガーネット結晶などにおいてこのような磁化過程が実際に観測されている (第 3 章参照)．

1.2 磁場中の伝導電子

1.2.1 ランダウ準位

速度 v で運動している伝導電子に磁場が加わるとローレンツ力 $v \times B$ が加わり電子の運動方程式は，

$$m^* \frac{dv}{dt} = -v \times B \tag{1.11}$$

となる．この力によって電子はサイクロトロン運動を行う．サイクトロン運動の角周波数は，

$$\omega_c = \frac{eB}{m^*} \tag{1.12}$$

で表される．ここで m^* は電子の有効質量である．加える磁場を強くしていくと，ω_c はこれに比例して大きくなる．軌道半径は

$$r_c = \frac{m^* v}{eB} = \frac{(2m^* \mathcal{E})^{1/2}}{eB} \tag{1.13}$$

であり，磁場が強くなるにつれて小さくなる．

量子力学では，磁場中の電子の運動を表すハミルトニアンは，

$$\mathcal{H} = \frac{1}{2m}(p + eA)^2 \tag{1.14}$$

と表される．ここで p は電子の運動量演算子，m^* は有効質量，A は磁場によるベクトルポテンシャルである．有効質量近似によれば，結晶の周期ポテン

シャルの効果は有効質量 m^* の中に含めて顕わに取り扱わなくともよい．ベクトルポテンシャル A は

$$\text{rot}\, A = B \tag{1.15}$$

を満たすベクトルであり，磁場 B が与えられても一義的には決まらない．実際，あるスカラー量 λ の勾配を加えて $A \to A + \nabla\lambda$ としても，式 (1.15) は同じ B を与える．したがってベクトルポテンシャルには任意性があり，その取り方を**ゲージ**という．磁場を表すベクトルポテンシャルとしてよく使われるものは，**ランダウゲージ**とよばれるもので，B が z 方向を向いているときに

$$A = [0, Bx, 0] \tag{1.16}$$

と表される．ランダウゲージはサイクロトロン運動の x 方向の中心座標 X を運動の恒量とするゲージである．y 方向の中心座標 Y も同等に扱って $X^2 + Y^2$ を運動の恒量とする**対称ゲージ**によるベクトルポテンシャル，

$$A = \left[-\frac{1}{2}By, \frac{1}{2}Bx, 0\right] \tag{1.17}$$

も円筒対称や球対称のポテンシャルが存在する場合などによく使われる．

ランダウゲージでは，ハミルトニアンは

$$\mathcal{H} = \frac{p_x^2}{2m} + \frac{1}{2m}(p_y + eBx)^2 + \frac{p_z^2}{2m} \tag{1.18}$$

となる．

$$X = -\frac{p_y}{eB} \tag{1.19}$$

とおくと，X はサイクロトロン運動の中心の x 座標とみなすことができる．このハミルトニアンに対するシュレーディンガー方程式の固有波動関数は，エルミート関数 $H_N(x)$ を使って，

$$\Psi(x, y, z) = C e^{ik_z z} e^{ik_y y} e^{\frac{x'^2}{2l^2}} H_N\left(\frac{x'}{l}\right) \tag{1.20}$$

となる．ここで $x' = x + k_y l^2 = x - X$ である．また l は基底状態におけるサイクロトロン運動の軌道半径

$$l = \sqrt{\frac{\hbar}{eB}} \tag{1.21}$$

であり，基底状態の波動関数の広がりを表している．l はまた**磁気特性長** (magnetic length) ともよばれ，強磁場中の物理現象にはしばしば登場する．

1.2 磁場中の伝導電子

エネルギー固有値は

$$\mathcal{E} = \left(N + \frac{1}{2}\right)\hbar\omega_c \qquad N = 0, 1, 2, \cdots \tag{1.22}$$

となる．このように磁場によって量子化されたエネルギー準位は**ランダウ準位**とよばれる．ランダウ準位の間隔はサイクロトロン運動の量子化エネルギー

$$\hbar\omega_c = \hbar\frac{eB}{m^*} \tag{1.23}$$

で表される．

対称ゲージでは，ハミルトニアンは

$$\begin{aligned}\mathcal{H} &= \frac{p^2}{2m} + \frac{1}{2}\omega_c(xp_y - yp_x) + \frac{m}{8}\omega_c^2(x^2 + y^2) \\ &= \frac{p^2}{2m} + \frac{1}{2}\omega_c L_z + \frac{m}{8}\omega_c^2\rho^2 \\ \rho^2 &= x^2 + y^2\end{aligned} \tag{1.24}$$

ここで $L_z = xp_y - yp_x$ は角運動量 $\bm{L}$ の z 成分である．円筒座標 (ρ, ϕ, z) をとると，波動関数は

$$\Psi = Ce^{iM\phi}e^{ik_z z}\rho^{|M|}e^{-\frac{\rho^2}{4l^2}}L_{N+|M|}^{|M|}(\rho^2/2l^2) \tag{1.25}$$

ここで L_N^α はラゲールの随伴多項式である．エネルギーは

$$\mathcal{E}_\perp = \left(N + \frac{M + |M|}{2} + \frac{1}{2}\right)\hbar\omega_c \tag{1.26}$$

となる．$M<0$ のとき，エネルギーは式 (1.22) と同じになり，$|M|$ にはよらない．状態は $M<0$ のとり得る値について縮重している．$\hbar M$ は L_z の期待値であり M はよい量子数となっている．言い換えると，対称ゲージでは L_z が運動の恒量となる．

N 番目のランダウ準位のサイクロトロン運動の軌道半径は

$$r_c = (2N+1)^{1/2}l \tag{1.27}$$

となる．加える磁場を強くしていくと，$\hbar\omega_c$ が大きくなることから，軌道の量子化の効果が顕著になり，サイクロトロン共鳴やシュブニコフ–ドハース (Shubnikov-de Haas) 効果の例にみられるように，量子化された状態が直接実験で観測されるようになる．さらにこのエネルギーが物質中のバンドギャップ，フォノンエネルギー，プラズマエネルギーなどの各種の励起エネルギー，不純物準位や励起子の束縛エネルギーなどよりも大きくなるとさまざまな現象

が現れる．また軌道半径を表す l は磁場が強くなるにつれて小さくなり，物質中の種々の波動関数，あるいは半導体メゾスコピック系にあるような人工的微細構造のサイズなどよりも小さくすることができる．このような状況の下では，特有の強磁場効果が現れる．

1.2.2 状態密度

磁場に垂直な面内の運動エネルギーが量子化される結果，ランダウ準位には多くの状態が縮重している．ランダウゲージでは，磁場中の状態は (N, X) によって指定されるが，中心座標 X がどこにあってもエネルギーは変わらない．したがって縮重度は1つの状態に X の異なる状態がどのくらいあるかという数を表している．電子が (L_x, L_y, L_z) という領域内にあるとすると，X が領域 $0 \leq |X| \leq L_x$ になければならないという条件から，ランダウ準位の縮重度は $L_x L_y/(2\pi l^2)$ となる．z 方向の自由度のない2次元電子系では，x, y 面内の単位面積あたりの縮重度は

$$N_{2D}(B) = \frac{e}{h} B = \frac{1}{2\pi l^2} \tag{1.28}$$

となる．これよりエネルギーの関数としての状態密度は

$$\rho_{2D}(\mathcal{E}) = \frac{e}{h} B \cdot \delta\left\{\mathcal{E} - \left(N + \frac{1}{2}\right)\hbar\omega_c\right\} \tag{1.29}$$

と表される．このように，状態密度 $\rho_{2D}(\mathcal{E})$ の磁場係数が基本物理定数だけで表される定数であることは，2次元電子系の著しい特徴であり，量子ホール効果など強磁場中の量子現象の起こる背景となっている．磁場がないときの2次元電子系の状態密度は，図1.4(a)のように，1つのサブバンドの中では一定値 $2m^*/(4\pi\hbar^2)$ をとることが知られている．この値にランダウ準位の間隔 $\hbar\omega_c = \hbar eB/m^*$ をかけるとちょうど $N_{2D}(B) = eB/h$ となる．このことは $\hbar\omega_c$ の幅にある状態が集まってランダウ準位を形成していることを意味している．

3次元電子系では磁場に平行な z 方向の運動の自由度があり，この方向の運動は磁場の影響を受けないから，ランダウ準位の状態密度はその分だけ裾が広がり，

$$\rho_{3D}(\mathcal{E}) = \frac{V}{8\pi^2} \frac{(2m^*)^{1/2}}{\hbar l^2} \sum_{N=0}^{N_{\max}} \frac{1}{\sqrt{\mathcal{E} - \left(N + \frac{1}{2}\right)\hbar\omega_c}} \tag{1.30}$$

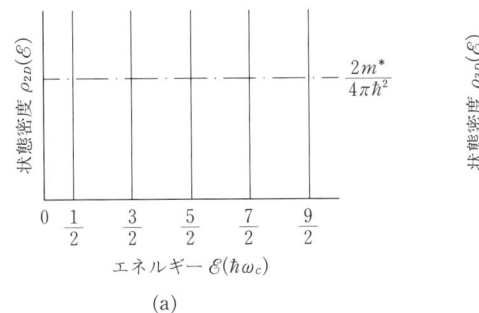

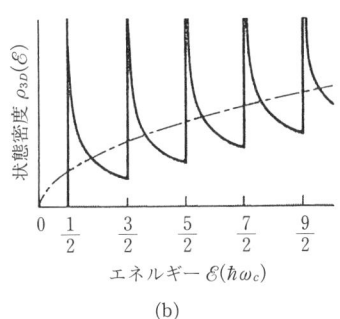

図 1.4 2次元電子系のランダウ準位の状態密度 (a) と 3次元電子系のランダウ準位の状態密度 (b). 一点鎖線は磁場がないときの状態密度を表す.

となる.

式 (1.29), (1.30) からわかるように, 磁場が強くなると状態密度が増す. 磁場が非常に強い極限では, すべての電子が基底状態, またはエネルギーの低いいくつかのランダウ準位に収容された**量子極限状態**が実現する. これも強磁場の効果の1つである.

2 強磁場の発生と測定

強磁場発生技術は最近急速な進展を遂げ，次第に非常に強い磁場中での物性研究が可能になってきた．さまざまな強磁場マグネットや強磁場発生法が開発されているが，本節ではその主なものを概説する．これらの技術に関するさらに詳しい解説が必要な場合には，啓蒙書[4]，専門の技術書[5~7]や国際会議の会議録[8,9]などを参照されたい．

2.1 定常磁場

磁場は物性の研究にとって基本的な実験手段であることから，実験室では古くから種々のマグネットが使われてきた[4]．最近では次節で述べるパルスマグネットもしばしば使われるようになったが，通常の実験室で最もふつうに使われているマグネットは，一定の磁場をある時間発生し続けたり，ゆっくりと磁場を変化させることのできる定常磁場マグネットである．鉄心のまわりにコイルを巻いた電磁石は，電流を変えることによって容易に磁場が変えられるため，物理実験にはたいへん便利なものであり，超伝導マグネットが開発される以前にはマグネットといえば電磁石のことを指していた．鉄心のような透磁率の高い物質はその磁化によって電流につくる磁場をさらに強めるはたらきをする．鉄心を曲げて一周の磁気回路をつくると，鉄心の中の磁束が透磁率の低い空気中には漏洩しにくいので，できた磁束を閉じこめることができる[1]．磁気回路の一部に隙間をつくるとこの部分の磁場を利用することができる．隙間にはポールピースとよばれる円錐状の鉄をおき，さらに隙間の磁束密度を高めるような工夫がされているものが多い．鉄心入りのマグネットには，磁気回路の形状によって，ワイス型，双ヨーク型，ビッター型などいろいろな型がある

2.1 定常磁場

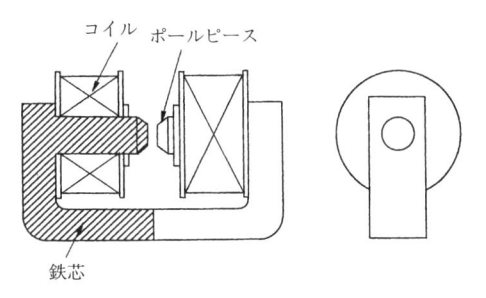

図 2.1 ワイス型電磁石の概念図

が，このうちの**ワイス型**とよばれるものを図 2.1 に示す．

電磁石は電源スイッチを入れるだけで比較的大きい室温空間に簡単に磁場が得られることから非常に便利であるが，鉄の磁化が飽和する 3 T 以上の磁場を発生することは難しい．磁場が強いほど大きな鉄心が必要になるが，鉄心はこれ以上の磁場では役に立たなくなるばかりか，無駄な空間を増すという点で邪魔になる．そこで空心ソレノイドコイルに大電流を流して磁場を発生する方式が考え出された．これが超伝導マグネットと後に述べる大型水冷電磁石である．

現在，実験室で手軽に定常磁場を発生するには**超伝導マグネット**を用いるのが便利である．超伝導線材で巻いたコイルは低温では抵抗がゼロであり，電力の損失なしに大電流を流すことができるので，強磁場を発生することができる．超伝導マグネット用の超伝導線材にはいろいろな種類があるが，現在一般的に使われているのは，Nb-Ti 合金と Nb_3Sn である．これらは液体ヘリウム温度で使用する必要がある．現在のところ，超伝導マグネットによって発生できる磁場の最大値は約 20 T である．この限界は超伝導体には**上部臨界磁場** B_{c2} と**臨界電流** J_c が存在することによる．自ら発生する磁場やマグネットに流す電流がこれらの値を超えると超伝導が破れてしまうので，マグネットとして使えなくなる．超伝導マグネットの線材の超伝導が使用中に破れることを**クェンチ** (quench) という．クェンチが起こるとマグネットが常伝導状態になって流していた電流がジュール熱を発生し，液体ヘリウムが一気に蒸発するので危険である．場合によってはマグネットが壊れることもある．現在では酸化物高温超伝導体を用いた超伝導マグネットの開発研究が進んでおり，これが

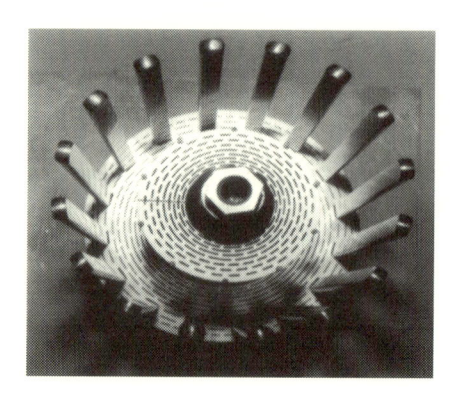

図 2.2 米国の国立強磁場施設(フロリダ州タラハシー)で使われている
ビッター型マグネットの内部の構造

実現すれば液体窒素で冷却する超伝導マグネットも可能になり,しかも上部臨界磁場が画期的に増加するので,より高温で,より強磁場まで使用可能な超伝導マグネットが得られると期待される.しかしながら実用化までにはまだ時間がかかりそうである.約 20 T 以上の定常強磁場を発生するには,常伝導の材料を使わざるを得ない.

常伝導の空心マグネット用として,米国のフランシス・ビッター (Francis Bitter) は図 2.2 にみられるような,中心に孔をもち,この孔と外周との間に 1 本のスリットをもつ銅板を何枚も重ねたコイルを考案した.各銅板の間には,これと同じ形をした絶縁板の板を挿入して銅板と絶縁板を交互に積み重ねる.隣り合う銅板どうしと,絶縁板どうしは,それぞれのスリットを少しずつずらしてその縁を接触させていくと,ネジのような形をしたコイルができあがる.銅板と絶縁板には多数の孔があけられており,これらが重なったときに同じ位置にくるように設計されている.この孔を通して大量の水を軸方向に流し,大電流によって発熱したコイルを冷却するようになっている.この型のコイルは**ビッター型コイル**として知られているが,銅板を締めつけることによってある程度強度を高くすることができることや,磁場発生空間付近の電流密度を高くすることができること,冷却効率が高いことなどのために現在でも,定常強磁場発生用のマグネットとしてよく用いられており,**ビッター型マグネット**として知られている.このようなマグネットによって強磁場を発生しようとする場合,マグネットには数 MW の直流電源から大電流を流す必要がある.

またマグネットの冷却のために，毎秒数百 l の冷却水が必要となる．このため設備は必然的に大型のものとなり，その地方の電力事情も重要な要素となる．したがって，このような施設は世界にも数えるほどしか存在しない．世界の主要な施設を表 2.1 に示す．

米国の MIT では Francis Bitter National Magnet Laboratory が永らく定常強磁場施設を有して世界の強磁場物性研究をリードしてきたが，1990 年にはフロリダ州タラハシーの新しい施設に国立強磁場施設の地位を譲ってその幕を閉じた．わが国には，筑波の物質材料研究機構と東北大学の金属材料研究所にこのような施設がある．これらの施設では水冷の常伝導マグネットの他に，常伝導マグネットと超伝導マグネットを組み合わせた**ハイブリッドマグネット**を擁してさらに強い磁場を発生している．ハイブリッドマグネットでは，内径の大きい超伝導マグネットの中に水冷常伝導マグネットを挿入し，両マグネットそれぞれの発生する磁場の和を中心につくり出す．このような方式の利点は，超伝導マグネットは中心部の強磁場にさらされずに，中心磁場に寄与することができることである．タラハシーの強磁場施設では常伝導マグネットによって内径 33 mm の空間に 34 T，ハイブリッドマグネットによって内径 32 mm の空間に 45 T の磁場を発生している．これ以上の磁場を発生するためには，さらに大きな電源が必要となるので，あまり現実的ではない．そこでさらに強い磁場を得るためには次に述べるパルス磁場が用いられる．

表 2.1 世界の主要な定常強磁場発生施設

施設名	設立年	電力 (MW)	常伝導		ハイブリッド	
			最高磁場 (T)	内径 (mm)	最高磁場 (T)	内径 (mm)
Tallahassee (フロリダ)	1990	34 [40]	33	32	45	32
Grenoble (フランス)	1970	24	30	50	[40]	[34]
Nijmegen (オランダ)	1972	6	20	32	30	32
	2003	[20]	[33]	[32]	[40]	[32]
Tsukuba (日本)	1988	15	29	32	35	32
Sendai (日本)	1981	8	15	82	31	32

[ ] 内の数値は今後の計画を示す．

2.2 パルス磁場

パルス磁場はある限られた時間内に瞬間的に発生される磁場である．時間が短いため，定常磁場に比べると電源の大きさははるかに小さくなる．パルスマグネットの歴史をたどると，当時英国のケンブリッジ大学にいた旧ソ連のカピッツァ (Kapitza) が 1924 年に**パルスマグネット**を考案し，32 T の強磁場を発生した記録が残されている[10,11]．カピッツァは発電機の発生する瞬間的な電流をコイルに流して強磁場を発生した．パルス大電流を発生する電源としてはいろいろなものが考えられるが，現在ではコンデンサーが一般的である．図 2.3(a) に示すような回路を用いて，コンデンサーに電気を充電しておき，スイッチ k_1 を閉じることによって瞬間的にパルス電流をマグネットに放電し，磁場を発生する．この回路はよく知られた LCR 放電回路である．コンデンサーの電気容量を C，充電電圧を V，負荷コイルのインダクタンスと電気抵抗を L, R，電線やスイッチなどに必然的に存在する回路の残留インダクタンスと残留電気抵抗をそれぞれ L_b, R_b とすると，流れる放電電流 $I(t)$ は

$$I(t) = I_0 e^{-t/\tau} \sin\omega_f t \tag{2.1}$$

$$I_0 = \frac{V}{\omega_f(L+L_b)}$$

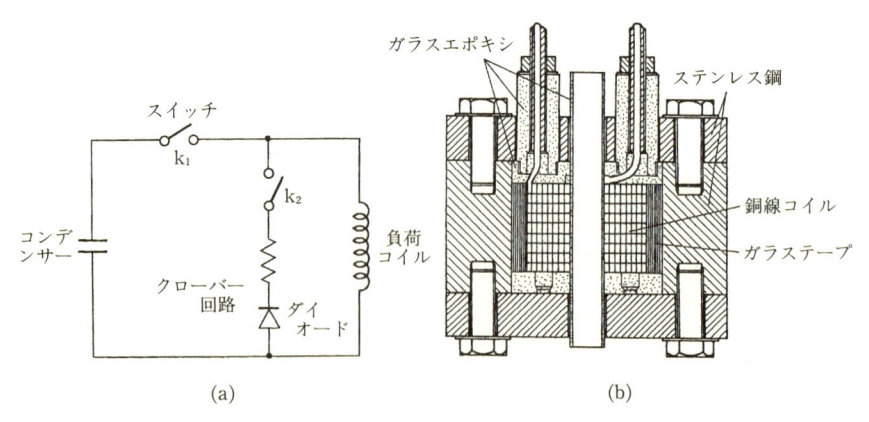

図 2.3 パルスマグネットの放電回路 (a) とパルスマグネットの構造 (b) クローバースイッチ k_2 をパルスの頂上で閉じるとパルスの減衰時間を長くすることができる．

$$\omega_f = \sqrt{\frac{1}{(L+L_b)C} - \left(\frac{R+R_b}{2(L+L_b)}\right)^2}$$

$$\tau = \frac{2(L+L_b)}{R+R_b}$$

と表され，図2.4のような形をとる．このような放電回路によって容易に数kA～数10kAの電流を負荷コイルに流すことができ，コイルには磁場に比例した強磁場が発生する．パルスマグネットに使うようなコンデンサーはかなり大型のものとなり，ふつう数10kJないし数MJの蓄積エネルギーをもつ．このように大電流を発生するためのコンデンサーを用いた電源を**コンデンサーバンク**とよんでいる．例えば物性研究所で用いているコンデンサーバンクの充電電圧は10kV，蓄積エネルギーは900kJで，得られる最大電流は100kAである．2.3.2項で述べる電磁濃縮法では，さらに大きいコンデンサーバンクによって，数MAの電流を放電する．図2.5に物性研究所のもつ電磁濃縮法用の5MJの超大型コンデンサーバンクの写真を示す．

パルス幅はコンデンサーの電気容量Cが大きいほど，またコイルのインダクタンスLが大きいほど長くなるが，さらに幅を長くするためには**クローバー回路**が用いられる．パルス電流が最大値に達したときに図2.3(a)のスイッチk_2を閉じると，電流はコイルからコンデンサーに帰る代わりにクローバー回路を流れる．このときの回路はLR回路となるので指数関数的な形をとり，図2.4の破線のような曲線となる．こうして電流の減衰時間を長くすることによって，磁場の減衰時間も長くなる．クローバー回路を用いるもう1つの利点は，コンデンサーに加わる電圧が逆転しないことである．クローバー回路がない場合には，電流が最大値をとる時点からコンデンサーに加わる電圧は逆転するが，コンデンサーが充電した電圧と逆方向に急速に充電されるとコンデンサーの寿命に悪影響を与える．クローバー回路はこれを防ぐはたらきをす

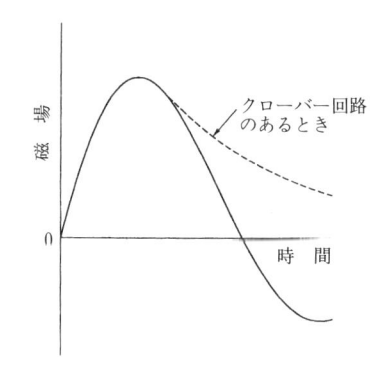

図2.4 パルスマグネットに流れる電流の波形．磁場は電流に比例する．破線はクローバー回路をつないだときの波形を示す．

るのである.しかしながら測定によっては,1つのパルスによって磁場の上昇時と下降時の両方で測定を行い,比較をしたい場合がある.このときにはできるだけ上昇時と下降時の磁場変化が対称的であることが望ましいので,クローバー回路は用いない.コンデンサーバンクの大電流用のスイッチとしては,現在ではサイリスターがよく使われる.大電流に強いイグナイトロンやギャップスイッチが使われることもある.

パルスマグネットを設計する場合に最も重要なことは,マグネットに加わる応力に対する配慮である.電流によって磁場を発生する場合には,電流と磁場の積,すなわち磁場の2乗に比例した力が線材に加わる.このような磁場によって発生する応力は**マクスウェル応力**とよばれ,

$$T = \frac{B^2}{2\mu_0} \tag{2.2}$$

と表される.この応力はコイルの軸に平行な方向では収縮する向き,これに垂直な方向では外側に広げようとする向きにはたらく.マクスウェル応力は磁場の2乗に比例するので磁場が強くなると急激に増加し,50 T では 1 GPa,100 T では 4 GPa にも達する.この力がマグネットの機械的強度を越えるとマグネットは破壊してしまう.そこでパルス強磁場を発生するためには,強力な線材を用いたり,コイルを巻いた後に十分補強を施すなどして,機械的に丈夫なコイルをつくることが必要である.

このような理由により,パルス磁場の最大値はマグネットの強度によって制限されている.これまでにより強いパルス磁場を発生するためにさまざまな型

図 2.5　物性研究所にある電磁濃縮法用の蓄積エネルギー 5 MJ のコンデンサーバンク

のパルスマグネットが考案されてきた．米国 MIT のフォーナーとコルムは，Cu-Be という強度の高い材料の丸棒に旋盤でらせん状の切れ目を入れ，スプリングのような構造のコイルを作製し，これによって 75 T の強磁場を発生したことを報告している[12]．この型のコイルは後に**フォーナー-コルム** (Foner-Kolm) **型コイル**とよばれるようになったが，コイルの巻き数が 1 層だけに限られるために，インダクタンスが小さく，パルス時間幅が短いことが欠点であった．現在では銅線を多数回巻いたコイルが一般に使われる．典型的な巻き線型パルスマグネットの構造を図 2.3 (b) に示す．線材はできるだけ密に巻き，隙間にはエポキシ樹脂を含浸してマクスウェル応力によって線が動くことのないようにし，さらに外側には丈夫な金属の枠をはめて，コイルが外側に広がろうとする動きを抑えている．これまでに開発された高性能のマグネットはいずれも丈夫な線材，ないし巻き線の補強，外枠による外径の膨張の阻止，巻き線間の隙間への含浸に工夫を凝らしたものである．次にいくつかの例を示そう．

1986 年にはフォーナーが銅の中に Nb の細いフィラメントを析出させてつくった強力な線材を使って 68 T の磁場を発生した[13]．本河らはコイルの含浸材として水にアルミナの粉末を入れたものを液体窒素で凍らせたものを用いて 35 T を発生した[14]．氷は熱伝導が比較的高く，放電後に速やかに冷却できるという利点がある．物性研究所では銅の中に Nb-Ti 超伝導フィラメントが通っている超伝導線材でコイルをつくり，これにガラス繊維テープを巻いて補強するなどの手法を加えて，氷を用いる方法をさらに発展させた．Nb-Ti 合金は機械的強度が高いので，超伝導線を液体窒素温度の常伝導状態で用いてもメリットがある．ガラス繊維や巻き線の隙間に水を満たし，これを凍らせて含浸材としたコイルによって 58 T を発生した[15]．英国オックスフォード大学のジョーンズ (Jones) らは，銅線の外側をステンレス鋼の被覆で補強した線材を使って，60 T の磁場を発生した[16]．ベルギーのルヴェン大学のヘルラッハ (Herlach) らは，銅線のコイルの層間に補強用の強力ファイバー (ガラス繊維，ケプラー，ザイラー，カーボンファイバーなど) を巻き込み，コイル内の応力分布をできるだけ一様にすることによって，72 T を発生した[17]．米国のボービンジャー (Boebinger) らはマルエージング鋼の外枠で補強し，Zr のビーズを用いて上下から締め付けてコイルに圧力を加え，また 1 つのマグネットに 3

種類の線材を応力の程度によって使い分けるという方式で 72 T の磁場を発生した[18]．金道はきわめて強度の高い Cu-Ag 合金を使ってコイルを作製し，これにマルエージング鋼の外枠をはめて補強するという方法で 80 T を越える磁場を発生することに成功した[19]．現在のところ非破壊的なパルスマグネットで発生できる磁場の最大値は 80 T 程度であるが，さらに強い磁場を発生するために世界中の研究者がしのぎを削っている．

また磁場の強さばかりでなく，パルス幅を長くするための努力も行われている．ふつうの規模（蓄積エネルギーが 100 kJ～1 MJ）のコンデンサーバンクを用いた場合のパルス幅は 1～100 ms の程度である．100 ms 以上のパルス幅の磁場をつくるために，フランスのトゥールーズでは 14 MJ のコンデンサーバンクが建設され，ドイツのドレスデンでは 50 MJ のコンデンサーバンク建設が計画されている．米国のロスアラモス研究所では，大型の発電器の回転の運動エネルギーをエネルギー源として用い，超長時間パルス強磁場の発生を目指している．重量の大きい発電器に蓄えられるエネルギーは非常に大きく，ロスアラモスの場合には 600 MJ にも及ぶ．これまでに磁場の高さが 60 T，パルス幅が 2 秒という長大パルス磁場の発生に成功し，実際の物性実験に使用した[20]．

2.3 超強磁場

2.3.1 爆縮法

前節で述べたようなパルスマグネットで発生できる磁場は高々 80 T 程度であり，これ以上の磁場を非破壊的に発生することはきわめて困難である．磁場に伴う電磁力がマグネットの機械的強度を超えてしまい，マグネットが破壊するからである．非破壊的な磁場の発生限界は約 100 T であるといわれている．100 T は以前使われていた cgs 単位ではちょうど 1 MG にあたるので 100 T 以上の磁場は**メガガウス磁場**とよばれている．メガガウス磁場を発生するためには破壊的方法によらざるを得ない．超強磁場という磁場領域の定義は時代とともに変わってきたが，いまでは超強磁場といえばメガガウス磁場を指すといってもよい．

超強磁場発生法として最も強力なものは**爆縮法**である．爆縮法の原理を図

2.6に示す．**円筒型**では金属の円筒（**ライナー**とよばれる）のまわりに爆薬をセットし，円筒の内部に初期磁場とよばれる弱い磁場を入れた状態で，雷管を点火し爆薬を爆発させる．すると円筒は内側に押しつぶされる．円筒の変形はきわめて高速に起こるので，内部の磁束は外に漏れることはなく，円筒の断面積が減少するにつれて磁束密度は増加する．したがって円筒内部の磁束密度 $B(t)$ は，その断面積が $S(t)$ になったときに

$$B(t) = B_0 \frac{S_0}{S(t)} \tag{2.3}$$

となる．ここで B_0 は初期磁束，S_0 はライナーのはじめの断面積である．米国ロスアラモス研究所のファウラー（Fowler）らはこの方法によって1960年に1400 T の磁場発生を報告している[21]．**平板型**（ベローズ型ともいう）というのは図 2.6 (b) に示すように，一巻きのコイルにつながった放電回路の一部を構成する平板上におかれた爆薬を爆発させて平板を対抗する板に急速に押しつけ，放電回路全体に発生している磁束をコイルの中に押し込んでいく方法である．この方法では発生できる磁場の上限は 200 T どまりであるが，コイル部と爆薬のおかれた部分が離れているので，測定をより長く行えるという利点がある．ファウラーらはこの方法で発生した磁場を光学測定などに利用している[22]．磁場が急激に立ち上がり始めてから，試料などがすべて破壊してしまうまでの時間は，円筒型，平板型ともに数 μs の程度であり，この間にすべての測定を終える必要がある．

爆縮法は主として米国とロシア（旧ソ連）で開発が進められた．ロシアのサ

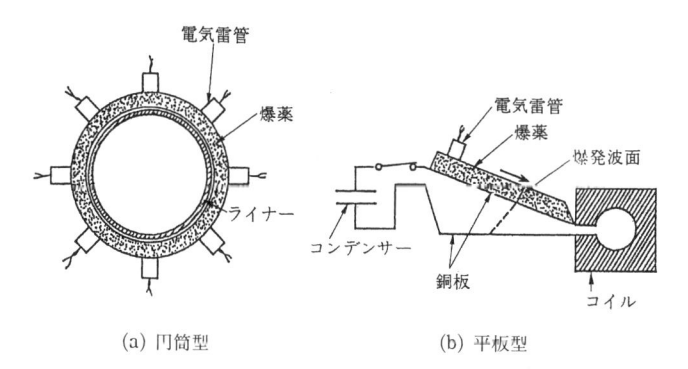

(a) 円筒型　　(b) 平板型

図 2.6　爆縮法の原理

ロフでは**3段カスケード方式**という技術を開発し，2800 T の超強磁場を発生させたと報告している[23]．実際の実験に使用できるのは 1000 T 程度までのようである．爆縮法は現在のところ最も強い磁場を発生させることのできる方法であるが，爆薬による装置の破壊が伴うために実験は屋外で行う必要があり，物性実験に応用することは容易ではない．

2.3.2 電磁濃縮法

爆縮法が非常に破壊的であるのに対して，**電磁濃縮法**は破壊的ではあるものの破壊の範囲が限定されており，屋内での実験が可能であるために，物性実験にはより適している．電磁濃縮法の原理を図 2.7 に示す．一巻きのコイル（**1次コイル**）の中に金属円筒（**ライナー**）を入れておき，1次コイルにコンデンサーバンクからパルス大電流（1次電流）を流す．するとライナーには，1次電流によってできる磁場を遮蔽するようにこれと逆向きに2次電流が流れる．この2つの逆向きに流れる電流の反発力によってライナーは急速に内側に押しつぶされる．このように円周方向の電流によって導体が内側に押しつぶされる現象を θ **ピンチ**とよんでいる．ライナーの収縮に際してあらかじめその内側に初期磁場を入れておくと，ちょうど爆縮法と同じようにライナーの中に磁束が閉じこめられて，ライナーの内径が小さくなったときに超強磁場が発生する．爆薬のエネルギーの代わりにコンデンサーバンクに蓄えた電気エネルギーを使って磁束を濃縮するのである．この原理を使って最初に米国サンディア研究

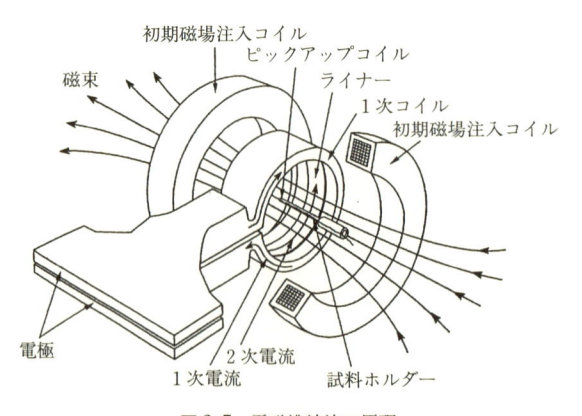

図 2.7 電磁濃縮法の原理

2.3 超強磁場

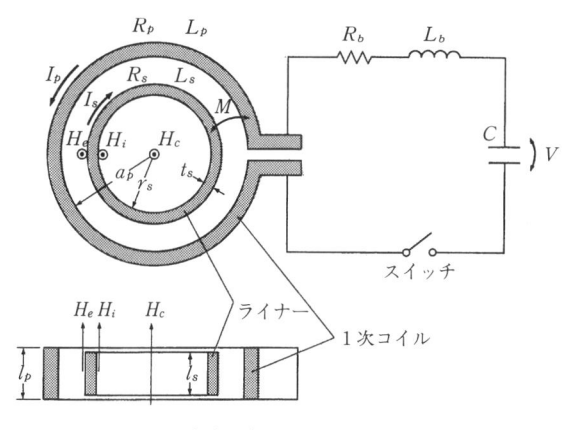

図 2.8 電磁濃縮法の回路図

所のクネールが 200 T の超強磁場の発生を報告したために**クネール** (Cnare) **法**ともよばれている[24].

電磁濃縮法の原理は図 2.8 の回路図と次の連立方程式をみるとわかりやすい.ライナー内部の磁束を Φ とすると,

$$\Phi = L_s I_s - M I_p - \mu_0 H_0 S \tag{2.4}$$

$$\frac{d\Phi}{dt} = -R_s(r_s) I_s \tag{2.5}$$

となる.ここで H_0, Φ はそれぞれ初期磁場とライナー内部の磁束,S はライナーの断面積,I_p, I_s は 1 次電流と,ライナーを流れる電流,L_s, R_s はライナーの自己インダクタンスと抵抗,M は 1 次コイルとライナーの間の相互インダクタンス,r_s はライナーの半径である.式 (2.4),(2.5) より,電流の時間変化は次の連立方程式によって記述される.

$$M\frac{dI_p}{dt} + \frac{dM}{dt}I_p - \left[L_s\frac{dI_s}{dt} + \frac{dL_s}{dt}I_s\right] + \mu_0 H_0 S - R_s I_s = 0 \tag{2.6}$$

一方,コンデンサーバンクを流れる電流については,

$$L_b\frac{dI_p}{dt} + R_b I_p - \left[MI_s + \frac{dM}{dt}I_s\right] = V(t) \tag{2.7}$$

が成り立つ.ここで L_b, R_b は電源の残留インダクタンスと残留抵抗,C はコンデンサーの電気容量,$V(t)$ はコンデンサーバンクの電圧である.これらの電流によってライナーの内表面と外表面の間にマクスウェル応力の差を生じ,

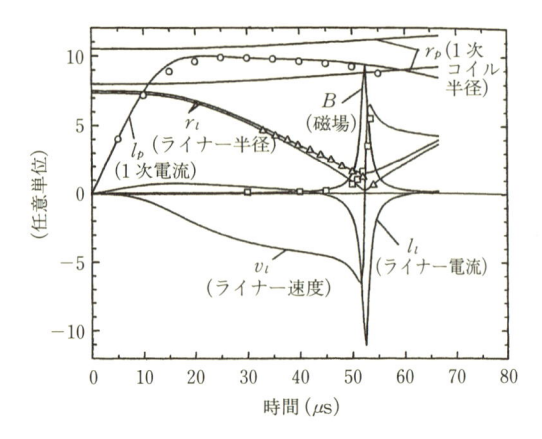

図 2.9 電磁濃縮法のコンピューターシミュレーション
縦軸はそれぞれの量について適当な縮尺で表されている.
図中に示された点は実験データを表している.

図 2.10 電磁濃縮法用の防護箱

この力がライナーを加速するから，ライナーの運動方程式は

$$-m\frac{d^2r_s}{dt^2}=2\pi r_s ls\frac{\mu_0}{2}[(H_e+H_0)^2-(H_i+H_0)^2] \qquad (2.8)$$

となる．これらの連立方程式を解けば，ライナーの運動や，電流，発生磁場を計算することができる[25]．これらをさらに正確に求めるためには，1次コイルやライナーの断面の中の電流分布を考慮した計算が必要である[26]．ライナーの外径と内径，電流，発生磁場の増加の様子は，図2.9に示すように実際の実験と非常によく合っている．したがって，このようなコンピューターシミュレーションはコンデンサーバンクや，1次コイル，ライナーの形状を設計する際に

不可欠である．

　電磁濃縮法では1次電流を流すためのコンデンサーバンク(**主コンデンサーバンク**)と初期磁場を発生するためのコンデンサーバンク(**副コンデンサーバンク**)が必要である．これらはともにかなり大規模なものとなるが，物性研究所では主コンデンサーバンクとして5 MJ (40 kV 充電時)，副コンデンサーバンクとして1.5 MJ (10 kV 充電時)の蓄積エネルギーをもつものを使用している(図2.5)．1次コイルは鋼鉄製で内径170 mm，長さ40～50 mm，厚さ25 mm，ライナーは銅の円筒から旋盤で整形して作製したもので，外径150 mm，長さ45～55 mm，厚さ1.5～2.5 mmのものを用いている．磁場を発生したとき，1次コイル，ライナー，その周囲の絶縁物，試料と試料ホルダー，クライオスタットなどはすべて破壊される．しかし，その他のものは破壊を免れるように防護装置を施しておくと，これらを交換した後に再び実験を繰り返すことができる．コイル部分は，図2.10に示すような丈夫な鋼鉄製の防護箱の中に設置して実験を行い，破壊がこの箱の外に及ばないようにしておく．こうすることによって，測定装置類をこの箱のすぐそばにおいて実験を行うことができるので，実験室内での精密な実験が可能になる．試料を極低温に冷却するには，使い捨てのクライオスタットを自作して用いる．磁場の時間変化が速いので，金属があると渦電流によって大きな力を受ける．そこでクライオスタットや試料ホルダーはすべて絶縁物でつくる必要がある．ガラスエポキシ，ベークライト，カプトンチューブなどを組み合わせてこれらを低温用接着剤でつなぎ合わせたものを用いている．液体ヘリウムを溜めて試料をこの中に入れるような型のふつうのクライオスタットを使うことは難しいので，液体ヘリウム容器から低温の液体ないし気体を試料周辺に流して冷却する型の，いわゆるヘリウムフロー型のクライオスタットを用いる．磁場は試料のまわりに巻いた小さなピックアップコイルに誘導される電圧を積分することによって測定する．

　ライナーの変形の様子は，**イメージコンバーターカメラ**とよばれる高速度カメラを使うと刻々変化する変形を何枚もの影絵写真として撮影することができる．図2.11はこのような高速度写真である．ライナーはほぼ円形を保ちつつ，厚さを増しながら収縮していることがわかる．ライナー各部の運動速度は約2 km/sである．図をよくみると左の方に突起部がみられることがわかる．この突起ははじめはあまり目立たないが次第に成長して最後にはこの部分から放電

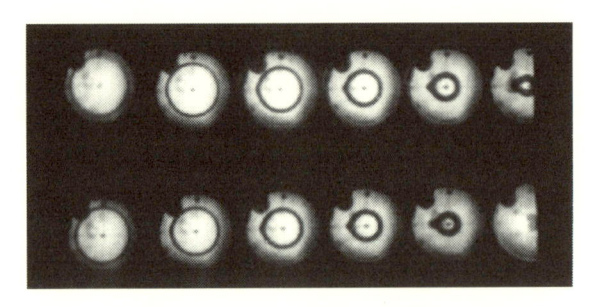

図 2.11 ライナーの運動の高速度写真
時間は左上から右下に向かって進行している．各コマ間の時間は 2 μs．

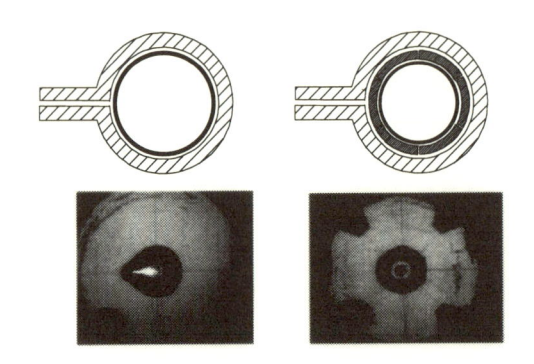

図 2.12 下：フィードギャップ補償器を挿入したとき（右）としないとき（左）の 1 次コイルとライナー．上：フィードギャップ補償器があるとき（右）とないとき（左）のライナーの運動の高速度写真．1 次電流が流れ始めてから 44.74 μs（右），53.36 μs（左）の瞬間をとらえたもの．

が起こっている．これは 1 次コイルに電流の出入り口であるギャップ（**フィードギャップ**，feed gap）があるためである．フィードギャップがあるとこの部分の磁場が他の部分よりも弱くなるので，加速が遅れ，このような突起ができるのである．またこの効果はライナーの重心をも運動するにつれて中央からギャップの方向に少しずらしてしまうので試料を置くべき位置を不定にする．さらに突起部で放電するのは，この部分からプラズマジェットが発生するためであるが，このプラズマジェットは試料や磁場プローブを壊してしまうことがある．電磁濃縮法ではこのギャップの効果が安定な磁場発生を妨げ，利用できる磁場の最大値を制限する要因であった．しかも，より強い磁場を発生するためにはライナーの運動速度をできるだけ上げる必要があるが[5]，ライナーの速

度が速くなればなるほどフィードギャップの効果はより顕著になる．この問題を解決するために考案されたのが**フィードギャップ補償器**(feed gap compensator)である．これは厚肉の銅の円筒を6個に切ったブロックからなり，1次コイルとライナーの間に挿入される．ブロック間，また1次コイルやライナーとの間には厳重な絶縁を施す．表皮効果のために銅ブロックの内部には磁場は入らないが，銅ブロックはフィードギャップの効果を緩和する役を果たす．フィードギャップ補償器を挿入したときの1次コイルとライナーの配置図とこれによって得られたライナーの変形の高速度写真を図2.12に示す．ギャップのための突起部はみられず，円筒対称性はかなり改善されていることがわかる．またフィードギャップ補償器に6個のスリットが入っていることから6回対称の変形がみられる．このようなフィードギャップ補償器の導入によってライナーの圧縮の対称性が非常に改善され，さらに強い磁場が再現性よく得られるようになった．現在では磁場の最高値は622Tに及んでいる．このときの磁場と1次電流の波形を図2.13に示す．

　図には2つのピックアップコイルで測定した磁場のデータが示されているが，これらはコイルが破壊される最終段階までよく一致しており，磁場測定の正確さを示している．600Tを超える磁場は，屋外でのみ実験を行う爆縮法を別にすれば，室内実験の記録としては世界最高の値である．図でみられるように，磁場の信号は最終的にピックアップコイルが破壊される矢印の時点から後の時間では大きく上下に振れている．これ以降のデータは単にノイズである．

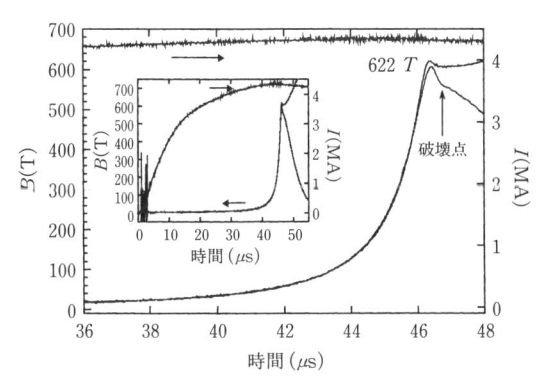

図2.13　磁場Bと1次電流I波形

しかしその少し前に磁場が最大値をとってから減少し始める現象がみられている．このように磁場が極大値をとる現象は**ターンアラウンド**とよばれている．ターンアラウンドが起こる原因としては2つの機構が考えられる．1つは，ライナー内部の磁場の方が外部の磁場よりも強くなると，マクスウェル応力は内側から外側に向かってはたらくので，この力がライナーの運動の慣性に打ち勝って運動を逆転させ，ライナーの径が再び増加し始めるためである．もう1つは，強い磁気圧のためにライナー中に発生した衝撃波に乗って磁場が外部に漏れ始めるためである．

電磁濃縮法には θ ピンチの他に **z ピンチ** とよばれる方法もある．z ピンチの原理を図2.14に示す．同軸状におかれ，一端で接続された2本の円筒のうち，内側の円筒がライナーである．コンデンサーバンクからこの2本の円筒に放電を行うと，外側と内側の円筒には軸と平行に逆向きの電流が流れる．この2つの電流は反発し，ライナーは内側に押しつぶされる．言いかえると，外側と内側の円筒の間の空間にのみ円周方向の磁場が生じ，この磁場によるマクスウェル応力によって外側円筒には外向きに，内側円筒（ライナー）には内側に力がはたらくのである．ライナーを圧縮する磁場の向きは違うものの θ ピンチの場合と同じようにライナーは押しつぶされるので，あらかじめ初期磁場を入れておくとこれが圧縮されて超強磁場が発生できる．この方法では，2つの円筒はちょうど同軸ケーブルのような構造をしており，インダクタンスが非常に小さい．したがって，残留インダクタンスの非常に小さいコンデンサーバンクが必要である．またライナーが運動していく過程で外側と内側の円筒どうしの電気的接触を保つ必要があることや，試料の支持装置の設計が難しいなどの

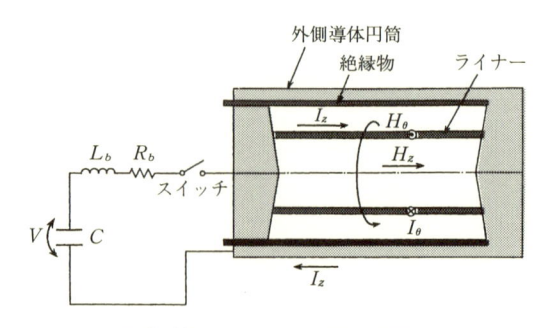

図 2.14 z ピンチ法の装置の原理図

問題がある．しかしながら，フィードギャップがないので上述のような非対称変形の問題がないという利点もある．旧ソ連のノボシビルスクのアリハノフ (Alikhanov) らは，z ピンチ法によって 300 T の磁場を発生したことを報告している[27]．

2.3.3 一巻きコイル法

爆縮法，電磁濃縮法はいずれもライナーによって磁束を濃縮するという共通の原理に基づいた方法であるが，これとは異なり，コンデンサーバンクからの電流放電によって直接超強磁場を発生するという簡単な原理を用いた方法が**一巻きコイル法**である．一巻きコイル法では，図 2.15 のような銅板を曲げてつくった一巻きのコイルに，短時間に数 MA の大電流を放電することによって，その内部に直接超強磁場を発生する．もちろん超強磁場のマクスウェル応力によってコイルは破壊するが，放電時間が十分に短ければ，コイルが破壊する前に磁場が発生できるのである．磁束濃縮法がライナーの運動エネルギーによって磁場をその中に閉じこめるのに対し，コイルの慣性によって磁場を閉じこめる方法であるということもできる．この方法の最大の利点は，毎回コイルは破壊されるが，コイルが外側に変形するので中に入れた試料や試料ホルダー，クライオスタットなどは全く損傷を受けることなしに生き残ることである．このため同一試料について同一条件での実験を何回でも繰り返し行うことができ，物性研究には非常に適している．ヘルラッハらは薄い銅板 (厚さ 2~3 mm) からつくった一巻きコイルを用い，140 T を発生したことを報告している[28]．物

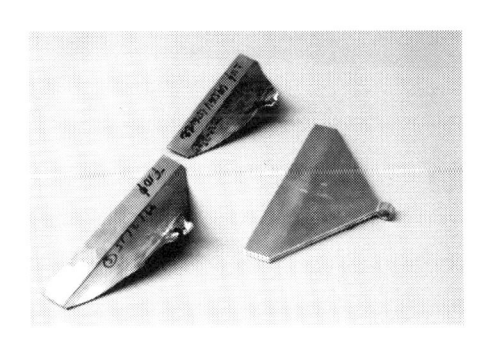

図 2.15　一巻きコイルに用いるコイル
左：使用前，右：使用後．

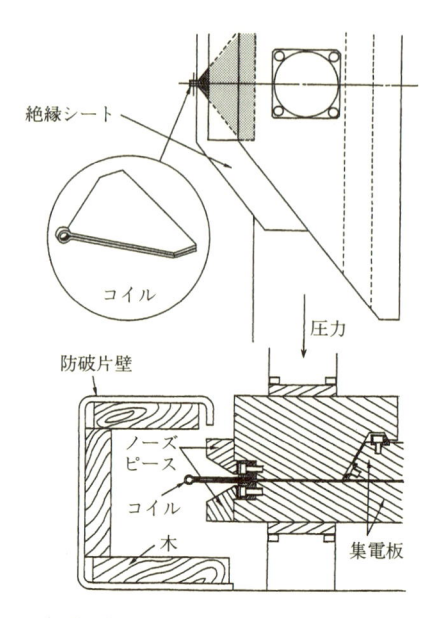

図 2.16　一巻きコイル法のクランプ装置

性研究所では1983年以来さらに高性能のコンデンサーバンクを用いて一巻きコイル法による実験技術を発展させ[29,30]，これを用いて第3章以降で述べるような多くの物性研究を行ってきた．

　一巻きコイル法のコイルのクランプ装置を図2.16に示す．コイルにつながった2枚の平板の間には高電圧が加わるので，この間にポリエチレンシート，カプトンシートで厳重に絶縁を施し，油圧プレスを用いてコイルを集電板にしっかりと取り付ける．放電したときにはコイルは外側に激しく膨張して飛散する．この破片を受けとめるために，木材を内張した破片防護壁をコイルの周囲において，周囲の装置に破壊が及ばないようにする．木材は破片が壁で反射して不測の方向に飛び散ることを防ぐ働きをする．

　一巻きコイル法では，放電時間が非常に短いことが本質的に重要である．放電時間がおよそ$10\mu s$を越えると，放電が終わる前にコイルが破壊，あるいは変形されて超強磁場が得られない．コイルが一巻きであるのも負荷のインダクタンスをできるだけ小さくするという必要性によるものである．コンデンサーバンク，スイッチ，リード線，集電板などから放電回路の残留インダクタンス

2.3 超強磁場

表2.2 物性研究所の一巻きコイル法用コンデンサーバンク

	横 型	縦 型
主要用途	光学測定用	低温測定用
蓄積エネルギー (kJ)	200	200(A+B), 100(A), 100(B)
充電電圧 (kV)	50	40
電気容量 (μF)	160	263.5
残留インダクタンス (nH)	16.5	13.1(A+B), 16.5(A), 20.2(B)
残留抵抗 (mΩ)	3	2.3(A+B), 3.1(A), 4.0(B)
スイッチ	加圧エアギャップスイッチ 40台	加圧エアギャップスイッチ 40台
ケーブル	320 本	240 本
集電板 (mm)	$1550^w \times 1580^d \times 80^t$	$1150^w \times 1500^d \times 80^t$
最大放電電流	4 MA	4 MA (A+B), 2 MA (A), 2 MA (B)

もできるだけ小さくして，短時間に大電流を放電できるようにしなければならない．このためいわゆる**超高速コンデンサーバンク**を用いる必要がある．物性研究所には縦型と横型という2台の一巻きコイル装置があるが，これらの仕様を表2.2に示す．横型はコイルの軸が水平方向を向いているもので，光学的測定の場合に光進路を調整するのに便利であり，主として光学測定に用いられる．縦型はコイルの軸が鉛直方向を向いているもので，クライオスタットを上から挿入するのに便利である．磁場の変化する時間が非常に短いので，ふつうの金属製クライオスタットを入れると渦電流のために破壊してしまうが，テイル部分が絶縁物でできたクライオスタットを挿入した場合には，磁場を発生したときにも破壊されない．このため試料を液体ヘリウムに浸けた状態で極低温の測定が可能になる．縦型装置は2台の独立した100 kJ コンデンサーバンク (AとB)からなり，これらをそれぞれ単独で，あるいは並列に接続して使用することができる．表2.2をみると，このコンデンサーバンクが多数のスイッチ，ケーブルを並列に接続した特別なもので，残留インダクタンスや残留抵抗を非常に低く抑えていることがわかるであろう．また電圧が非常に高く，大電流を放電することができる．

図2.17は一巻きコイル法によって発生した超強磁場の波形 $B(t)$ と電流波形 $I(t)$ を示したものである．内径が 6 mm，長さが 6 mm のコイルを用いたときのデータであるが，最高 240 T が得られている．約 7 μs の間に磁場がゼロから立ち上がり，最大値に達して再びゼロに戻ることを示している．このように磁場の上昇時と下降時に2回同じ磁場を通過するので，1つのパルスで2

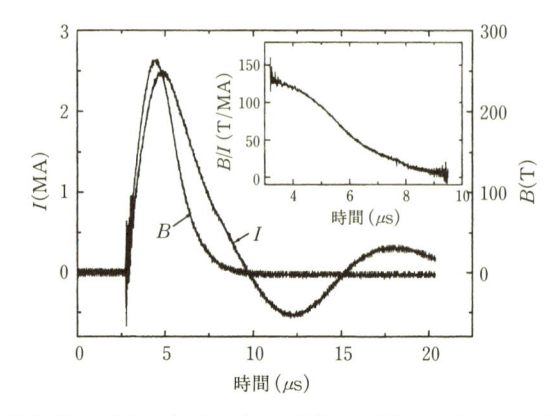

図 2.17 一巻きコイル法によって発生した磁場 B と電流 I の波形 挿入図には B/I の波形を示す.

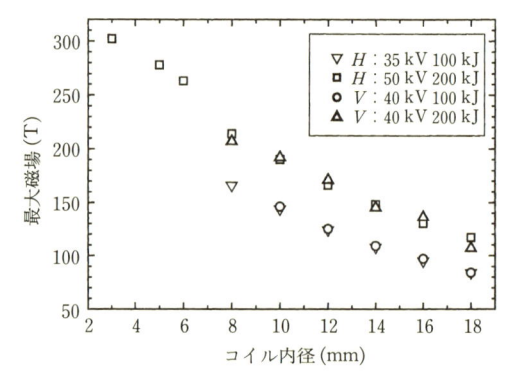

図 2.18 一巻きコイル法によって発生した最大磁場とコイルの内径の関係 コイルの長さは内径と同じで,銅板の肉厚は 3 mm としている[31].

回の測定を行うことができる.これはデータの再現性をチェックしたり,場合によってはヒステリシス現象を調べるときにも有用な特性である.また磁場はゼロをよぎった後に負の側にも振れているが,弱いながらも負の磁場側での測定も同時に行えることも便利な点である.B と I のグラフを比較すると,B は I には比例せず,B の最大値は I のそれよりも早い時点で起こっていることがわかる.これはコイルの径が電磁力によって膨張する効果によるものである.挿入図に示すように,B/I は一定ではなく時間とともに減少することがわかる.電流を放電するとコイルは膨張し,最後には放電と破片の飛散を伴っ

て激しく破壊する．しかしながらBやIのグラフにはこのようなコイル破壊によるノイズは全くみられない．物性の測定データにもそのためにノイズは生じることはない．この点も物性測定への応用にとって非常に有利な特徴である．

　一巻きコイル法によって発生できる最大磁場は，コイルの大きさが減少するにつれて増加する．図2.18は最大磁場とコイルの内径との関係を表している[31]．簡単のためにコイルの長さは内径と同じにしている．最大磁場は内径が3 mm程度になるまでは内径を小さくするほど高くなることがわかる．

2.4　パルス磁場の測定

　強磁場下での物性測定には，まず磁場を精度よく測定することが必須である．磁場の測定法には**直接測定法**と**間接測定法**がある．直接測定法は，電磁気学の原理に基づいてコイルに誘導される電圧を測定して磁場の値を得る方法である．間接測定法というのは，磁場プローブとなる物質を用い，磁場によってその物性が変化する現象を用いる方法である．磁気抵抗やホール効果を用いた方法，ファラデー効果を用いた方法がこれにあたる．またESR (電子スピン共鳴)，NMR (核磁気共鳴)，サイクロトロン共鳴などの共鳴現象や，シュブニコフ-ドハース効果，磁気フォノン効果のような磁気抵抗の振動現象も磁場の定点の校正には役立つ．ここでは前者のうち，パルス磁場において標準的に使われるピックアップコイルによる磁場測定について述べよう．後者については磁場中の現象が関係してくるので後の諸節で触れる．

　時間的に変化する磁束密度$B(t)$中におかれたピックアップコイルに誘導される起電力Vは

$$V = \frac{dB}{dt}SN \tag{2.9}$$

と表される．ここでSはピックアップコイルの断面積，Nはその巻き数である．$V(t)$を時間的に積分すれば，磁場の信号$B(t)$が得られることになる．80 T以下の長時間パルス磁場では，数mmの直径で数10回の巻き数のコイルが使われる．メガガウス超強磁場では，数mmの直径で1-2回程度の巻き数のコイルを用いる．長時間パルス磁場ではVの信号をそのままトランジェ

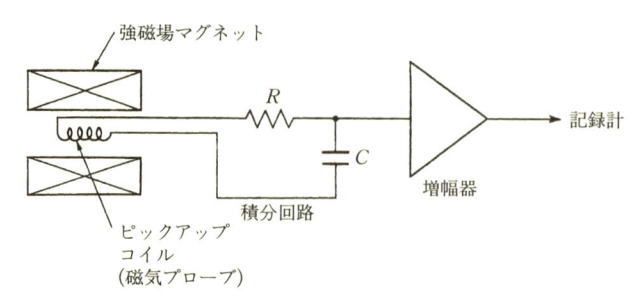

図 2.19 パルス磁場測定用の RC 積分器の回路
R, C はそれぞれ抵抗と電気容量を表す．

ントレコーダーに取り込み，コンピューターで積分を行うのが一般的である．メガガウス超強磁場では，dB/dt が非常に大きいので，記録する前に積分する方が有利である．積分には図 2.19 に示すような RC 回路を用い，積分後の磁場に比例した信号をトランジェントレコーダーに記録する．図のような回路を用いた場合，磁場は出力電圧 $V(t)$ から

$$B(t)=\frac{CR}{SNA}V(t) \tag{2.10}$$

によって計算することができる．ここで A はアンプの増幅率である．このような回路で磁場を測定する場合，S を正確に見積もる必要があり，これによって測定精度が決まってしまう．特に直径の小さいコイルで高速に変化する磁場を測定する場合には，コイルの導線の中のどこを電流が流れるかによって有効的な S の値が変わってくるので注意が必要である．そこであらかじめ感度のわかった標準コイルを作製しておき，ピックアップコイルを新たにつくったときには，測定する磁場と同程度の周波数の交流磁場の中での起電力を標準コイルと比べることによってその感度を校正するといった手法がよく用いられる．

ピックアップコイルによる測定が困難な場合には，**ファラデー回転**という光学的方法もよく用いられる．第 5 章で述べるように，ファラデー回転角は磁場に比例する．これを利用して磁場を測定したり，ピックアップコイルを校正したりすることができる．

3

強 磁 場 磁 性

3.1 磁化の測定

　磁化を測定するには，ふつうコイルの中に試料を入れ，磁場とともに変化するコイルの誘導電圧を測定するピックアップコイル法が用いられる．コイルをよぎる磁束 Φ は，外部磁場に起因する磁束 Φ_{ext} と試料の磁化 M による磁束 Φ_M の和であり，誘導起電力は，Φ の時間微分に比例する．そこで M を求めるには，得られた信号から Φ_{ext} による分を差し引かなければならない．そこで図 3.1 のように試料用コイル (A) と形状や巻き数が同じで向きが逆のコイル (B) を直列につなぐことによって，外部磁場による成分を除去する．2つのコイルの形状を完全に同じにすることはできないので，ふつうはこれでも除去しきれない成分がわずかに残ってしまう．この分を取り除くためには図 3.1(a) に示すように，もう 1 つの巻き数の少ないコイル (C) を磁場中においてdΦ_{\text{ext}}/dt に比例した電圧を取り出し，これを適当な量に減衰した電圧を信号か

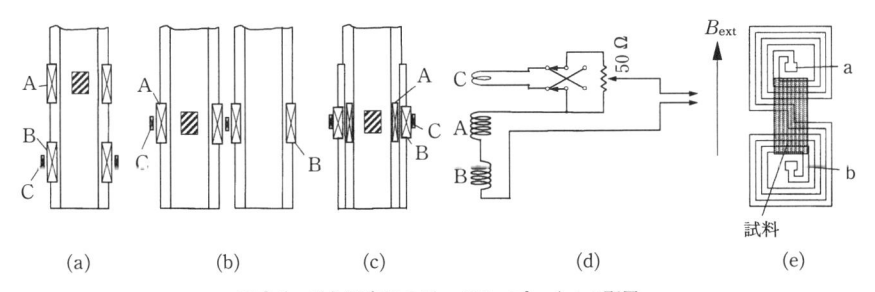

図 3.1 磁化測定用のピックアップコイルの配置
(a) 縦型配置，(b) 横型配置，(c) 同軸型配置，(d) 測定回路，(e) 平板型ピックアップコイルの模式図（わかりやすくするためにここではコイルの巻き数は少なくしてあるが，実際にはそれぞれのコイルの巻き数は 100 巻き程度である)[32].

ら差し引くという方法がとられる．またさらに厳密な補償をとるためには，一度測定した後に，試料をコイルから取り去った状態で同じ磁場中でもう一度測定を行い，2回の信号の差をとる．向きの異なる2つのコイルの配置としては(a)のような縦型配置の他に，(b)のような横型配置もある．また(c)は同軸型とよばれるものである．この場合は2つのコイルA, Bの面積 S が異なるので，巻き数 N を変えて，SN が同じになるようにする．ふつう，この型の配置が最もよく使われている．(d)はこのようなピックアップコイルを用いて磁化の信号を得るための信号混合用回路を示す．(e)は最近，オーストラリアのニューサウスウェールズ大学のグループによって開発されたコイルで，コイルの軸が磁場に垂直に配置されているところが特徴である．2つのコイルは平板の上にリソグラフィー技術によってつくられており，試料は両方のコイルの中央におく．一見，外部磁場がコイルをよぎらないと測定に不利のように思えるが，試料の磁化による磁束は必ずコイルをよぎるので測定が可能になる．もともと外部磁場による信号がほとんどゼロであり，しかもリソグラフィー技術によって2つのコイルの形状をほとんど完全に対称形にできるので，非常に精度の高い測定を行うことができる[32]．

　誘導法では測定される物理量が B であるために，強磁場になるほど補償回路で外部磁場 H を完全に差し引くことが次第に困難になってくる．特に短パルス超強磁場中では，リード線のいたるところに誘導電圧が発生し，ノイズも大きいので精密な磁化測定は容易ではない．パルス超磁場中での磁場や磁化測定に便利な手段として，光学的な方法，**ファラデー効果**を用いる方法がある．

　ファラデー効果というのは，図3.2のように試料を磁場中において，磁場と平行に直線偏光を入射させるとき，光の偏光面が試料の中で回転する現象である．回転角 θ は磁場と試料の長さ d に比例し，

$$\theta = VBd \tag{3.1}$$

と表される．ここで比例定数 V は**ヴェルデ定数**とよばれる量である．ファラデー回転は図のように試料の両側に偏光器をおくと，角度 θ の増加とともに出力光強度 I が

$$I = I_0 \cos^2(\theta + \alpha) \tag{3.2}$$

に従って振動する．ここで I_0 は入射光の強度，α は試料の両側の偏光器の偏光方向の角度の差である．そこで I の変化から θ を測定することができる．

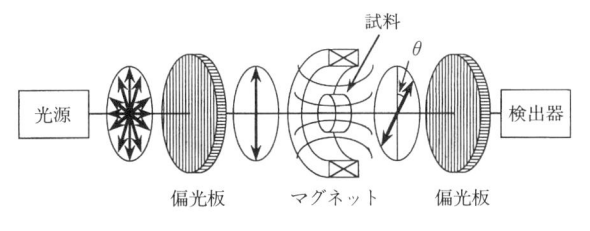

図 3.2 ファラデー効果の原理

ファラデー回転は一般に磁場に比例するので，物質と波長によって決まる V がわかっていれば，磁場を測定する手段としても用いることができる．磁性体では θ は磁化 M に比例する項をもち，

$$\theta = (VH + CM)d \tag{3.3}$$

のように表される．ここで H は外部磁場である．そこでファラデー回転は，磁化を光学的に測定する手段として用いることができる．

3.2 スピンフロップ転移とスピンフリップ転移

パルス強磁場中ではリード線が必要な電気的測定や，磁気的測定よりも光学的測定の方が誘導電圧の問題を避ける上で有利である．そこで透明な試料については，磁化測定を行うのにファラデー回転を利用することが多い．特に時間の短い超強磁場下での磁気相転移を調べるためには，ファラデー回転は非常に強力な磁化測定手段である．またファラデー回転はそれ自身が固有の情報を与えることもある．ここではまずファラデー回転による磁気相転移の観測の例を示そう．

図 3.3 は反強磁性体である MnF_2 と FeF_2 の混晶，$Fe_xMn_{1-x}F_2$ のファラデー回転 θ と磁化 M の両方を超強磁場中で測定したデータである．どちらのデータでも 20 T 付近と 100 T 付近に第 1 章で述べたスピンフロップ転移が観測されており，当然のことながら転移磁場は同じである．しかしながら θ と M ではグラフの形状が若干異なっている．これは Mn イオンと Fe イオンはどちらも M と θ に寄与するが，θ への寄与の大きさには両イオンの間に違いがあるからである．すなわち Fe イオンのスピンの単位磁化あたりのファラデー回転角 θ_{Fe} は Mn イオンの回転角 θ_{Mn} に比べて小さい．このことを利用す

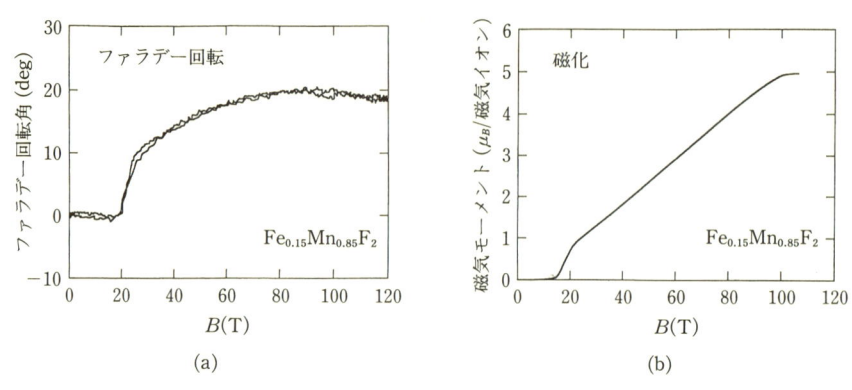

図 3.3 $Fe_xMn_{1-x}F_2(x=0.15)$ のファラデー回転 θ(a) と磁化 M(b) のデータ[33]

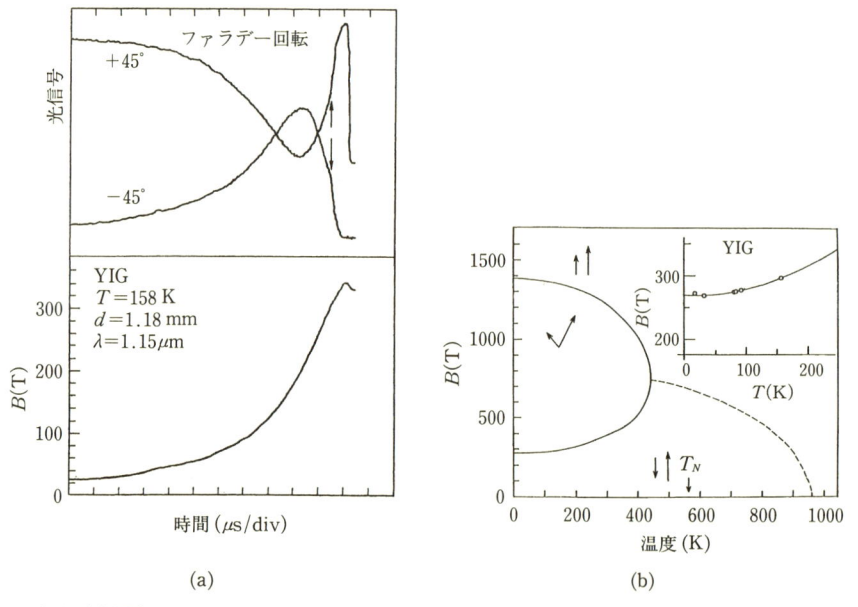

図 3.4 (a) YIG の超強磁場中ファラデー回転のデータ．下図が磁場，上図がファラデー回転の信号を表す．$+45°$ と $-45°$ は (3.2) 式の α を表す．(b) ファラデー回転から決定した YIG の磁気相図．挿入図はフェリ磁性相からスピン傾斜相への転移の近傍を拡大したもの．白丸は実験データ，実線は理論曲線を表す．

ると，全体の磁化のうち，Mn 副格子によるものと Fe 副格子によるものを分離することができる[33]．

図3.4はファラデー回転によって測定したイットリウム鉄ガーネット，YIGのスピンフリップ転移を示したものである[34]．約270Tで回転角が不連続的に変化していることがわかる．この磁場はちょうどスピン系がフェリ磁性相から，スピンが傾いたスピン傾斜相に転移した磁場に相当する．こうして各温度でこのような転移磁場を求めると，第1章で述べたような相図が得られる．また各副格子間の交換相互作用定数を決めることができる．

3.3 強相関電子系の磁気相転移

電子間の相互作用が物性を強く支配している強相関電子系は，最近の物性の重要なトピックスとして注目されている．ペロフスカイト型マンガン酸化物

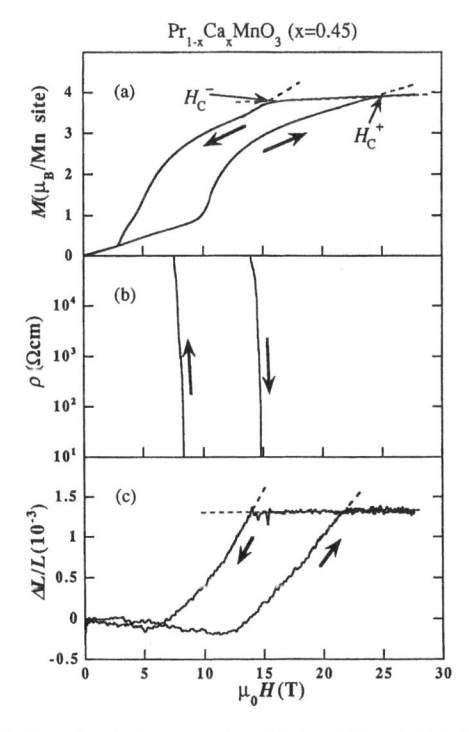

図3.5 $Pr_{1-x}Ca_xMnO_3(x=0.45)$ の磁化 M，抵抗 ρ と磁歪 $\Delta L/L$ [35]
温度は M と ρ については $T=4$ K，$\Delta L/L$ については $T=8$ K．
矢印は磁場の掃引の向きを示す．

は，電子の電荷とスピン，電子軌道，格子が結合して，結晶組成，温度，磁場を変えることによって複雑な相転移を示し，電気抵抗，磁化などに大きな変化が現れる物質として，基礎的な物性の上でも，また応用上の観点から関心を集めている．ここでは磁場によって，相転移が起こり，これに伴って電気抵抗，磁化，磁歪に大きな変化が観測される例を紹介しよう．図 3.5 は $Pr_{1-x}Ca_x MnO_3$ ($x=0.45$) の強磁場中での磁化 M，電気抵抗 ρ，磁歪 $\Delta L/L$ のデータを示す[35]．磁化がメタ磁性転移を示す磁場で，抵抗が 4 桁以上減少していることがわかる．この現象は巨大磁気抵抗 (負の磁気抵抗効果，colossal magneto-resistance) として知られている．$Pr_{1-x}Ca_xMnO_3$ ($x=0.45$) では，スピンの向きが互いに逆向きの Mn^{+3} イオンと Mn^{+4} イオンが交互に規則正しく配列した電荷秩序状態をつくっているが，強磁場を加えるとこの秩序が壊れ，すべてのスピンが磁場方向を向いた強磁性状態に転移し，このときに電気抵抗や磁歪に大きな変化が現れる現象として理解される[35]．

3.4 量子スピン系

1 次元的な反強磁性相互作用をもつようなスピン系では，低温で**ハルディンギャップ** (Haldane gap) **状態**や**スピンパイエルス** (spin Peierls) **状態**のようないわゆる**量子スピン系**としての状態が現れることが知られている．このような状態では古典的なスピンの描像は成り立たず，量子力学的な波動関数で表され

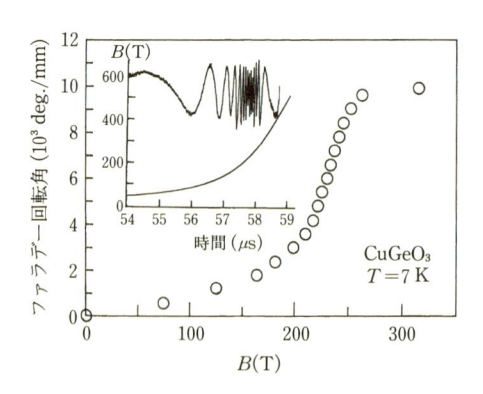

図 3.6 ファラデー回転で測定した $CuGeO_3$ の磁化曲線 $T=7$ K．挿入図は磁場とファラデー回転の信号のデータを示す．

るスピン状態が表に現れる．スピンパイエルス状態は1次元的な結晶構造をもつ有機物質において観測されていたが，$CuGeO_3$ は無機物質としてスピンパイエルス状態を示すことが発見された最初の物質である[36]．スピンパイエルス状態では，隣り合う反平行スピンをもった2つの Cu イオンが格子変形によって近づきスピンがゼロの状態をつくっている．これに強磁場を加えていくと，ある磁場でスピンゼロの状態が破れ，格子と非整合なスピン状態である非整合相（磁気相）が実現する．さらに磁場を強くしていくと最終的にはスピンがすべて平行に揃った状態に転移するはずである．すなわち，磁化は磁場がゼロのときにはゼロであるが，磁場を増加していくとある磁場から次第に増加するようになり，最終的には飽和すると期待される．図3.6は超強磁場中で $CuGeO_3$ の磁化をファラデー回転によって測定したデータである[37]．磁化は 240 T で飽和することがわかる．これよりこの系の重要なパラメーターである Cu イオン間の反強磁性交換相互作用定数 J が 183 K と決められた．

ハルディンギャップ物質である NENP や $CsNiCl_3$ についても，超強磁場中のファラデー回転によって磁化の飽和が観測され，反強磁性交換相互作用定数が求められている[38]．

3.5 超伝導体の磁化

超伝導体の磁気応答は超伝導の最も基本的な性質の1つである．**マイスナー効果**は，磁束が超伝導体内部には侵入しないという効果である．**第1種超伝導体**では試料が超伝導であるかぎり磁束が侵入することはなく，**完全反磁性**が実現する．**第2種超伝導体**では，磁場が下部臨界磁場を越えると磁束が一部試料内に侵入する．侵入は磁場の増加とともに徐々に増加し，上部臨界磁場に達すると超伝導が破れて完全に侵入する．このとき一般に試料の示す磁化には磁場の上昇時と下降時の間にヒステリシスが現れることが知られている．このヒステリシス現象は，ビーン (Bean) の**臨界状態モデル**[39]によって説明されている．このモデルによれば，試料の表面付近に臨界電流に相当する電流が流れて磁場を遮蔽する．$YBa_2Cu_3O_{7-\delta}$ について，このヒステリシス現象を一巻きコイルを用いて超強磁場中で測定したデータを図3.7に示す．磁場は c 軸に平行に加えたときのものである．ヒステリシスは磁場が最大値で折り返すときに

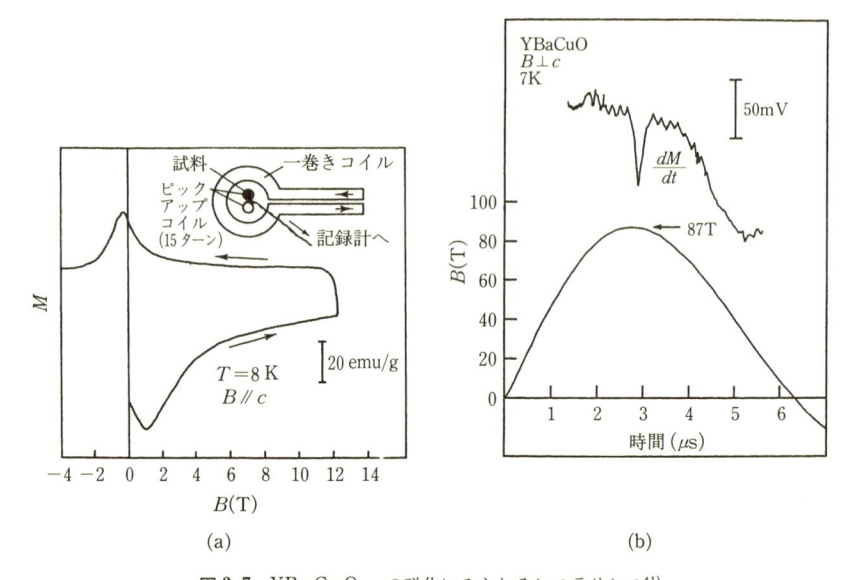

図 3.7 YBa$_2$Cu$_3$O$_{7-\delta}$の磁化にみられるヒステリシス[41]
(a) 弱磁場領域における磁化曲線．挿入図は測定用コイルの配置図，(b) 超強磁場パルスの頂上で磁化の微分にみられるピーク．

飛びを示すように起こるので，磁化の微分をとると磁場の最大値の位置でピークがみられる．このピークの存在は試料が超伝導状態にあることを示している．このことを用い，最大磁場をいろいろに変えてピークを追跡しピークがちょうど消失する磁場を求めれば，その磁場が上部臨界磁場を与えるはずである．超強磁場中では電気抵抗を測定することには困難があるが，これはそれに代わる臨界磁場の測定法となり得る．こうして各温度で臨界磁場を測定し，YBa$_2$Cu$_3$O$_{7-\delta}$についての臨界磁場の相図が得られた[40,41]．ただし後に，酸化物高温超伝導体の上部臨界磁場は，通常の第2種超伝導体とは異なり，ヒステリシスの消失する磁場(不可逆点)よりも高い磁場にあるということがわかってきたので，上記の磁場は不可逆点として理解した方がよい．

4

量子輸送現象

4.1 電気的測定

　電気抵抗を測定する場合，ふつう試料に電極をつけてリード線を通して一定電流を流し，電極間の電位降下を測定する．パルス磁場中では試料，リード線がつくるループに磁場の時間変化によって dB/dt に比例した誘導電圧が発生する．これをできるだけ小さく抑えるために，測定回路が無駄なループをつくらないようにしなければならない．それでも，長時間パルス磁場中においてすらこの電圧は，測定のために試料に加える電圧に対して無視できない大きさになる．短パルスのメガガウス超強磁場中では，わずかなループがあっても誘導電圧は数百 V のオーダーに及び，電気的測定は著しく困難になる．長時間パルス磁場中では，この誘導電圧を除去するために磁化測定の場合と同様な補償

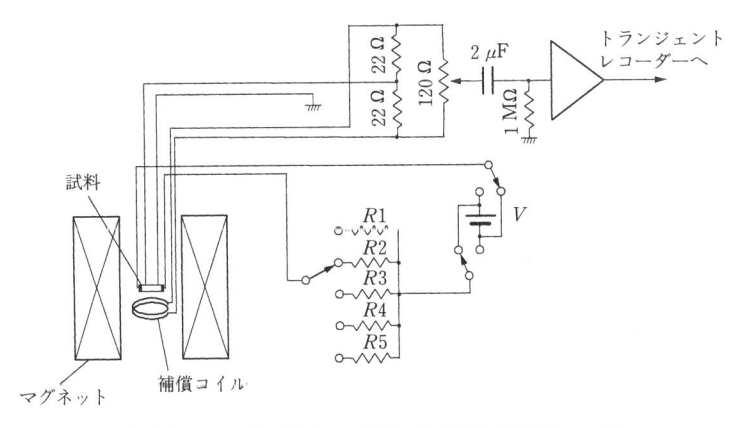

図 4.1 パルス強磁場中での電気抵抗測定用補償回路の一例

回路が用いられる．その一例を図4.1に示す[42]．磁場中においた小さなピックアップコイルから dB/dt に比例した信号を拾い，これを適当に分圧して，試料から得られる信号に加えるのである．この分圧の割合を調整するためには，試料に流す電流をゼロにした状態で比較的弱い磁場での磁場発生を何回も繰り返して，出力信号がゼロになるようにする．図4.1のような回路によってまだキャンセルしきれない電圧は，試料に流す電流を逆転した上で同じパルス磁場での信号をもう一度記録し，2回のデータの差をとることによって除去する．ホール効果を測定する場合には電流の他にさらに磁場をも逆転し，合計4回の測定を行ってそれらの和と差をとると，ホール効果のみの信号を得ることができる．

試料の抵抗が非常に高い場合には，リード線の浮遊容量による信号の積分時定数が測定時間の程度となり，信号伝送に遅れが出てくる．パルス磁場中ではこのような浮遊容量の効果を打ち消す工夫も必要である[43]．

4.2 磁場中の電気伝導

磁場中では電子が運動するとその方向と垂直な方向にローレンツ力がはたらきホール電圧が発生する．そのため電場 E と電流密度 J をベクトルと考えた場合，これらの比例関係 $J=\sigma E$ の係数である電気伝導度 σ は非対角成分をもつテンソル量となり，磁場 B が z 方向に平行の場合には，

$$\boldsymbol{\sigma}=\begin{pmatrix} \sigma_{xx} & \sigma_{xy} & 0 \\ -\sigma_{xy} & \sigma_{yy} & 0 \\ 0 & 0 & \sigma_{zz} \end{pmatrix} \tag{4.1}$$

$$J_i=\sum_j \sigma_{ij}E_j \tag{4.2}$$

と表される．ここでオンサーガーの相反定理から $\sigma_{ij}=-\sigma_{ji}$ が成り立つ．実際の実験では，試料に一定電流を流し，試料での電位降下を測ることが多い．このようなときには伝導度テンソル $\boldsymbol{\sigma}$ の逆テンソルである電気抵抗テンソル $\boldsymbol{\rho}$ を用い，

$$E_i=\sum_j \rho_{ij}J_j \tag{4.3}$$

と表す方が便利である．磁気抵抗を測定するには，ふつう図4.2に示すように

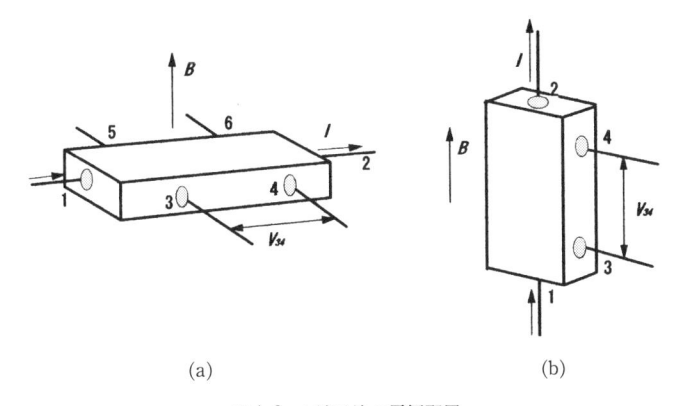

図 4.2 4 端子法の電極配置
(a) 横磁気抵抗測定用，(b) 縦磁気抵抗測定用．電極 1-2 間に電流を流す．

試料に電極をつけて電極 1-2 間に一定電流を流して電極 3-4 間の電圧 V_x から電場 E_x を測定する[*1]．このように電流端子と電圧測定端子を分けて測定すると，電極に存在する電極抵抗に無関係に試料の抵抗だけを測定することができる．このような電極配置を **4 端子法** という．図 4.2(a) で電極 1-2 間に電流を流すと 3-4 間には，$J_y=0$，$J_z=0$ により，式 (4.3) より電場

$$E_x = \rho_{xx} J_x \tag{4.4}$$

が発生する．このように磁場に垂直な方向の電流に対する磁気抵抗を **横磁気抵抗** という．輸送現象の解析には ρ よりも σ の方が理論と比較するのに便利なことが多い．横磁気抵抗の測定で得られる ρ_{xx} を伝導度テンソルの成分で表すと，

$$\rho_{xx} = \frac{\sigma_{yy}}{\sigma_{xx}\sigma_{yy} + \sigma_{xy}^2} \tag{4.5}$$

となる．図 4.2(a) で電極 3-5 間の電圧 V_y を測定して y 方向の電場 E_y を求めるとこれが **ホール電場** である．ホール係数を R_H とすると，

$$\begin{aligned}E_y &= \rho_{yx} J_x \\ &= R_H B J_x\end{aligned} \tag{4.6}$$

となる．図 4.2(b) のように，磁場に平行に (z 方向に) 電流を流したときの磁

[*1] 測定した電流 I や電圧 V から電流密度 J や電場 E を求めるには，試料の形状 (長さや断面積) を考慮した計算が必要である．

気抵抗は**縦磁気抵抗**とよばれる．縦磁気抵抗からは $\rho_{zz}=1/\sigma_{zz}$ が求められる．

いま，磁場 B が z 方向，電場 E が x 方向に加わっているときの伝導を考えよう．電子の運動方程式は

$$\begin{cases} m^*\dfrac{dv_x}{dt} = -eE - ev_y B \\ m^*\dfrac{dv_y}{dt} = ev_x B \end{cases} \quad (4.7)$$

この運動方程式の解はよく知られたサイクロイド運動であり，電子は図4.3に示すように，サイクロトロン運動をしながら，電場を加えた x 方向ではなく，$-y$ 方向に**ドリフト速度** E/B で進行することになる．式(4.7)からは電場を加えた方向の伝導度 σ_{xx} がゼロ

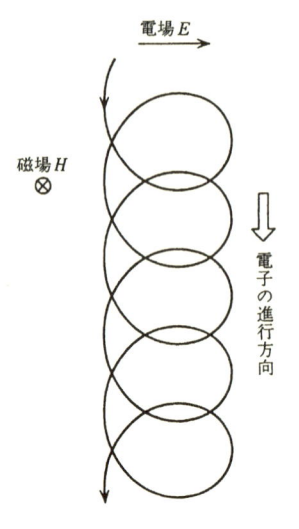

図4.3 直交した電場，磁場の下での散乱がないときの電子の運動

になってしまうようにみえるが，実際には電子の散乱があるために σ_{xx} はゼロにはならない．電子は散乱によってサイクロイド運動の途中で，別の位置に飛び移る．このジャンプは乱雑に起こるが，電場が加わっていると電子はジャンプを繰り返しながら平均的には電場による力の方向に動いていく．このように磁場中での電場方向の伝導には散乱が不可欠である．散乱の効果を最も簡単に取り入れるためには，式(4.7)の右辺に散乱を表す項 $-m^*v/\tau$ を加えればよい．すると定常解として v_x, v_y が求まり，$\sigma=nev$ という関係より

$$\begin{cases} \sigma_{xx} = \sigma_{yy} = \dfrac{ne^2}{m^*}\dfrac{\tau}{1+(\omega_c\tau)^2} \\ \sigma_{xy} = \dfrac{ne^2}{m^*}\dfrac{\omega_c\tau^2}{1+(\omega_c\tau)^2} = -\omega_c\tau\sigma_{xx} \end{cases} \quad (4.8)$$

が得られる．強磁場極限では $\omega_c\tau \gg 1$ となるので，$|\sigma_{xy}| \gg \sigma_{xx}, \sigma_{yy}$ となる．

以上は古典論的に得た結果であるが，伝導度テンソルの量子論は久保-三宅-橋爪によって論じられている[44]．

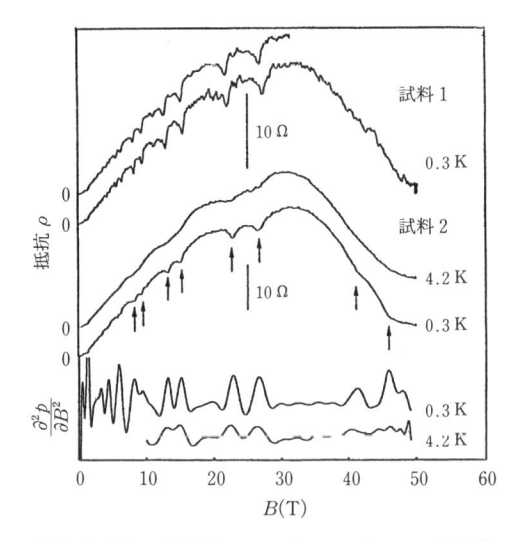

図 4.4 Bi の磁気抵抗とシュブニコフ–ドハース効果[69]
一番下の2本のグラフは試料2のデータの磁場に対する2階微分曲線を表す．

4.3 量子振動現象

　強磁場中の磁場に垂直な方向の電気伝導度 σ_{xx} はフェルミ面における状態密度 $\rho(\mathcal{E}_F)$ に比例する．したがって磁場が変化するとき，ランダウ準位がフェルミ面をよぎるたびに $\rho(\mathcal{E}_F)$ が極大値をとるので，σ_{xx} が極大値をとる．このとき横磁気抵抗 ρ_{xx} も極大値をとる．このような機構によって磁気抵抗が磁場とともに振動する現象はシュブニコフ–ドハース (Shubnikov-de Haas；SdH) 振動として知られている．SdH 効果の起こる磁場は

$$\left(N+\frac{1}{2}\right)\hbar\omega_c=\mathcal{E}_F \tag{4.9}$$

である．半導体ではこの条件を満たす磁場で横磁気抵抗は極大を示す．Bi のような半金属では，電子と正孔がほぼ同数存在するので，σ_{xy} がゼロになる．そこで SdH ピークは抵抗の極小値として現れる．図 4.4 は Bi の磁場をバイナリー軸に平行に加えたときの磁気抵抗効果のデータである[69]．SdH 効果によるいくつもの極小値が現れている．このような測定から強磁場中での Bi のランダウ準位についての情報が得られる[46]．

4.4 量子ホール効果

量子ホール効果は，1980年にドイツのクリッツィンク(Klitzing)によって発見された[47]．2次元電子系において，キャリヤーがランダウ準位を完全に満たす磁場やその近傍では，ホール電圧が一定に保たれるという現象である．このときN番目のホール伝導度σ_{xy}はNeB/hという値をとり，σ_{xx}はゼロになる．パルス磁場中で，量子ホール効果を測定しようとすると，試料の抵抗Rがかなり大きい値であるため，リード線に含まれる浮遊静電容量Cへの充電効果の時定数RCが大きくなってしまう．そこでパルス強磁場中での量子ホール効果の測定には特別の注意が必要である．図4.5は，GaAs/AlGaAsヘテロ構造のρ_{xx}とρ_{xy}をパルス強磁場中で測定したデータである[43]．18 T付近の$\nu=1$，27 T付近の$\nu=2/3$のホールプラトー(平坦部)までが観測されている．挿入図は通常の測定回路で測定したデータであるが，ρ_{xy}の量子ホールプラトーが変形している．これは上述の充電効果によるものである．電圧端子，電流端子のそれぞれにアンプと帰還回路によって能動シールド回路を挿入すると，リード線に含まれる静電容量をキャンセルすることができる[43,48]．このような回路を用いた測定により，通常の磁場より強い磁場での量子ホール効果の測定が可能になり，量子ホール効果のブレークダウン効果についての新たな情報が得られた[43,48]．

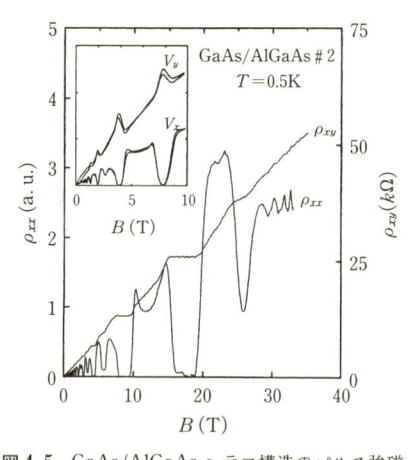

図4.5 GaAs/AlGaAsヘテロ構造のパルス強磁場中におけるρ_{xx}とρ_{xy}[43]
挿入図は通常の測定回路で測定したデータ，主要図は能動シールド回路によって測定したデータ．

4.5 磁気フォノン共鳴

磁気フォノン共鳴は，ランダウ準位間の間隔が，LOフォノンエネルギー

$\hbar\omega_0$ に等しくなったときに電子の散乱が共鳴的に増大し，磁気抵抗に極大が現れる現象である．その条件は

$$N\hbar\omega_c = \hbar\omega_0 \qquad (4.10)$$

と表される．図 4.6(a) はバルクの n 型 GaAs の磁気抵抗を表したものである[49]．磁気フォノン共鳴による抵抗の振動は，大きな磁気抵抗のバックグラウンドの陰に隠れて，生データの上では見にくいので，図ではバックグラウンドの磁気抵抗を磁場に線形な関数として差し引いて振動部分だけを拡大している．磁気抵抗が極大値をとる磁場は，ほぼ式 (4.10) を満たしている．振動の周期は磁場の逆数に対して周期的である．この点は SdH 効果による振動と似ているが，大きな違いは SdH 効果が極低温でしか観測されないのに対して，磁気フォノン共鳴は温度がある程度高い方が顕著に現れる．これは磁気フォノン共鳴は，LO フォノンが存在するか，電子が LO フォノンの程度にまで熱分

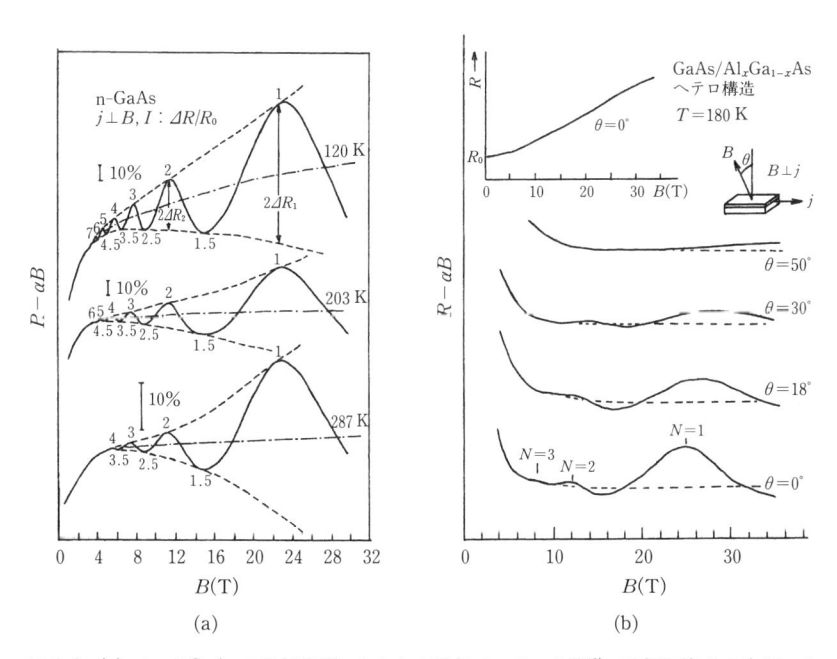

図 4.6 (a) バルク GaAs の磁気抵抗にみられた磁気フォノン共鳴[49]．磁気抵抗 R の生データ R から磁場の線形関数 αB を差し引いて振動部分を拡大している．(b) GaAs/AlGaAs ヘテロ構造の磁気フォノン共鳴[50]．ヘテロ界面に垂直な方向から角度 θ だけ磁場を傾けたときのデータ．

布していないと，LOフォノンによる散乱が起こらないためである．しかしあまり温度が高いと，電子の音響フォノンによる散乱が大きくなるので振幅は減ってしまう．GaAsの場合，最も振幅が大きくなるのは温度が約150Kのときである．磁気フォノン共鳴からは，比較的高温における電子の有効質量や，LOフォノン周波数，また電子のフォノンによる散乱に関する情報が得られる．図4.6(b)はGaAs/AlGaAsヘテロ構造の磁気フォノン共鳴のデータである．振動の様子が磁場のヘテロ界面に垂直な成分にのみ依存するといった2次元電子系に特有な共鳴が見出されている[50]．

4.6 磁気トンネル効果

二重障壁トンネルダイオードは，量子井戸層が2つの障壁層に挟まれ，図4.7(a)のようなバンドプロファイルをもつデバイスである．エミッターとコレクターの間にバイアス電圧を加えていくと，電場によって量子井戸の中の準位の高さをエミッターやコレクターのそれに対して相対的に変化させることが

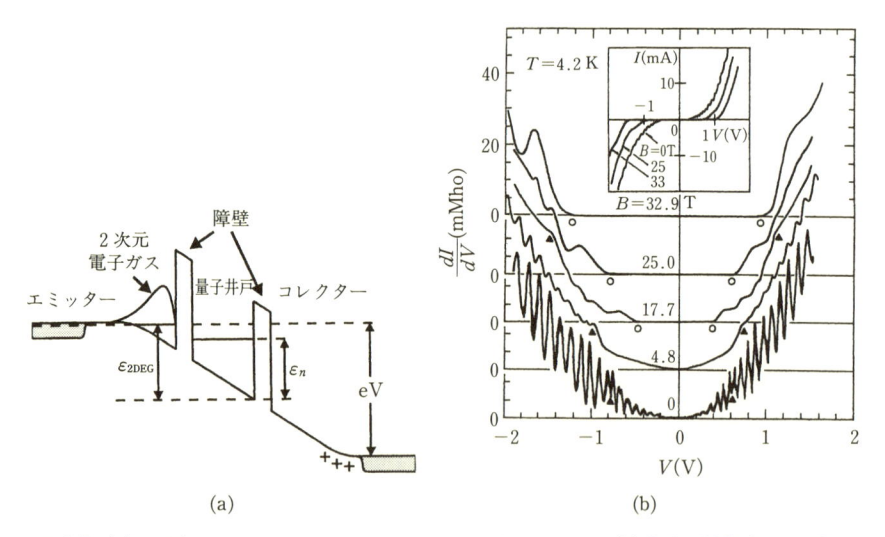

図4.7 (a) 二重障壁トンネルダイオードのエネルギープロファイル，(b) GaAs/AlGaAs 二重障壁トンネルダイオードに磁場を量子井戸層に平行に加えたときのトンネル電流の振動[51]．挿入図は電流—電圧特性を示す．各グラフに示された数値は磁場の値をTで表す．振動を明瞭に観測するために，電流の電圧に対する微分をとっている．量子井戸層の幅は60nm．温度は4.2K．

できる．エミッターのエネルギー準位が量子井戸の準位に等しくなると共鳴的にトンネル確率が増大し，電流が増加する．この現象は**共鳴トンネル効果**として知られている．ここでは，比較的幅の広い量子井戸層に層と平行な磁場を加えたときにみられる共鳴トンネル効果の例を示そう[51]．磁場が層に平行に加わった場合には，層を横切ってサイクロトロン運動を行う電子は障壁層に衝突すると反射され，スキッピング軌道を描く．電子の磁場中でのエネルギー準位はサイクロトロン運動の中心座標に依存し，障壁層の近傍では高い．エミッター側の準位と量子井戸中の準位が交差する点でトンネル効果が起こり，トンネル電流のピークが現れる．このようなトンネル電流の振動を観測するためには，磁場を固定し，バイアス電圧を掃引したときのスペクトルを測定する方が便利である．パルス磁場中でこのような測定を行うためには，パルス磁場の頂上の平坦部で磁場があまり変化しない間に高速にバイアス電圧を変化させればよい．具体的には，パルス磁場の頂上で幅の狭い三角形のパルス電圧をバイアスとして加える．例えばパルス磁場の幅が 10 ms である場合，頂上付近の 1 ms の間の磁場の変化は高々0.8%である．図 4.7 は，GaAs/AlGaAs 二重障壁トンネルダイオードについてこうして得られたトンネル電流のデータである[51]．いろいろな種類のスキッピング軌道に対応するピークがみられており，計算結果とのよい一致が得られた．

5

強磁場と光学的性質

5.1 強磁場下の光学的測定

5.1.1 OMA を用いる測定

　光学スペクトルは物質中のエネルギースペクトルについての直接的な情報を与える．また技術的には，誘導電圧によるノイズの原因となるリード線を試料につけることが不要であるという利点があり，以下で述べるパルス強磁場下での測定には特に有用である．図 5.1 は，パルス強磁場の下で **OMA** (optical multichannel analyzer) を用いて磁気光学スペクトル測定を行うための標準的な光学測定装置を示したものである[52]．図はフォトルミネッセンスを測定する場合を示しているが，透過や反射の測定の場合には，光源や，試料からの光の取り出し方を若干変更するだけで，基本的には同様な装置を用いる．

　試料に入射光を照射するための光源としては，図 5.1 のようなフォトルミネッセンス測定の場合には，必要な励起波長に応じて各種のレーザーを用いる．強力なレーザー光は試料の温度を上昇させることがあるので，減衰器によって入射光が必要な強度になるように調節する必要がある．パルス強磁場による測定の場合には，チョッパーによって磁場パルスと同期した光パルスをつくる．透過や反射測定のためには，タングステン・ヨウ素ランプのような白色光源を用いる．パルス強磁場の場合には，S/N 比を向上するために比較的強力な光源，ハロゲンフラッシュランプを用いることが多い．光源自身のスペクトルやその時間変化，また検出系の感度特性を補正するために，試料を入れない場合のブランクスペクトルを同一条件であらかじめ測定しておき，測定データにはこのブランクスペクトルを基準とした補正を施すことが必要である．スペクトロメーターの波長目盛りを校正するには，Hg, Ar, Ne, Cd ランプな

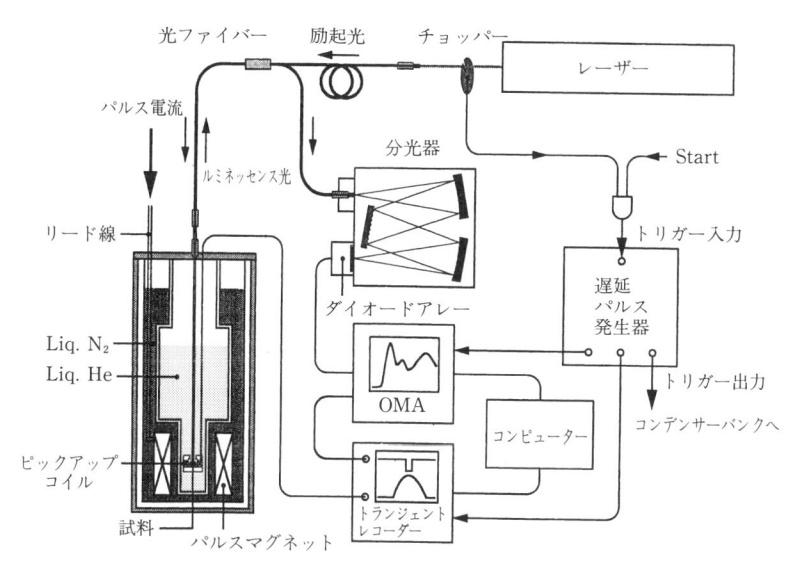

図 5.1 OMA を用いたパルス強磁場中での磁気光学測定用装置

どの標準光源の輝線スペクトルがよく用いられる．

　磁気光学測定のためには，まず試料に磁場を加えるために，マグネットの中央に試料をマウントし，これに入射光を集光して照射する必要がある．レンズや凹面鏡などを用いて光を集光することもあるが，この場合には，試料から光学系をみた立体角をできるだけ大きくする必要がある．可視光や，近赤外，近紫外の波長領域では，通常のソレノイド型マグネット内にセットされた試料に光ファイバーを用いて光を導くのが便利である．光学スペクトルは，一般に光の入射方向が磁場に平行な場合と垂直な場合とで異なる．前者を**ファラデー** (Faraday) **配置**，後者を**フォークト** (Voigt) **配置**とよんでいる．透過率を測るためには，入射光を上部から入れ，プリズムを用いて透過光を試料の下部でいったん反射させて上部に取り出す．入射光と透過光は，それぞれこの試料ホルダーの上部に取り付けた 2 本の光ファイバーを用いて伝送する．

　磁気光学測定においては，偏光を用いることが非常に有効な手段となることが多い．このため，必要に応じて偏光器（ポラライザー）を試料の近くに配置する．透過や反射の測定のように入射光を偏光させるときには入射側，フォトルミネッセンスのように出射光の偏光を調べるときには出射側におく．偏光器

は直線偏光の場合にはポラロイドシート，円偏光の場合にはポラロイドシートと 1/4 波長板を組み合わせたものを用いる．

　反射やフォトルミネッセンスを測定する場合には，試料の裏側から光を取り出す必要がない．そこで非常に細いファイバーを束にした**バンドルファイバー**を用いるのが便利である．バンドルファイバーの束を試料の上部で半分ずつに分け，それぞれを入射光用，出射光用として用いるのである．このような配置にすると，試料ホルダーの体積を最小にすることができる．クライオスタット内に挿入する 2 本の光ファイバーは，クライオスタットの上部で，それぞれ光源から光を導く入射光用の光ファイバー，スペクトロメーターに光を導く出射光用の光ファイバーと接続する．

　ファラデー回転を測定するためには，試料の前後に偏光器（ふつうはポラロイドシート）をおくことが必須である．入射側の偏光器は**ポラライザー**，出射側の偏光器は**アナライザー**とよばれる．

　OMA はスペクトロメーターの出口スリットの位置に狭いスリットをおく代わりに多数のフォトダイオードを並べて，広い波長域の光強度を一度に記録するものである．それぞれのダイオードの出力はコンピューターに記録され，これらをつなぎ合わせるとスペクトルが再現されるのである．物性研究所で使用している EG＆G 社の OMA-III では感度を上げるために，その前にチャンネルプレートからなる**インテンシファイアー**を用いている．このインテンシファイアーに加える駆動電圧をパルス（ゲートパルス）として加えると，このパルス時間内だけのスペクトルを記録することができる．このようなインテンシファイアーのゲート機能は，パルス強磁場の測定においては威力を発揮する．図 5.1 の中に示されているようにパルス磁場の頂上の部分でゲートパルスを加えると，磁場がほとんど一定という条件下でのスペクトルが得られる．長時間パルスは通常 10 ms 程度のパルス幅をもつが，例えばこの頂上で 1 ms だけゲートを開くと，この間の磁場の変動は 0.8％程度である．パルス磁場のピーク値を少しずつ変えながら何回も測定を行うと，スペクトルの磁場依存性が得られる．

　さらに最近では，CCD を用いた OMA が開発され，時間分解したスペクトルを連続的に測定できるようになった．CCD (charge coupled device) というのは，2 次元面に光検出素子を並べたもので，テレビやビデオの撮像機などに

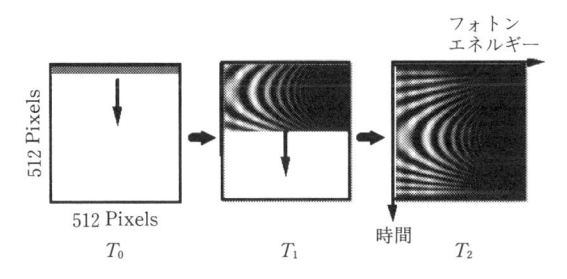

図 5.2 CCD を用いた時間分解スペクトル測定の原理

利用されている．CCD は，本来，記録した信号を次々に隣りの素子に転送する，**シフトレジスター**という機能をもっている．この機能を用いると時間分解スペクトルが得られるのである．物性研究所で現在使用している EG & G 社の OMA-IV では，図 5.2 のように，512×512 個のピクセルを並べた CCD を用いている[53]．この CCD 面の第 1 行を残して他の部分を覆い，1 行目のみにスペクトル像を結像する．この像の信号は，時間とともに次々と下の行へ転送される．一方，第 1 行目には刻々と新しい像が結像されているので，上下方向にはスペクトルの時間変化が記録されるのである．信号の転送の時間は 1 行あたり，最高で 6 ms の速さにまですることができる．したがって画面全体に記録する時間幅は 3 ms またはそれ以上ということになる．こうして 1 回のパルスによって光学スペクトルの磁場依存性のすべての情報が記録できるようになった．

5.1.2 イメージコンバーターカメラを用いる測定

上で述べた CCD を用いる時間分解測定法は分解能も高く，10 ms 程度の幅をもつ長時間パルス強磁場のためには非常に便利なものであるが，パルス幅や立ち上がり時間が数 ms という非常に短い 100 T 以上の超強磁場領域では，使用することができない．短パルスの磁場下で同様な時間分解分光測定を行うには，**イメージコンバーターカメラ**が用いられる．イメージコンバーターカメラを用いた磁気光学スペクトル測定装置のブロック図を図 5.3 に示す[54]．このシステムでは，光学スペクトルの像をイメージコンバーター管の一端にあるフォトカソードに結像する．フォトカソードでは光強度に比例した数の光電子が発生する．この光電子を電場によって加速するとともに電子レンズによって収束

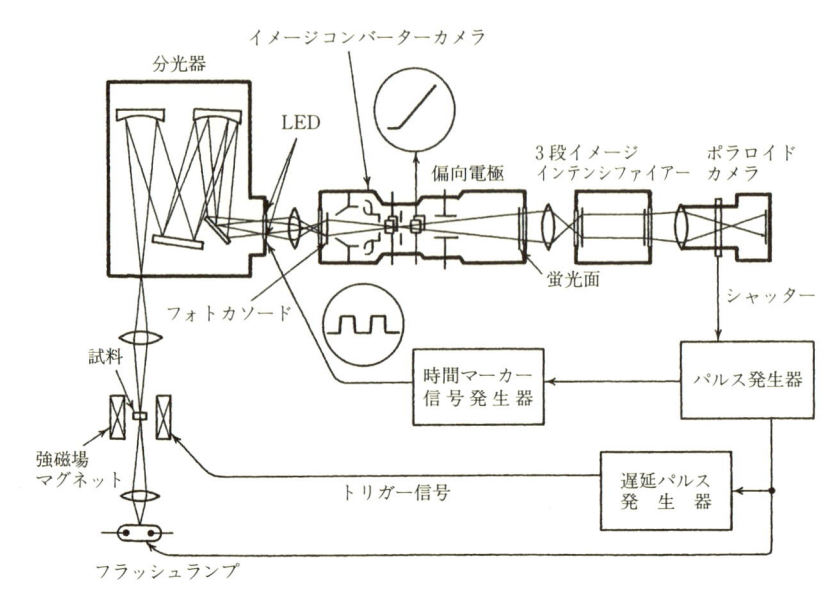

図 5.3 イメージコンバーターカメラを用いた時間分解スペクトル測定装置

し，管のもう一方の端にある蛍光面に結像する．こうしてフォトカソード上の光像が蛍光面に再現される．このままだと蛍光面に得られる像は図の上下方向に伸びた線状のスペクトル像である．上の過程で，光電子ビームを管内の電極に電圧パルスを加えることによって，スペクトル像と垂直な方向 (紙面に垂直な方向) に掃引すると，スペクトルの時間変化が蛍光面上に掃引される．すなわち水平方向が時間軸，これに垂直な方向が波長軸となる 2 次元画像が蛍光面に現れる．この像を CCD カメラで記録すると，1 回のパルス磁場掃引において時間分解スペクトル，すなわち光学スペクトルの磁場依存性が測定できるのである．また波長軸の両端に 2 個の LED の像を撮し込むと，これらが時間掃引されて画像の上下に現れる 2 本の線となり，波長軸の基準線になる．波長軸は，前項の OMA の場合と同様に，標準光源を用いて校正する．また時間軸は，イメージコンバーター管の時間掃引電極と垂直方向に対向した電極に，時間マーカーとなる 2 つの短いパルス電圧を加えることによって，像全体を上下に振り，この位置を時間の基準として校正する．イメージコンバーターカメラの内部では，光像を電子ビームに変換し，これを加速する過程において光強度

が増倍されるが，さらに蛍光面とCCDカメラの間にイメージインテンシファイアーを挿入して感度を増大している．このような増強によって非常に短い時間の像の変化を記録できるようになった[54]．

5.2 帯間磁気光吸収

5.2.1 ランダウ準位間の光学遷移

第1章で述べたように，半導体の伝導帯，価電子帯の電子および正孔は，磁場の下でサイクロトロン運動を行い，そのエネルギーはランダウ準位に量子化される．図5.4に示すように，電子が電磁波を吸収して価電子帯のランダウ準位から伝導帯のランダウ準位に遷移する過程が帯間磁気光吸収である．帯間遷移が許容遷移である場合には，遷移の起こる価電子帯，伝導帯のランダウ準位の量子数 N_v, N_c の間には，$N_v = N_c$ という選択則が成り立つ．帯間遷移による吸収スペクトルは，磁場のない場合には図5.4(b)の破線のように，バンドギャップ $\mathcal{E}_g$ から始まり，$(\hbar\omega - \mathcal{E}_g)^{1/2}$ に比例した形状をもっているが，磁場

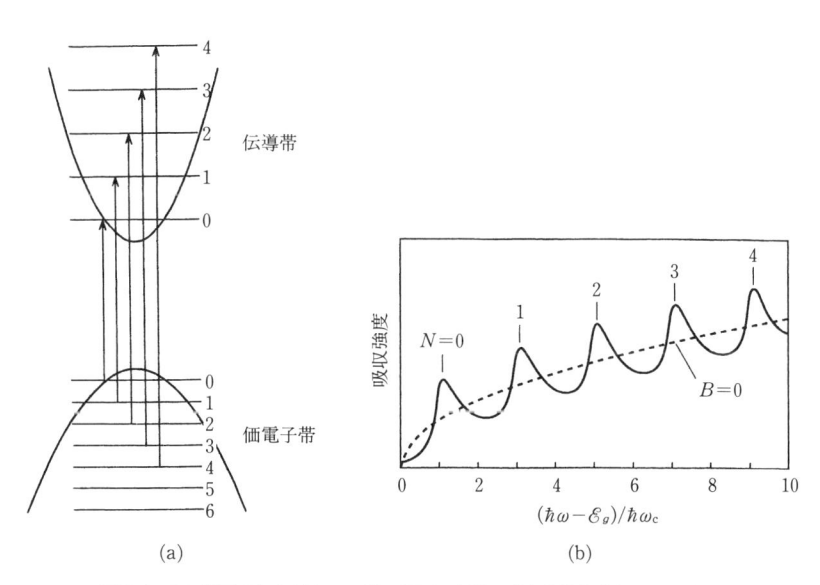

図 5.4 (a) 帯間磁気光吸収における電子の遷移，(b) 帯間光吸収スペクトル
 破線は磁場がない場合，実線は磁場がある場合を示す．

が加わると上記のようなランダウ準位間の共鳴的な遷移が起こるので実線のような振動的なスペクトルに変わる．吸収ピークの起こるフォトンエネルギーは，

$$\hbar\omega = N\hbar eB\left(\frac{1}{m_c^*} + \frac{1}{m_v^*}\right) + \mathcal{E}_g \quad (5.1)$$

となる．ここで m_c^* と m_v^* はそれぞれ伝導帯と価電子帯の有効質量である．$\hbar\omega$ を B に対してプロットすると，量子数 N に応じて，多数の直線的グラフが得られる．これを**ファンチャート**という．これらの直線は $B=0$ で $\hbar\omega=\mathcal{E}_g$ に収束する．この収束点から $\mathcal{E}_g$ が求まり，また直線群の傾きからは，

$$\mu = \left(\frac{1}{m_c^*} + \frac{1}{m_v^*}\right)^{-1} \quad (5.2)$$

が得られる．ここで μ は伝導帯と価電子帯の**還元質量** (reduced mass) とよばれる量である．帯間磁気光吸収は，ふつうの半導体では近赤外領域から可視領域で起こる．

電子系が3次元的であるときには，磁場に平行な向きの電子の運動は磁場の影響を受けないので，電子のこの向きの運動エネルギーを反映して，各々の吸収ピークは高エネルギーに裾を引いた形状になる．電子系が量子井戸などに閉じこめられて2次元的なエネルギースペクトルをもっているときには，エネルギースペクトルはランダウ準位の位置でデルタ関数的に発散するので，左右対称な鋭いピークが観測される．

5.2.2 励起子と磁場

半導体の帯間遷移による吸収では，吸収端よりも低エネルギー側に鋭いピークが観測されることが多い．これは電子と正孔がクーロン相互作用によってつくる水素原子に似た束縛状態，**励起子** (exciton) 状態をつくるからである．吸収端のエネルギー $\mathcal{E}_g$ から測った束縛エネルギー $\mathcal{E}_B$ は

$$\mathcal{E}_B = \frac{\mu e^4}{32\pi^2 \hbar^2 \kappa^2 \varepsilon_0^2} \quad (5.3)$$

と表される．ここで κ は比誘電率，μ は電子と正孔の還元質量である．磁場を加えると励起子状態は反磁性効果によってエネルギーが増加する．このエネルギーの増加 $\Delta\mathcal{E}_d$ を**反磁性シフト**とよんでいる．主量子数が n である s 状態の $\Delta\mathcal{E}_d$ は，$\hbar\omega_c \ll \mathcal{E}_B$ となるような比較的弱磁場の領域で

$$\varDelta \mathcal{E}_d = \sigma B^2 \tag{5.4}$$

となり，B^2 に比例する．比例定数 σ は

$$\sigma = \frac{1}{8}\frac{e^2}{\mu^*}<x^2+y^2> = \frac{4\pi^2\kappa^2\varepsilon_0^2\hbar^4}{e^2\mu^3} \tag{5.5}$$

と表される[55]．$<x^2+y^2>$ は磁場に垂直な面での励起子の波動関数の広がりの期待値である．式(5.5)から，反磁性シフトの大きさは，励起子の波動関数の広がりについての情報を与える．励起子ピークの磁場依存性が式(5.4)で表されるのは，磁場が比較的弱いときで，$\mathcal{E}_B > \hbar\omega_c$ が成り立つときである．このときは励起子にとって電子-正孔間のクーロンエネルギーの方が磁場の効果よりも大きい．$\mathcal{E}_B \leq \hbar\omega_c$ が成り立つような強磁場領域では，逆に磁場の効果の方がクーロンエネルギーよりも重要になる．このような磁場領域では，エネルギー増加は B に比例するようになり，励起子スペクトルはランダウ準位間の遷移エネルギーよりも少し低エネルギー側でこれとほぼ平行な磁場依存性を示す．

2次元電子系では，励起子のボーア半径は3次元の場合の半分になり，そのために $\mathcal{E}_B$ は3次元系に比べて大きくなり，磁場を系に垂直に加えた場合の反磁性シフトは小さくなる．これらを計算してみると $\mathcal{E}_B$ は4倍に，σ は3/16倍になることがわかる．

励起子準位は吸収スペクトルのみならず，発光(**フォトルミネッセンス**)スペクトルにも現れる．レーザー光などで電子を価電子帯から伝導帯に励起すると，電子は種々の緩和過程を経て一番エネルギーの低い状態である励起子準位に落ち込む．励起子状態の電子と正孔は光を放出して再結合する．これが励起子からのフォトルミネッセンスであり，励起子のエネルギー位置 $\mathcal{E}_g - \mathcal{E}_B$ に鋭いピークとなって現れる．励起子の反磁性シフトはフォトルミネッセンススペクトルにおいても観測することができる．フォトルミネッセンススペクトルには，基底準位に緩和する前に電子が再結合することによって，励起子スペクトルだけでなくランダウ準位のスペクトルが現れることもある．

5.3　2次元励起子の磁気光学スペクトル

ここでは強磁場下での2次元励起子の磁気光学スペクトルについていくつか

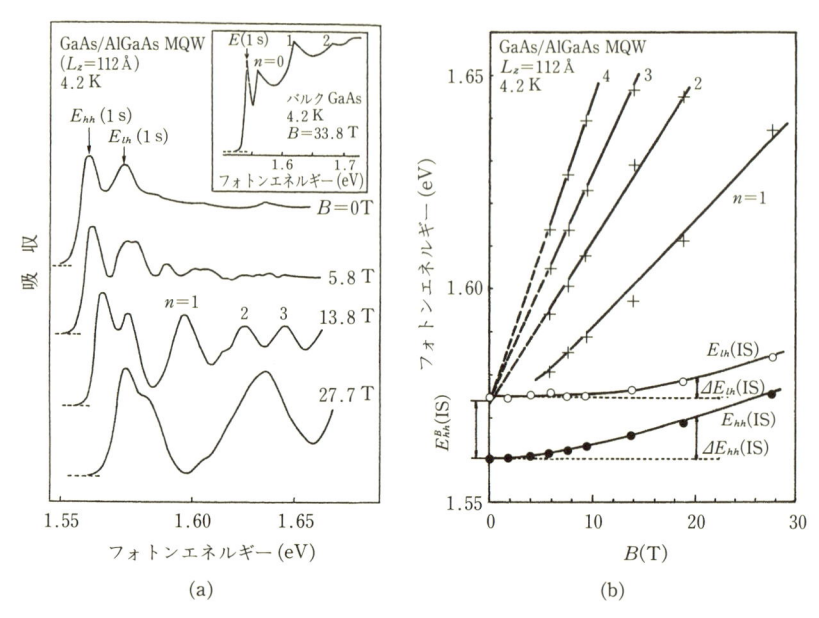

図 5.5 (a) GaAs/AlGaAs 量子井戸の磁気光学スペクトル.量子井戸幅 11.2 nm.挿入図はバルク結晶の吸収スペクトル.hh,lh はそれぞれ重い正孔の励起子と軽い正孔の励起子を表す.(b) 吸収ピークのフォトンエネルギーの磁場依存性[56].

の測定例を示そう.図 5.5 (a) は,強磁場中での GaAs/AlGaAs 量子井戸の磁気光学スペクトルである[56].磁場がゼロのときには,2 つの励起子ピークがみられる.これらはバルク結晶では縮退している重い正孔と軽い正孔のエネルギーバンドが,量子ポテンシャルのために分離し,それぞれのバンドについて励起子が形成されるからである.磁場を加えると励起子ピークが高エネルギー側にシフトするとともに,高エネルギー側にランダウ準位間の遷移による振動的吸収ピークがみられる.挿入図にバルクの GaAs の吸収スペクトルを示す.ランダウ準位間の遷移による吸収ピークの形状をバルクと量子井戸について比べると,バルクでは各ピークが高エネルギー側に裾を引いた形をしているのに対して,量子井戸では対称的である.これは吸収スペクトルに上で述べたランダウ準位の状態密度が反映されているためである.図 5.5 (b) は吸収ピークのフォトンエネルギーの磁場依存性を示したものである.励起子ピークエネルギーはほぼ磁場の 2 乗に比例して増加する.ランダウ準位間の遷移によるピー

5.3 2次元励起子の磁気光学スペクトル

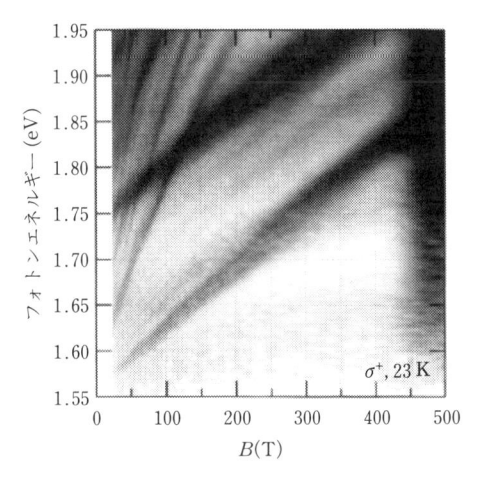

図 5.6 GaAs/AlAs 量子井戸の磁気光学スペクトル
量子井戸幅 9.0 nm の試料についてのデータ[57]．

クは磁場に対して大略，直線的に変化する．これらの直線をゼロ磁場に外挿すると，ほぼ1点に収束する．この点はバンド端を表していると考えられる．励起子の束縛エネルギー $\mathcal{E}_{ex}$ は L_z が減少するとともに増加する．すなわち L_z が減少するにつれ，励起子は次第に3次元的なものから2次元的な励起子に移行するのである．L_z がゼロになった極限では完全な2次元励起子になり，3次元の場合の4倍の束縛エネルギーが得られるはずである．実際には量子井戸の障壁層の高さが有限であるために，L_z が非常に小さいところでは波動関数が量子井戸層から障壁層に浸み出すために，$\mathcal{E}_{ex}$ は L_z がゼロに近づくと若干減少する．

磁場がさらに強くなると，励起子ピークエネルギーの磁場依存性はほとんど直線的になる．図5.6は約500Tに及ぶ超強磁場下で，イメージコンバーターカメラを用いて測定したストリークスペクトルである[57]．励起子ピークの他に多数のランダウ準位間の遷移による吸収ピークがみられる．これらはきわめて強い磁場のために種々の準位交差を反映して非線形的な変化や，線幅の急激な増加，ある磁場では急激な強度の増加や減少など興味深い変化を示している．励起子は水素原子と類似の状態であるので，超強磁場下でのこのようなスペクトルは，超強磁場下での水素原子という基本的な問題にもつながる．中性

子星という天体には 10^8 T という非常に強い磁場が存在することが予想されているが,その表面には水素原子があるとされている.これらの水素原子は超強磁場のために,地球上にはないきわめて特殊な状態にあることが理論的に予想されている.水素原子に比べて励起子では,電子や正孔の有効質量 m^* が軽く,結晶の誘電率 ε がクーロン相互作用を遮蔽するので,クーロン相互作用に対する磁場の相対的な効果は $(\varepsilon/m^*)^2$ だけ増大する.したがって数 100 T の磁場でも 10^8 T の中性子星の中での状態を調べることができる可能性を秘めている.

5.4 短周期超格子の磁気光学スペクトル

短周期超格子では,電子や正孔の障壁層の中をトンネル効果によって透過し,層に垂直な方向にも電子の運動が可能になる.したがって層に垂直方向に幅の狭いバンドができ,2次元電子系というよりも異方性の大きい物質とみなすことができる.層に並行に磁場を加えるとき,電子のサイクロトロン軌道は障壁層を横切りながら運動する.磁場が弱く,サイクロトロン半径が超格子の

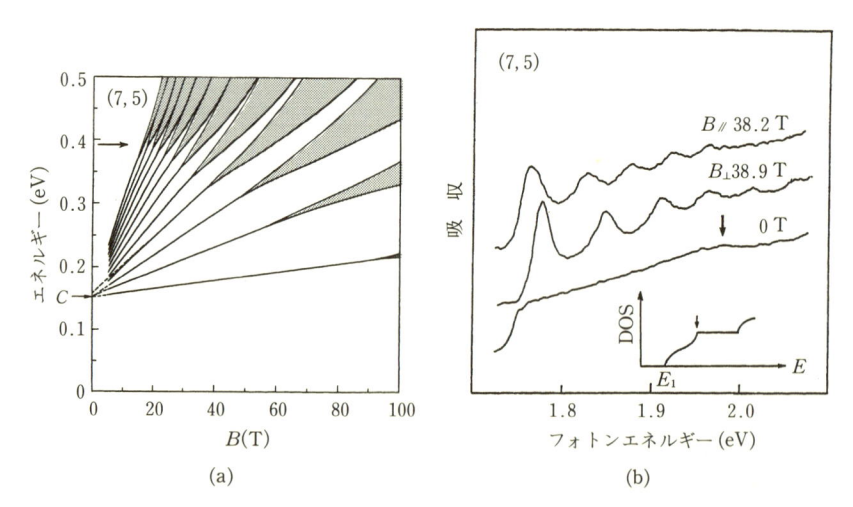

図 5.7 (a) $(GaAs)_7/(AlAs)_5$ (7,5 は単原子層の数)に超格子面に平行な磁場を加えたときのランダウ準位の理論曲線[58].(b) この試料の超格子面に垂直と平行な磁場を加えたときの磁気吸収スペクトル.挿入図は超格子の状態密度を表す.

周期より十分大きいときには，電子の軌道の中に超格子のポテンシャルの周期がいくつも入るので，サイクロトロン軌道のエネルギーは中心座標の位置にはよらない．磁場が強くなり，軌道半径が小さくなってくると，中心がどこにあるかによって，電子が感じるポテンシャルが異なる．するとランダウ準位エネルギーの中心座標に関する縮退が解け，ランダウ準位エネルギーに幅が生じるようになる．このような状態ではランダウ準位間の遷移による振動的吸収ピークの幅が広がって，観測ができなくなる．図5.7(a)は$(GaAs)_7/(AlAs)_5$ (7, 5は単原子層の数)に超格子層に平行な磁場を加えたときのランダウ準位の理論曲線である[58]．エネルギーが大きい領域で実際に幅が広がっていることがわかる．図5.7(b)は$(GaAs)_7/(AlAs)_5$に磁場を加えたときの吸収スペクトルである[59]．磁場が層に垂直なときには振動スペクトルが高エネルギーまでみえているが，平行なときにはエネルギーの高いところで消失していることがわかる．

5.5 量子細線，量子ドットの磁気光学スペクトル

近年，良質の量子細線や量子ドットが種々の方法でつくられるようになり，量子ポテンシャルに閉じこめられた1次元ないし0次元の電子系の興味深い性質が調べられるようになった．このような系では，量子ポテンシャルと磁場ポテンシャルの競合効果が磁気光スペクトルに観測される．式(5.5)にもみられるように，励起子の反磁性シフトは励起子の波動関数の広がりの程度を反映する．したがって反磁性シフトを測れば，励起子が空間的にどの程度閉じこめられているかを知ることができる．

図5.8は，V型溝の底に自己形成されたGaAs/AlGaAs量子細線に強磁場を加えたときの磁気フォトルミネッセンスにおける励起子ピークエネルギーの磁場依存性である[59]．この試料の量子細線は，おおよそ三角柱の形状をしているが，これに対して磁場をどの方向に加えるかによって，反磁性シフトの大きさが異なる．反磁性シフトの大きさから，磁場に垂直な面内での励起子の波動関数の広がりの程度を見積もることができる．

反磁性シフトは，量子ドットについても同様に励起子波動関数の広がりの程度を知るのによい手段となる．図5.9はInAs/GaAsおよびInGaAs/GaAs自

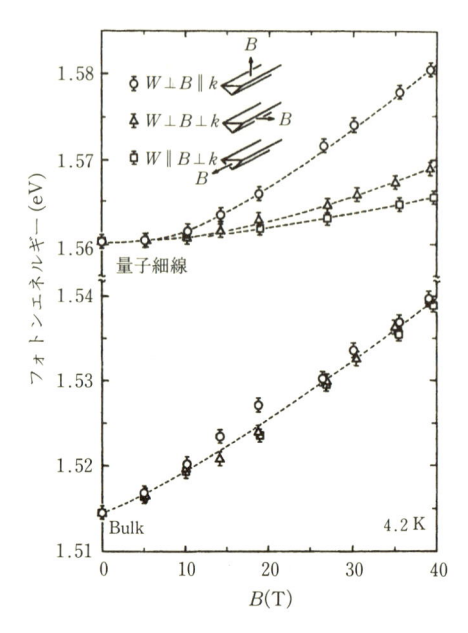

図 5.8 GaAs/AlGaAs 量子細線の磁気フォトルミネッセンスにおける励起子ピークエネルギーの磁場依存性[59]

己形成型 (SK モード型) 量子ドットの磁気フォトルミネッセンスにみられた励起子の反磁性シフトの磁場依存性を示したものである[60]．前者は GaAs の (100) 面に，後者は (311) 面につくられた量子ドットである．反磁性シフト ΔE はどちらの試料についてもほぼ磁場の 2 乗に比例して増大する．この係数より励起子の波動関数の広がり Δx を求めると，(100) 面試料については 5.5 nm，(311) 面試料については 13±2 nm という値が得られた．一方，透過電子顕微鏡 (TEM) によって観測された量子ドットの幾何学的大きさは，それぞれの試料について 10 nm と 5～8 nm であった．このことは (100) 面試料については，波動関数の広がりは幾何学的形状よりも小さく，励起子が量子ドット内によく閉じこめられているが，(311) 面試料では，励起子の波動関数の裾野が，濡れ層 (wetting layer) にまで大きく浸み出していることを意味している．この例からわかるように，反磁性シフトの測定は，励起子の波動関数についてのミクロな情報を得るのに有力な手段である．

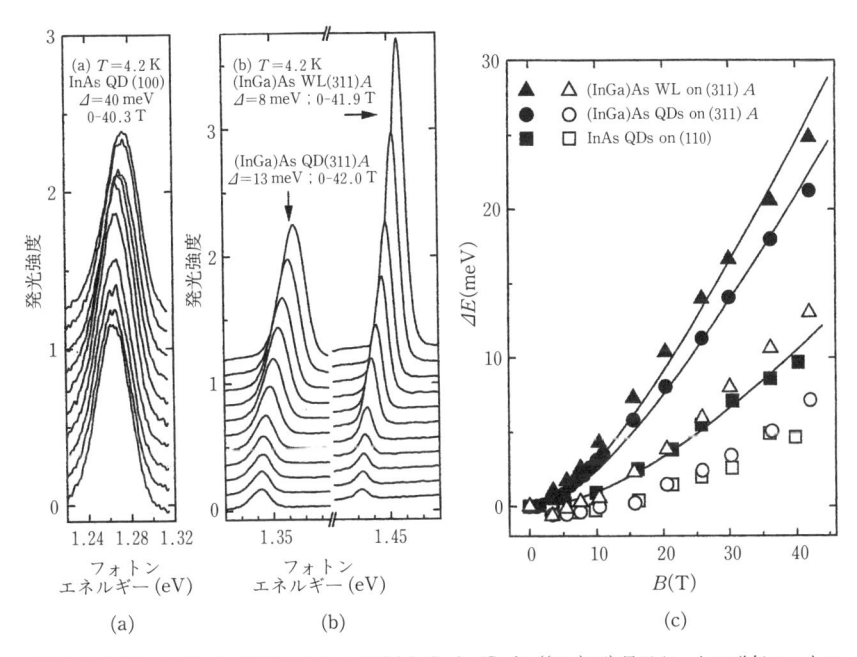

図 5.9 (a) InAs/GaAs ((100) 面) および (b) InGaAs/GaAs ((311) 面) 量子ドットの磁気フォトルミネッセンススペクトル[60]. (c) 反磁性シフトの磁場依存性. WL は濡れ層 (wetting layer) 中の励起子を表す.

6

テラヘルツ・スペクトロスコピー

6.1 赤外・遠赤外測定技術

　波長の長い電磁波である赤外，遠赤外光は可視光に比べてフォトンエネルギーが小さく，磁場によって分裂したランダウ準位間の遷移や，ゼーマン分裂したスピン準位間の遷移を引き起こすのに適当な波長領域である．前者が**サイクロトロン共鳴**，後者が**電子スピン共鳴**である．波長 300 μm の光の周波数はちょうど 1 T Hz (10^{15}Hz) なので，この近傍の周波数領域は**テラヘルツ領域**と

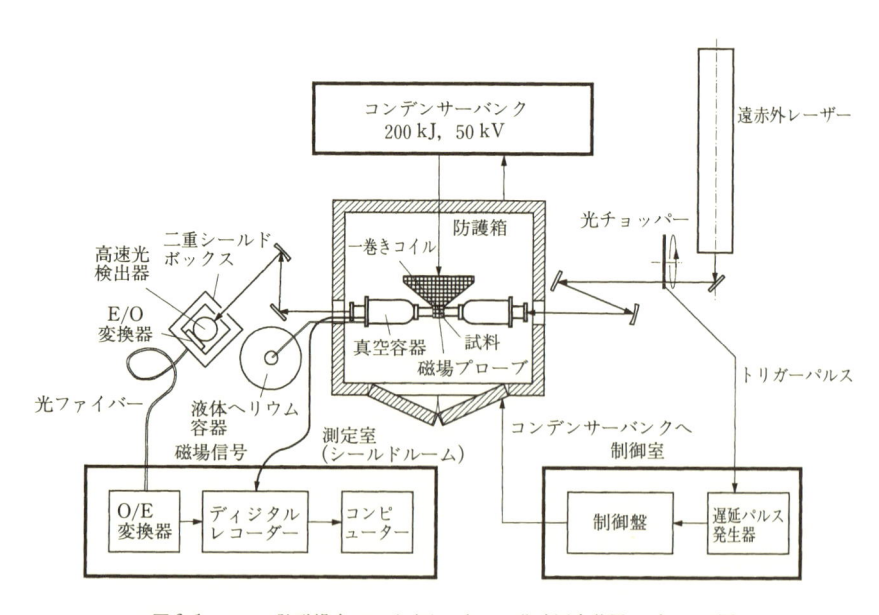

図 6.1　パルス強磁場中でのサイクロトロン共鳴測定装置のブロック図

よばれることが多い．ここではパルス強磁場下で遠赤外-赤外領域でのサイクロトロン共鳴について述べよう．図6.1に測定装置の概略図を示す[61,62]．

光源としては気体レーザーを用いるのが便利である．HCN レーザーの 311 μm, 337 μm, H_2O の 119 μm, 28 μm などがよく用いられる発振線である．CO_2 レーザー，CO レーザーでは，共振器の一方のミラーとして用いられている回折格子を調節することにより，それぞれ 9〜11 μm, 5〜6 μm の範囲で多数の強力な発振線を得ることができる．またパルス強磁場での測定ではレーザーもパルス発振させて使用できるが，その場合には H_2O レーザーに He ガスを混入することによって 16.9 μm, 23 μm, 36 μm などの波長が得られる．また CO_2 レーザーによって励起する遠赤外レーザーでは，励起する CO_2 レーザーの波長と遠赤外レーザー共振器の中の作用ガス，共振器のミラー間隔を調節することによって，30〜600 μm の広い範囲で，多くの異なる波長を発振させることができる．代表的な発振線としては，CH_3OH による 70.5, 96.5, 119, 163 μm, CH_3OD による 47, 57 μm などがよく用いられる．光源からの光はミラーなどの光学系によって試料に照射する．CO_2 レーザーや CO レーザーは出力が非常に大きく（〜10^{-2}〜10 W），連続光をそのまま試料に入射すると試料や検出器を損傷してしまう．そこでチョッパーによってパルス磁場に同期したパルス光をつくって光源とする．

試料を透過した光は検出器によって検出する．超伝導マグネットなどの定常磁場中の測定には，極低温に冷却した Ge などのボロメーターを用いる．ボロメーターの応答速度は非常に遅いので，パルス磁場中ではより高速の検出器を使用する．16〜30 μm では Ge(Cu)，30〜150 μm では Ge(As)，150〜500 μm では GaAs 検出器を液体ヘリウム温度に冷却して用いる．いずれも不純物準位間の電子遷移による光伝導を利用したものであるが，応答時間が速く，マイクロ秒のパルス磁場にまで使用することができる．3〜11 μm の範囲では，CdHgTe フォトダイオードの光起電力を利用した検出器を用いることができる．この検出器も応答時間が非常に速く，液体窒素温度で使用できるところが特徴である．以上の検出器はどれも抵抗が大きいので，入力インピーダンスの大きい広帯域プリアンプと組み合わせて使うことが必要である．検出器から得られる信号は，電気-光変換器でいったん光信号に変換し，光ファイバーによりマグネットから離れた位置に設置したディジタル記録器（トランジェントレコー

ダー)に導き，磁場信号とともに記録するとノイズを軽減する上で便利である．

6.2 サイクロトロン共鳴

サイクロトロン共鳴は，半導体や金属において有効質量を決定する最も直接的な手段である．試料に角周波数 ω の電磁波が入射するとき，ω がサイクロトロン周波数 ω_c に等しいときに共鳴吸収が起こる現象である．静磁場 B の方向を z 方向とし，電場ベクトルが x 方向を向いた直線偏光の電磁波が z 方向に伝搬しているとすると，第 4 章の式 (4.10) と同様に運動方程式は

$$m^*\frac{d\bm{v}}{dt}+\frac{m^*\bm{v}}{\tau}=-e\bm{E}-e(\bm{v}\times\bm{B}) \tag{6.1}$$

となる．電磁波の電場を $E_x \exp(i\omega t)$ として，v についての解から，$j_x = nev_x$ により x 方向の伝導度 σ を求めると，

$$\sigma=\frac{j_x}{E_x}=\frac{Nev_x}{E_x}=\sigma_0\left[\frac{1+i\omega\tau}{1+(\omega_c^2-\omega^2)\tau^2+2i\omega}\right] \tag{6.2}$$

となる．ここで比例定数は次式で表され，直流伝導度と等しい．

$$\sigma_0=\frac{Ne^2\tau}{m^*} \tag{6.3}$$

式 (6.2) はドルーデ (Drude) の式として知られている．

単位時間における電磁波の単位長さあたりの吸収の割合は $\mathscr{R}(\bm{J}\cdot\bm{E})$ であり，これより**吸収係数** α が次のように求められる．

$$\alpha=\mathscr{R}\sigma_{xx}=\sigma_0\frac{1+(\omega\tau)^2+(\omega_c\tau)^2}{[1+(\omega^2-\omega_c^2)\tau^2]^2+4(\omega\tau)^2} \tag{6.4}$$

吸収係数を用いると，強度 I_0 の電磁波が厚さ d の試料中を z 方向に伝搬するとき透過した電磁波の強度が，

$$I\approx I_0(1-R)^2\exp(-\alpha d) \tag{6.5}$$

と表される．ここで R は表面での反射率である．

サイクロトロン共鳴の吸収係数スペクトルは，式 (6.2) より図 6.2 のようになる．吸収のピークは $\omega_c/\omega=1$ にある．ピーク幅は $\omega\tau$ が減少するにしたがって広がり，この値が 1 に近くなると共鳴吸収の観測は困難になる．言い換えると，サイクロトロン共鳴ピークは $\omega\tau > 1$ のときにのみ観測可能である．この条件は，電子や正孔が平均として 1 回散乱される間に約 1 周以上のサイクロト

ロン運動を完結することを意味している．

図6.2のピークの形状が非対称であるのは，直線偏光の電磁波を仮定したからである．サイクロトロン共鳴の実験では，円偏光の電磁波を使うことが望ましい．電子に対しては右回り円偏光，正孔に対しては左回り円偏光を用いると，$\omega_c = \omega$ のとき，吸収が極大になる．このとき吸収スペクトルは左右対称なローレンツ(Lorentz)型曲線となる．ピークの起こる磁場 B_r より次式を用いると有効質量 m^* が得られる．

$$m^* = \frac{eB_r}{\hbar\omega} \quad (6.6)$$

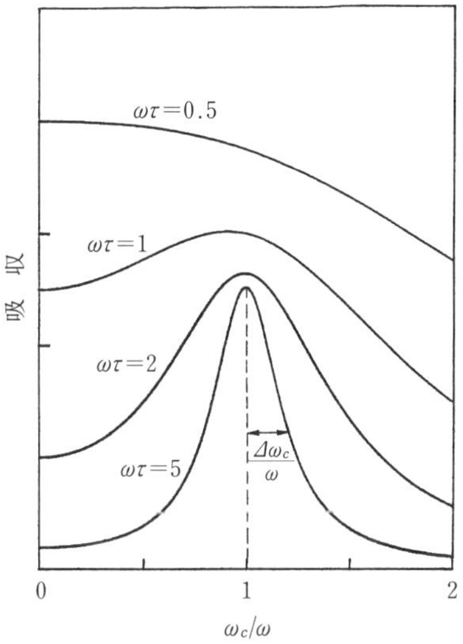

図6.2 直線偏光の電磁波に対するサイクロトロン共鳴吸収曲線

ピークの半値幅からは

$$\frac{\Delta B}{B_r} = (\omega_c\tau)^{-1} = \frac{1}{\mu B} \quad (6.7)$$

より，散乱の緩和時間 τ や移動度 $\mu = e\tau/m^*$ を求めることができる．このようにサイクロトロン共鳴はキャリヤーの符号，有効質量，移動度などについての情報を得るための基本的手段である．そればかりか以下に述べるように，電子-格子相互作用，電子間相互作用，バンドクロスオーバー，構造相転移など半導体の電子状態について，種々の情報を得るための有用な手段となる．

6.3 低移動度物質のサイクロトロン共鳴

前節で述べたように，サイクロトロン共鳴を観測するためには，$\omega_c\tau > 1$ が成り立つことが必要である．$\omega_c\tau$ は，移動度を使って実用単位で表すと $\mu(\text{cm}^2/\text{V}\cdot\text{s})B(\text{T})\times 10^{-4} > 1$ となる．強磁場は低移動度物質のサイクロトロン共鳴の観測に適している．例えば移動度が $100\,\text{cm}^2/\text{V}\cdot\text{s}$ の試料では $100\,\text{T}$ の強磁場が必要である．超強磁場での実験が可能になったことによって，実験可

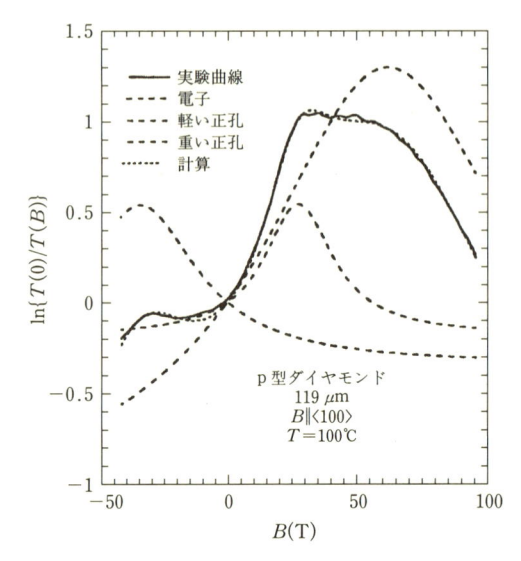

図 6.3 p型ダイヤモンド結晶におけるサイクロトロン共鳴スペクトル[63] $B\|\langle100\rangle$. $T=100℃$. 測定波長 119 μm. 実線が測定データ, 破線が重い正孔, 軽い正孔, 分離したバンドの共鳴吸収に分解したグラフを示す.

能な物質の範囲が格段に広がった.

　その例としてまずp型ダイヤモンドの例を図6.3に示す[63]. ダイヤモンドは典型的な半導体であるGeやSiと似たバンド構造をもつが, バンドギャップが非常に大きく, 高温でも動作する半導体素子の材料として最近研究が進んでいる. サイクロトロン共鳴については, 過去に低温でキャリヤーを光によって励起し, マイクロ波領域で測定した例はあるが, データの信頼性については, 不明であった[64]. より高温でキャリヤーが熱的に励起された状態での測定が望まれていたが, 高温ではキャリヤーの移動度が低いために超強磁場下ではじめて実験が可能になる. 図ではブロードなピークがみられるが, 詳しくみると3つのピークに分解できることがわかる. これらは重い正孔, 軽い正孔, スピン軌道分離バンドの共鳴であると考えられる. GeやSiでは, スピン軌道分離バンドは価電子帯頂上からのエネルギー差が大きいためにふつうサイクロトロン共鳴が観測されることはない. ダイヤモンドでは, このエネルギー差が約4 meVと小さいので, キャリヤーが3つのバンドすべてに分布し, 3つの共鳴ピークが観測されるのである. 興味深いことは, 正孔を観測するための左回り

の円偏光を用いているにもかかわらず，3つのうちの1つのピークは磁場が逆転したとき，すなわち，左回り円偏光において観測されることである．これは3つのバンドの相互作用によって，重い正孔の軌道が特殊なものとなり，電子活性な円偏光でピークが観測されたものと思われる．温度 $T=100°C$ では，共鳴ピーク幅から得られた移動度は $\mu=700\,cm^2/V\cdot s$ であった．このような測定から価電子帯のバンドパラメーターが求められた．

同様な超強磁場での低移動度物質のサイクロトロン共鳴は，n型 SiC[65]，n型 $AlAs$[66] などについても観測されている．

6.4 フォノンとの相互作用

6.4.1 ポーラロン・サイクロトロン共鳴

分極性のある半導体(例えばIII-V族，II-VI族半導体)では電子と LO フォ

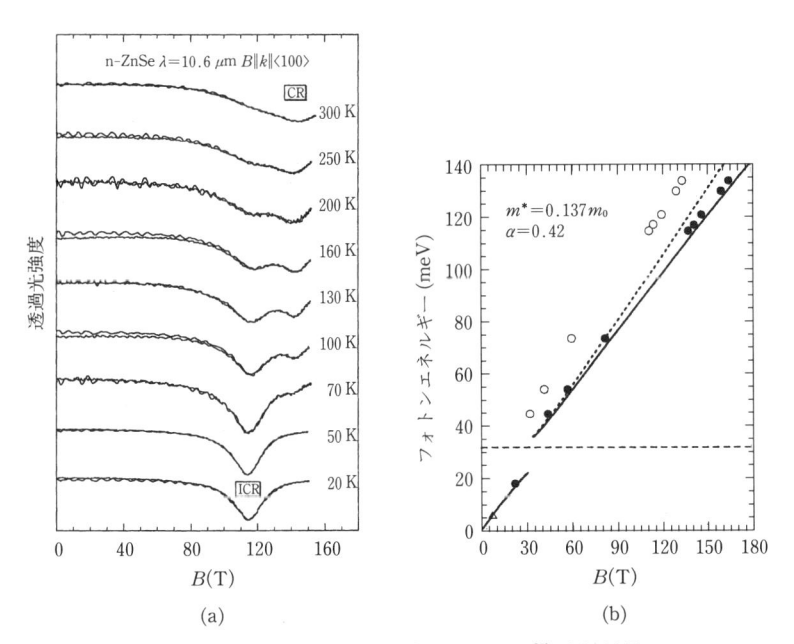

図6.4 (a) n型 ZnSe におけるサイクロトロン共鳴のスペクトル[67]．測定波長 $10.6\,\mu m$．
(b) 共鳴フォトンエネルギーの磁場依存性[67]．白丸点は ICR，黒丸点は CR の実験データを示す．実線は理論曲線，点線は非放物線性を無視したときの理論曲線を表す．

ノンとの相互作用により，**ポーラロン**が形成され，相互作用のないときに比べて見かけ上の電子の質量は重くなっている．超強磁場下では，$\hbar\omega_c$ が非常に大きくなり，LOフォノンのエネルギー $\hbar\omega_0$ を越えることがある．$\hbar\omega_c$ が $\hbar\omega_0$ に等しくなる領域では，電子-格子相互作用の効果が共鳴的に大きくなり，アンチクロシング(非交差)効果によって有効質量が大幅に変化する．$\hbar\omega_c=\hbar\omega_0$ 近傍で起こる共鳴的なポーラロン効果を**共鳴ポーラロン効果**とよんでいる．ポーラロン効果の大きさは，無次元の電子-格子相互作用結合係数 α で表される．イオン結晶であるアルカリハライド結晶(I-VI族化合物)では α は1より大きい(例えばNaClでは $\alpha=5.5$)が，III-V半導体では，比較的小さい(例えばGaAsでは $\alpha=0.072$)．II-VI半導体ではIII-Vに比べ α は大きく，共鳴ポーラロン効果がサイクロトロン共鳴にどのように現れるかには興味がもたれる．図6.4は $\alpha=0.43$ であるn型ZnSeのサイクロトロン共鳴のデータを示したものである[67]．低温では電子はドナー準位に落ち込むので，伝導帯の電子による共鳴よりも弱磁場側に不純物サイクロトロン共鳴のピーク(ICR)が現れる．強磁場側のピークが伝導帯のポーラロンによる共鳴(CR)であるが，その共鳴フォトンエネルギー $\hbar\omega$ は，図6.4(b)に示すようにLOフォノンのエネルギー $\hbar\omega_0$ の近傍で大きなアンチクロシング効果を示すことがわかる．

6.4.2 サイクロトロン共鳴による構造相転移の観測

SnTe，GeTeなどのIV-VI族半導体は，低温でNaCl型構造(立方晶)からAs型構造(菱面体結晶)への構造相転移を示すことが知られている．この構造相転移はTOフォノンのソフト化が原因であり，ソフト化には電子-格子相互作用が主要な役割を演じている．伝導帯と価電子帯の状態密度は強磁場によって大きく変化するためにバンド間の励起を介した電子-格子相互作用が磁場の影響を受け，構造相転移の起こる臨界温度 T_c は磁場依存性をもつことが期待される．良質の結晶が得られ，その性質がよく調べられているPbTeに少量のGeやSnをドープした混晶(PbGe)Teや(PbSn)Teも同様な構造相転移を示す．そこでPb(Ge)Teに超強磁場を加えたときにサイクロトロン共鳴にどのようなスペクトル変化が現れるかは興味深い問題である．図6.5(a)はp型 $Pb_{1-x}Ge_xTe$ ($x=0.0096$) に $\langle 111\rangle$ 方向の磁場を加えたときのサイクロトロン共鳴の吸収曲線である[68]．$B\|\langle 111\rangle$ の場合，L点にある4つの価電子帯のうち

6.4 フォノンとの相互作用

(a)

ピーク1　ピークX　ピーク2

$T = 11\,\mathrm{K}$, 21 K, 28 K, 32 K, 43 K, 47 K, 49 K, 55 K

p-$Pb_{1-x}Ge_xTe$
$x = 0.96\%$
$\lambda = 9.6\,\mu\mathrm{m}$
$k \parallel B \parallel \langle 111 \rangle$

透過光強度

$B(\mathrm{T})$

(b)

p-$Pb_{1-x}Ge_xTe$
$x = 0.96\%$

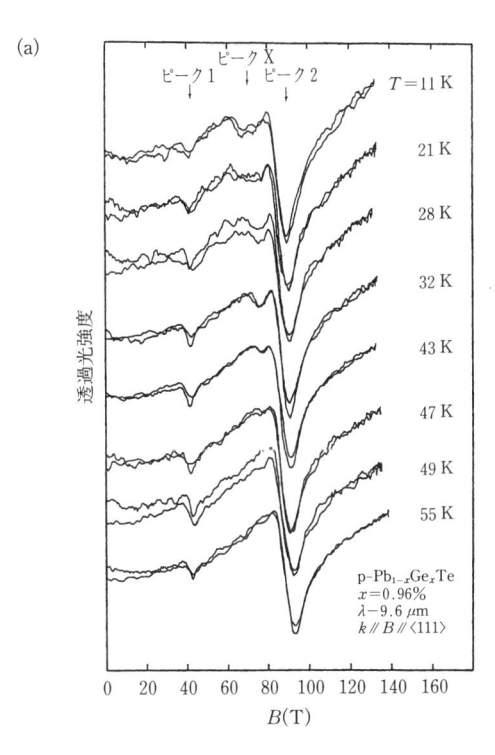

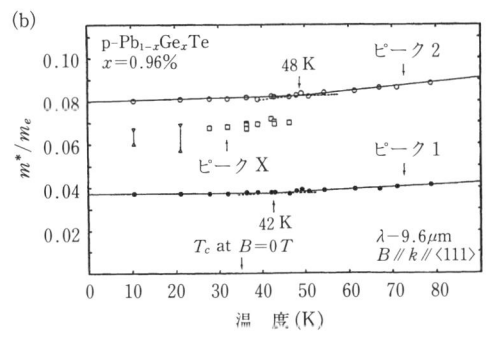

m^*/m_e

ピーク2　48 K
ピークX　ピーク1
42 K
T_c at $B = 0\,\mathrm{T}$
$\lambda = 9.6\,\mu\mathrm{m}$
$B \parallel k \parallel \langle 111 \rangle$

温度 (K)

図 6.5 (a) p 型 $Pb_{1-x}Ge_xTe$ ($x = 0.0096$) におけるサイクロトロン共鳴の吸収曲線[68]. フォトンエネルギー 134 meV におけるデータ. (b) 有効質量の温度依存性

1つは軽い質量を，残りの3つはこれより重い等価な質量を示すので，2つの共鳴ピーク(ピーク1とピーク2)がみられる．PbTe 系の結晶は有効質量の温度依存性が非常に大きいことで知られている．(a) にも共鳴ピークが温度の上昇とともに大きく強磁場側にシフトすることがわかる．ピーク1とピーク2の

間にあるピークXはランダウ準位量子数とスピンが同時に変化する複合共鳴である．スペクトルから得られた有効質量の温度依存性を示したのが図6.5(b)である．ピーク1とピーク2ともに対応する有効質量は，42Kと48Kでその温度依存性の傾きが急激に変化している．この温度が構造相転移の生じる温度 T_c に対応していると考えられる．この試料では磁場ゼロでは構造相転移の起こる温度は34Kであるが，強磁場によって，転移温度が高温側に大きく変化したものと理解される．このような解析をいろいろなGe濃度の試料について行ってみると，磁場がゼロのときには構造相転移を示さないPbTeにおいても約400Tの超強磁場の下では構造相転移が起こると予想される．構造相転移より低温側では結晶は強誘電性を示すので，このような転移は磁場によって引き起こされる強誘電転移というユニークな現象である．

6.5 準位クロスオーバー

6.5.1 半金属-半導体転移

強磁場は伝導帯の底や価電子帯の頂上のエネルギーを大きく変えるので，他の準位のクロスオーバーを引き起こし，試料の性質に大きな変化を及ぼすことがある．例えば半金属のBiでは，バイナリー軸方向に超強磁場を加えると，電子と正孔のエネルギーはともに増加するので，伝導帯と価電子帯のエネルギーの重なりが消失し，半金属-半導体転移が起こる[69]．第Ⅱ種の超格子であるInAs/GaSb超格子は，InAsとGaSbの界面でGaSbの価電子帯頂上の方がInAsの伝導帯の底よりもエネルギーが高いことからGaSbからInAsに電子が流入し，周期が長い（>15 nm）超格子では半金属になる．周期が短いとサブバンドエネルギーが増加するので半導体となる．半金属であるInAs/GaSb超格子に界面に垂直な超強磁場を加えると，Biの場合と同様に，半金属-半導体転移が起こる．図6.6(a)は種々の波長で測定したInAs/GaSb超格子の超強磁場下サイクロトロン共鳴吸収曲線である[70]．複雑なランダウ準位構造のためにいくつも吸収ピークがみられるが，有効質量が約 $0.05m_0$ の電子のピークに着目すると，フォトンエネルギーが大きくなって共鳴磁場が高くなるにつれて吸収強度が小さくなることがみてとれる．ピークの積分強度の磁場依存性をプロットしたものが図6.6(b)である．このような測定により，半金属-半導

6.5 準位クロスオーバー　　75

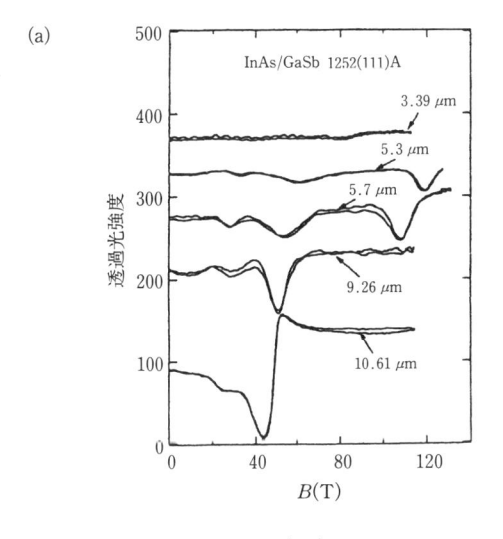

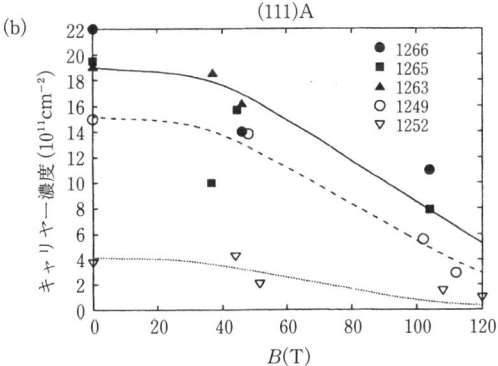

図6.6 (a) InAs/GaSb 超格子の超強磁場下サイクロトロン共鳴吸収曲線[70]，(b) 吸収強度の磁場依存性．

体転移が $B \| \langle 111 \rangle$ の場合には 75 T で起こることが確認された．

6.5.2 直接-間接型転移

5.5節で述べたように，GaAs/AlSb系の短周期超格子では，AlSb層のX点の伝導帯の底のエネルギーがGaAs層のΓ点のそれよりも低くなるために，間接型バンドギャップの半導体となっている．このような超格子では，X点の共鳴ピークが観測されるはずである．しかしながらX点のバンドの移動度がそれほど高くないために，X点のサイクロトロン共鳴が観測された例はな

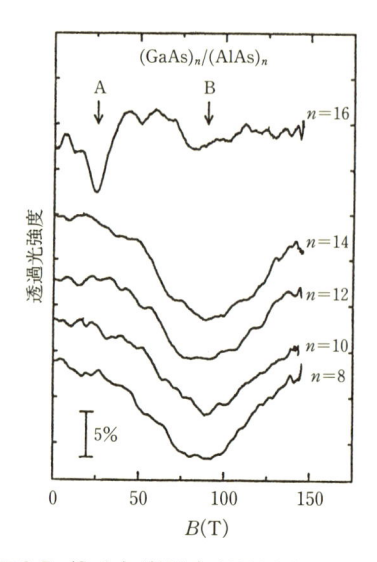

図 6.7 $(GaAs)_n/(AlAs)_n$ 短周期超格子の超強磁場下サイクロトロン共鳴吸収曲線[71] n は単原子層の数を表す. 測定波長 23 μm. 測定温度 19～45 K. A, B がそれぞれ Γ 点および X 点における吸収ピークに対応している.

図 6.8 $(GaAs)_n/(AlAs)_n$ ($n=12$, 16) 短周期超格子の超強磁場下サイクロトロン共鳴吸収曲線[72] フォトンエネルギー 129 meV.

かった. 超強磁場ではその観測が可能であり, X 点の有効質量を調べることができる. 図 6.7 は, 種々の単原子層数 n をもつ $(GaAs)_n/(AlAs)_n$ 超格子のサイクロトロン共鳴吸収のデータである[71]. $n \geq 12$ では, Γ 点の比較的軽い有効質量が観測されるが, $n \leq 12$ ではこれより重い X 点の有効質量の共鳴がみられる. これより, X 点の有効質量が求められ, また $n \approx 12$ で実際に直接-間接転移が起こっていることがわかる. 直接型の試料 ($n \geq 12$) に超強磁場を加えると Γ 点の有効質量が X 点のそれよりも軽いことから, 磁場誘起直接-間接転移が起こることが期待される. 図 6.8 は, より強い磁場でのサイクロトロン共鳴のスペクトルである[72]. $n=16$ では Γ 点, $n=12$ では X 点における共鳴が明瞭にみられている.

6.6 量子ポテンシャルとの競合

6.6.1 量子ドットのサイクロトロン共鳴

量子井戸,量子細線,量子ドットなどの人工的につくられた量子ポテンシャルが,サイクロトロン運動の軌道内に存在する場合には,磁場ポテンシャルと量子ポテンシャルとの競合効果がみられる.電磁波の吸収はドット内での両ポテンシャルによってできた量子化準位間の遷移と関係づけられる.ドットの x, y 面内のポテンシャルは近似的に放物線型ポテンシャル $V(x,y)=1/2$ $\{m^*\omega_0^2(x^2+y^2)\}$ という形で表すことができる.このような放物線型ポテンシャル中に閉じこめられた電子は,よく知られているように,等間隔の固有エネルギー準位をもつ. z 方向に磁場が加わったときのハミルトニアンは

$$\mathcal{H}=\frac{p^2}{2m^*}+\frac{1}{2}\hbar\omega_c L_z+\frac{m^*}{2}\left[\left(\frac{\omega_c}{2}\right)^2+\omega_0^2\right](x^2+y^2) \tag{6.8}$$

となる.これはちょうど磁場中の自由電子のハミルトニアンにおける磁場のポテンシャルを ω_0^2 の項の分だけずらしたものに等しい.対応する固有エネルギーは,

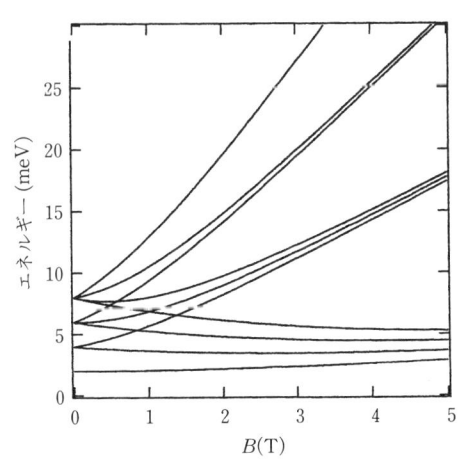

図 6.9 放物線型ポテンシャルを仮定したときの量子ドットにおける磁場中での電子準位

$$\mathcal{E}(N, M) = (2N + |M| + 1)\hbar\left[\left(\frac{\omega_c}{2}\right)^2 + \omega_0^2\right]^{1/2} + \left(\frac{\hbar\omega_c}{2}\right)M \tag{6.9}$$

となる．図6.9は，式(6.9)で表されるエネルギー準位を示したものである．各準位は角運動量 $\hbar M$ をもち，磁場によって分裂する．これらの準位間の許容の遷移エネルギーは，

$$\hbar\omega_\pm = \hbar\sqrt{\left(\frac{\omega_c}{2}\right)^2 + \omega_0^2} \pm \frac{\hbar\omega_c}{2} \tag{6.10}$$

となり，$B=0$ で一定値をもち，磁場中で2つのブランチに分裂したものになる．それぞれのブランチ，$\hbar\omega_\pm$ はそれぞれ左回り円偏光，右回り円偏光で許容された遷移エネルギーを表している．遠赤外磁気吸収スペクトルには実際にこのような分裂が観測されている．B が大きい極限では，量子ポテンシャルの効果に比べて，磁場のポテンシャルの方が支配的になるので，各準位は漸近的にランダウ準位に近づき，$\hbar\omega_+$ はサイクロトロン共鳴のエネルギーに近づく．図6.10は，PbSe/PbEuTe 自己形成型量子ドットのサイクロトロン共鳴

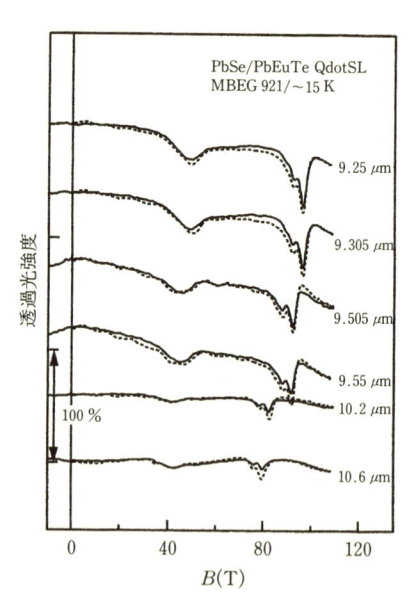

図6.10　PbSe/PbEuTe 自己形成型量子ドットのサイクロトロン共鳴スペクトル[73]．測定波長は各グラフに示してある．

スペクトルである[73]．この試料については，弱磁場領域では図 6.9 で説明されるような共鳴がみられている．図 6.10 にあるような強磁場では，量子ドットのサイクロトロン共鳴の磁場はほとんどバルクのそれに近いが，強磁場側の吸収ピークの分裂や，吸収強度の顕著な波長依存性などの興味深い現象が見出されている[73]．

6.6.2 傾いた磁場中での量子井戸のサイクロトロン共鳴

半導体の超格子においては，電子は原子層面に平行な面内ではバルク結晶におけるのと同様な運動を行うことができる．層面に垂直に磁場を加えると電子は層面内でサイクロトロン運動をする．磁場が層面に垂直な方向から傾いたり，層面に平行に加わった場合には，電子は井戸層や，障壁層をトンネル効果によって横切りながらサイクロトロン運動をする．磁場が層面に平行な場合には，3.3 節で述べたように，ランダウ準位に幅ができ，サイクロトロン共鳴幅が広がってしまう．アレン (Allen) らは，種々の周期をもつ GaAs/AlGaAs 超格子試料に，層面に平行に磁場を加え，サイクロトロン共鳴を測定した．サイクロトロン運動の軌道半径が周期と同程度になると共鳴ピークの幅が広くなることが見出された[74]．

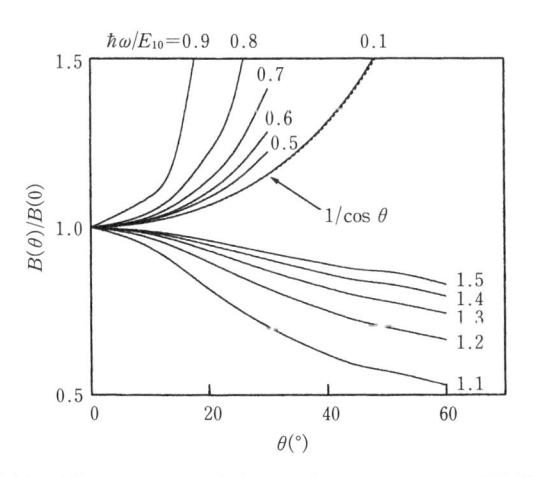

図 6.11 磁場が 2 次元面から角度 θ だけ傾いた磁場に対する共鳴磁場の角度依存性
破線は $1/\cos\theta$ のグラフを表す．

図 6.12 GaAs/AlGaAs 量子井戸試料における傾いた磁場に対するサイクロトロン共鳴[75] $\hbar\omega/\mathcal{E}_{01}=1.60$ の試料.測定波長 $10.6\mu m$.温度 20 K.

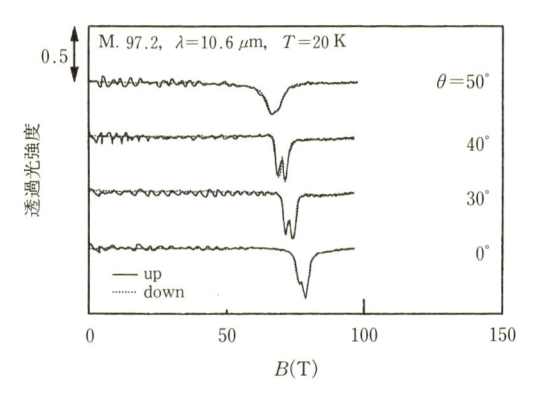

磁場が傾いて加わった場合には,面内のサイクロトロン運動と,面に垂直な方向のポテンシャルによる量子化の効果が分離できなくなり,ランダウ準位とサブバンドの結合が起こる.サイクロトロン共鳴が起こるエネルギー $\hbar\omega$ が基底サブバンド $\mathcal{E}_0$ と 1 つ上のサブバンド $\mathcal{E}_1$ のエネルギー差 $\mathcal{E}_{01}$ に近づくと,結合によってランダウ準位は大きく変更を受ける.フォトンエネルギー $\hbar\omega$ に対して角度 θ における共鳴磁場 $B(\theta)$ を $B(0)$ で割った値を θ に対してプロットすると図 6.11 のようになる.$\hbar\omega_c/\mathcal{E}_{01}$ が小さいときは,共鳴磁場 $B(\theta)$ は角度 θ の増加とともに増加し,ほぼ 2 次元電子系での依存性である $1/\cos\theta$ という曲線にのる.$\hbar\omega_c/\mathcal{E}_{01}$ が大きくなると次第にこの依存性は大きくなる.そしてこの値が 1 を越えると,角度とともに共鳴磁場が減少するという逆の角度依存性を示すようになる.このような角度依存性の例として,図 6.12 に GaAs/AlGaAs の多重量子井戸についてのデータを示す[75].共鳴磁場は角度の増加とともに減少するという傾向が明らかに現れている.

6.7 電子間相互作用

サイクロトロン共鳴で測定される有効質量は,電子-格子相互作用,不純物の影響,非放物線性などによって影響を受け,これらがない場合とは異なるものとなる.電子が感じる相互作用のうち電子間相互作用に関しては,有名な

コーンの定理 (Kohn theorem) がある[76]．この定理の示すところは，サイクロトロン共鳴で測定される有効質量には電子-電子相互作用の影響は現れず，有効質量は相互作用がない場合と同じであることである．ところが最近，2次元電子系などでは電子間の相互作用によって電子の有効質量が変化する現象が観測されるようになった．ニコラス (Nicholas) ら[77]，ゴルニク (gornik) ら[78] は，GaAs/AlGaAsヘテロ構造の2次元電子系では，6.3節で述べたようなスピン分裂した2つのサイクロトロン共鳴ピークの強度や共鳴位置は，強磁場，低温の極限で複雑な温度依存性，磁場依存性をもつことを見出した．これらの依存性はランダウ準位の占有率 ν によって異なるので，その依存性の原因は電子間相互作用であることは明らかである．クーパー (Cooper) とチョーカー (Chalker) はこれをウィグナー結晶ができている状況下で上向きスピンと下向きスピンという2種類の電子のサイクロトロン共鳴モードが相互作用し合う結果起こる現象として説明した[79]．浅野-安藤はハミルトニアンの厳密対角化によってこの現象を説明した[80]．この例のように，2種類以上のキャリヤー間の相互作用についてはコーンの定理が適用されず，有効質量が電子間の相互作用の影響を受ける．また不純物準位などによるポテンシャルなどコーンの定理の前提になっている並進対称性を破るような状況が存在する場合には，電子間の

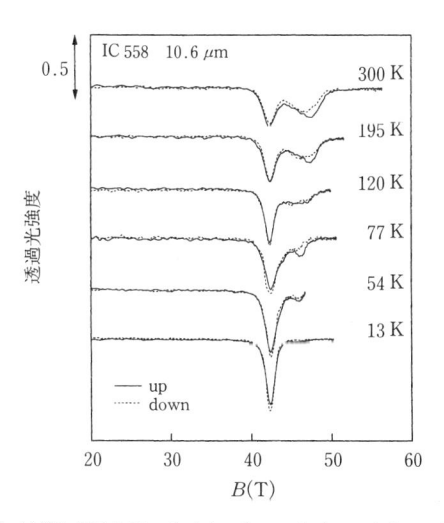

図 6.13　InAs/AlSb 量子井戸のサイクロトロン共鳴スペクトルの温度依存性[86] 量子井戸幅 15.0 nm の試料．測定波長 10.6 μm．

相互作用によって有効質量が大きく変化することがある．電子間の相互作用によってサイクロトロン共鳴にみられる有効質量や吸収強度が影響を受けることが最初に認識されたのは，Si-MOSにおける谷間分裂した状態の電子のうち，一方の電子の共鳴しか観測されないことであった[81]．その後，上記のスピン分裂した電子間の相互作用や，有効質量がランダウ準位の占有度の変化とともに振動する現象などがサイクロトロン共鳴に観測されるようになった[82~85]．

ここでは電子間相互作用の例として，図6.13にInAs/AlSb量子井戸の2次元電子系のサイクロトロン共鳴の実験結果を示そう[86]．ナローギャップ半導体であるInAsのg値は比較的大きく，非放物線性は大きいので，サイクロトロン共鳴にはスピンゼーマン分裂の効果が大きく現れる．2本の共鳴線のうち，弱磁場側のものは$-$スピン，強磁場側のものは$+$スピンの電子のサイクロトロン共鳴に対応する．低温では，$-$スピン準位にいる電子の数が多いので弱磁場側のピークの方が吸収強度(積分強度)が大きい．温度が高くなるにつれて$+$スピンピークの強度が増大する．2本のピークの吸収強度の比はボルツマン因子によって表されるはずであるが，(b)にみられるように，$+$スピンの吸収強度は温度の増加とともに異常に大きく増大し，ついには$-$スピンのピーク強度よりも大きくなってしまう．これは2種類のスピンの電子のサイクロトロン運動の間の相互作用によって，強度比が異常な変化を示した結果であると考えられ，浅野-安藤の理論によってよく説明される．ピークの位置にも変化が現れるはずであるが，その量が小さいので，ここには現れていない．

［三浦　登］

参 考 文 献

1) 本節で扱う磁性に関するすぐれた教科書は多数出版されているが，その主なものを以下にあげておく．
   近角聰信：強磁性体の物理 上，下，物理学選書（裳華房，1985）
   芳田 奎：磁性 I，II，物性物理学シリーズ 2, 3（朝倉書店，1972）
   中村 伝：磁性，新物理学進歩シリーズ 4（槇書店，1965）
   安達健吾：化合物磁性 — 局在スピン系，遍歴電子系，物性科学選書（裳華房，1966）
   S. Chikazumi : *"Physics of Ferromagnetism"*, 2nd edition (Clarendon Press, Oxford, 1997)
2) 本節で扱う伝導電子のランダウ量子化については，例えば下記の教科書や解説がある．
   安藤恒也編：量子効果と磁場，シリーズ物性物理の新展開（丸善，1995）
   安藤恒也：量子ホール効果，現代の物理学 18 局在・量子ホール効果・密度波（岩波書店，1993），第 II 章．
   R. Kubo, S. J. Miyake and N. Hashizume : *"Solid State Physics"*, eds. F. Seitz and D. Turnbull, vol. 17 (Academic Press, 1965) pp. 270-364.
   C. Kittel : *"Quantum Theory of Solids"* (J. Wiley and Sons, 1963)，第 7 章．
   H. J. Zeiger and G. W. Pratt : *"Magnetic Interactions in Solids"* (Clarendon Press, Oxford, 1973)
3) N. Miura, I. Oguro and S. Chikazumi : *J. Phys. Soc. Jpn.* **45** (1978) 1534.
4) 三浦 登：磁気と物質（産業図書，1990）
5) *"Strong and Ultrastrong Magnetic Fields and Their Applications"*, ed. F. Herlach, Chap. 6 (Springer-Verlag, 1985) pp. 247-350.
6) 三浦 登責任編集：強磁場の発生とその応用，新物理科学シリーズ（共立出版，近刊）
7) *"High magnetic fields : Science and Technology"*, eds. F. Herlach and N. Miura (World Scientific Co., 2003)
8) *"Proceedings of the Todai 1993 Symposium and the 4th ISSP International Symposium on Frontiers in High Magnetic Fields"*, ed. N. Miura (*Physica* B **201**, 1994)
9) *"Proceedings of the 6th International Symposium on Research in High Magnetic Fields"*, eds. F. Herlach, F. R. de Boer, M. Motokawa and J. B. Sousa (*Physica* B **294-295**, 2001)
10) P. L. Kapitza : *Proc. Roy. Soc.* A **105** (1924) 691.
11) P. L. Kapitza : *Proc. Roy. Soc.* A **115** (1927) 658.
12) S. Foner and H. H. Kolm : *Rev. Sci. Instrum.* **28** (1957) 799.
13) S. Foner : *Phys. Lett.* **49** (1986) 982.
14) M. Motokawa, H. Nojiri and Y. Tokunaga : *Physica* B **155** (1989) 96.
15) S. Takeyama, H. Ochimizu, S. Sasaki and N. Miura : *Meas. Sci. Technol.* **3** (1992)

662.
16) H. Jones, R. J. Nicholas, W. J. Siertsema : *IEEE Trans. Appl. Supercond.* **10** (2000) 1552.
17) F. Herlach, R. Bogaerts, I. Deckers, G. Heremans, L. Li, G. Pitsi, J. Vanacken, L. van Bockstal, A. van Esch : *Physica* B **201** (1994) 542.
18) G. S. Boebibger, A. Passner and J. Bevk : *Physica* B **201** (1994) 560.
19) K. Kindo : *Physica* B **294-295** (2001) 585.
20) G. S. Boebinger, A. H. Lacerda, H. J. Schneider-Muntau, N. Sullivan : *Physica* B **294-295** (2001) 512.
21) C. M. Fowler, W. B. Garn and R. S. Caird : *J. Appl. Phys.* **31** (1960) 588.
22) C. M. Fowler : *Science* **180** (1973) 261.
23) A. I. Pavlovskii, M. I. Dolotenko, N. P. Kolokol'chikov, A. I. Bykov, O. M. Tatsenko and B. A. Bojko : "*Megagauss Magnetic Field Generation and Pulsed Power Applications*", eds. M. Cowan and R. B. Spielman (Nova Science Publishers, Inc., 1994) p. 141.
24) E. C. Cnare : *J. Appl. Phys.* **37** (1966) 3812.
25) N. Miura and S. Chikazumi : *Jpn. J. Appl. Phys.* **18** (1979) 553.
26) N. Miura and K. Nakao : *Jpn. J. Appl. Phys.* **29** (1990) 1580.
27) S. G. Alikhanov, V. G. Velan, A. I. Ivanchenko, V. N. Karasjuk and G. N. Kichigin : *J. Phys.* E **1** (1968) 543.
28) F. Herlach and R. McBroom : *J. Phys.* E **6** (1973) 652.
29) K. Nakao, F. Herlach, T. Goto, S. Takeyama, T. Sakakibara and N. Miura : *J. Phys. E. Sci. Instrum.* **18** (1985) 1018.
30) N. Miura : *Physica* B **201** (1994) 40.
31) N. Miura, Y. H. Matsuda, K. Uchida, S. Todo, T. Goto, H. Mitamura, E. Ohmichi and T. Osada : *Physica* B **294-295** (2001) 562.
32) J. L. O'Brien, A. R. Hamilton, R. G. Clark, C. H. Mielke, J. L. Smith, J. C. Cooley, D. G. Rickel, R. P. Starrett, D. J. Reklly, N. E. Lumpkin, R. J. Hanrahan, Jr. and W. L. Hults : *Phys. Rev.* B **66** (2002) 064523.
33) M. Motokawa, K. Yoshida, A. R. King, S. Takeyama, K. Uchida, H. A. Katori, T. Goto and N. Miura : *Physica* B **177** (1992) 307.
34) T. Goto, K. Nakao and N. Miura : *Physica* B **155** (1989) 285.
35) M. Tokunaga, N. Miura, Y. Tomioka and Y. Tokura : *Phys. Rev.* B **57** (1998) 5259.
36) M. Hase, I. Terasaki, K. Uchinokura, M. Tokunaga, N. Miura and H. Obara : *Phys. Rev.* B **48** (1993) 9616.
37) H. Nojiri, Y. Shimamoto, N. Miura, M. Hase, K. Uchinokura, H. Kojima, I. Tanaka and Y. Shibuya : *Phys. Rev.* B **52** (1995) 12749.
38) H. Nojiri, Y. Shimamoto, N. Miura and Y. Ajiro : *J. Phys. : Condens. Matter.* **7** (1995) 5881.
39) C. P. Bean : *Rev. Mod. Phys.* **36** (1964) 31.
40) K. Nakao, N. Miura, K. Tatsuhara, S. Uchida, H. Takagi, T. Wada and S. Tanaka : *Nature* **332** (1988) 816.

41) K. Nakao, N. Miura, K. Tatsuhara, H. Takeya and H. Takei : *Phys. Rev. Lett.* **63** (1989) 97.
42) K. Hiruma, G. Kido and N. Miura : *J. Phys. Soc. Jpn.* **51** (1982) 3278.
43) T. Takamasu, H. Dodo and N. Miura : *Solid St. Commun.* **96** (1995) 121.
44) R. Kubo, S. J. Miyake and N. Hashizume : "*Solid State Physics, Advances in Research and Application*", eds. F. Seitz and D. Turnbull, vol. 17 (Academic Press, New York and London, 1965) p. 269.
45) N. Miura, R. G. Clark, R. Newbury, R. P. Starrett and A. V. Skougarevsky : *Physica* B **194-196** (1994) 1191.
46) K. Hiruma and N. Miura : *J. Phys. Soc. Jpn.* **52** (1983) 211.
47) K. von Klitzing, G. Dorda and M. Pepper : *Phys. Rev. Lett.* **45** (1980) 449.
48) T. Takamasu, M. Ohno, N. Miura, A. Endo, M. Kato, S. Katsumoto and Y. Iye : *Physica* B **246-247** (1998) 12-15.
49) G. Kido and N. Miura : *J. Phys. Soc. Jpn.* **52** (1983) 173.
50) G. Kido, N. Miura, H. Ohono and H. Sakaki : *J. Phys. Soc. Jpn.* **51** (1982) 2168.
51) T. Osada, N. Miura and L. Eaves : *Solid St. Commun.* **81** (1992) 1019.
52) S. Takeyama, K. Watanabe, N. Miura, T. Komatsu, K. Koike and Y. Kaifu : *Phys. Rev.* B **41** (1990) 4513.
53) T. Yasuhira, K. Uchida, Y. H. Matsuda, N. Miura and A. Towardowski : *J. Phys. Soc. Jpn.* **68** (1999) 3436.
54) N. Miura, H. Kunimatsu, K. Uchida, Y. Matsuda, T. Yasuhira, H. Nakashima, Y. Sakuma, Y. Awano, T. Futatsugi and N. Yokoyama : *Physica* B **256-258** (1998) 308.
55) R. S. Knox : "*Theory of Excitons, Solid State Physics*", eds. F. Seitz and D. Turnball (Academic Press, New York, 1963) Suppl. 5.
56) S. Tarucha, H. Okamoto, Y. Iwasa and N. Miura : *Solid St. Commun.* **52** (1984) 815.
57) N. Miura, Y. H. Matsuda, K. Uchida and H. Arimoto : *J. Phys. : Condens. Matter* **11** (1999) 5917.
58) S. Sasaki, N. Miura and Y. Horikoshi : *J. Phys. Soc. Jpn* **59** (1990) 3374.
59) Y. Nagamune, Y. Arakawa, S. Tsukamoto, M. Nishioka, S. Sasaki, N. Miura : *Phys. Rev. Lett.* **69** (1992) 2963.
60) R. K. Hayden, K. Uchida, N. Miura, A. Polimeni, S. T. Stoddart, M. Henini, L. Eaves and P. C. Main : *Physica* B **246-247** (1998) 93.
61) G. Kido, N. Miura, K. Kawauchi, I. Oguro and S. Chikazumi : *J. Phys. E. Sci. Instrum.* **9** (1976) 587.
62) 三浦　登：摂動分光法, 実験物理学講座 8 分光測定, 菅　滋正・櫛田孝司編 (丸善, 1999), 第 3 章.
63) J. Kono, S. Takeyama, N. Miura, N. Fujimori, Y. Nishibayashi, T. Nakajima and K. Tsuji : *Phys. Rev.* B **48** (1993) 10917.
64) C. J. Rauch : *Phys. Rev. Lett.* **7** (1961) 83.
   C. J. Rauch : "*Proc. Int. Conf. Phys. Semiconductors, Exeter*", ed. A. C. Stickland (The Institute of Physics and the Physical Society, London, 1962) p. 276.
65) J. Kono, S. Takeyama, H. Yokoi, N. Miura, M. Yamanaka, M. Shinohara and K.

Ikoma : *Phys. Rev.* B **48** (1993) 10909.
66) N. Miura, H. Yokoi, J. Kono and S. Sasaki : *Solid St. Commun.* **79** (1991) 1039.
67) Y. Imanaka, N. Miura and H. Kukimoto : *Phys. Rev.* B **49** (1994) 16965.
68) H. Yokoi, S. Takeyama, N. Miura and G. Bauer : *J. Phys. Soc. Jpn.* **62** (1993) 1245.
69) N. Miura, K. Hiruma, G. Kido and S. Chikazumi : *Phys. Rev. Lett.* **49** (1982) 1339.
70) S. J. Barnes, R. J. Nicholas, R. J. Warburton, N. J. Mason, P. J. Walker and N. Miura : *Phys. Rev.* B **49** (1994) 10474.
71) T. Fukuda, K. Yamanaka, H. Momose, C. Hamaguchi, Y. Imanaka, Y. Shimamoto and N. Miura : *Surf. Sci.* **361-362** (1996) 406.
72) N. Miura and H. Nojiri : *"Physical Phenomena at High Magnetic Fields-II"*, eds Z. Fisk, S. Gor'kov, D. Meltzer, and R. R. Schrieffer (World Scientific Pub. Co., 1996) p. 684.
73) T. Ikaida, N. Miura, S. Tsujino, P. Xomalin, S. J. Allen, G. Springholtz, M. Pinczolits and G. Bauer : *"Proceedings of the 10th International Conference on Narrow Gap Semiconductors and Related Small Energy Phenomena, Physics and Application"* in *"IPAP Conference Series 2"*, eds. N. Miura, S. Yamada and S. Takeyama (IPAP, 2001) p. 48.
74) S. J. Allen, Jr., T. Duffield, R. Bhat, M. Koza, M. C. Tamargo, J. P. Harbison, F. DeRosa, D. M. Hwang, P. Grabbe and K. M. Rush : *"High Magnetic Fields in Semiconductor Physics"*, ed. G. Landwehr (Springer-Verlag, 1987) p. 184.
75) H. Arimoto, T. Saku, Y. Hirayama and N. Miura : *Physica* B **256-258** (1998) 343.
76) W. Kohn : *Phys. Rev.* **123** (1961) 1242.
77) G. M. Summers, R. J. Warburton, J. G. Michels, R. J. Nicholas, J. J. Harris and C. T. Foxon : *Phys. Rev. Lett.* **70** (1993) 2150.
78) C. M. Engelhardt, E. Gornik, M. Besson, G. Bohm and G. Weimann : *Surf. Sci.* **305** (1994) 23.
79) N. R, Cooper and J. T. Chalker : *Phys. Rev. Lett.* **72** (1994) 2057.
80) K. Asano and T. Ando : *Phys. Rev.* B **58** (1998) 1485.
81) H. Kublbeck and J. P. Kotthaus : *Phys. Rev. Lett.* **35** (1975) 1019
82) K. F. Kassen, A. Huber, H. Lorenz and J. F. Kotthaus : *Phys. Rev.* B **54** (1996) 1514.
83) K. Enslin, D. Heitman, H. Sigg and K. Ploog : *Phys. Rev.* B **36** (1987) 8177.
84) J. Richter, H. Sigg, K. von Klitzing and K. Ploog : *Sur. Sci.* **228** (1990) 159.
85) J. Kono, B. D. McCombe, J. P. Cheng, I. Lo, W. C. Mitchel and C. E. Stuz : *Phys. Rev.* B **50** (1994) 12242.
86) H. Arimoto, N. Miura and R. A. Stradling : *"Proc. 25th Int. Conf. Phys. Semiconductors"* (Osaka, 2000), eds. N. Miura and T. Ando (Springer-Verlag, 2001) p. 899.

II. 超高圧

　ブリッジマン (P. W. Bridgman) によって始められた高圧物理学はほぼ1世紀経った今，科学研究はもとより産業のあらゆる分野の礎となっている．現在，実験室で発生できる静的圧力は地球の中心圧力を超えて〜500 GPa に達し，爆縮などによる衝撃波で発生できる圧力は〜TPa と言われている．

　20世紀初頭から革命的に構築された量子力学の進展とあいまって，物質科学は未曽有の展開を見せた．その理由は物性を決定するのは物質内の電子の挙動そのものであり，電子が波動の性質を最も顕著にあらわす量子力学に従う典型的な粒子のゆえである．高圧技術は種々の物性測定手段と組み合わせることで電子のさまざまな相互作用による多彩な挙動を示す多くの物質の物性研究手段としてはもとより，常圧下で見ることのできない新規現象の追求や高圧下で合成される自然界にない物質の発掘手段として重要な役割を果たしている．

　1章では物質の凝集機構を通して物質の結晶構造が高圧下でどのように決まるのかを概観し，2章では超高圧発生制御方法について，特に精密低温高圧実験技術に焦点を当て，その下での物性測定技術について述べる．したがって，高温高圧技術を用いた地球科学や物質合成手法，すべての元素で超伝導を実現しようとする超高圧超低温技術にはふれていない．3章では物性物理学の発展に即応して精密低温高圧技術で明らかにされた新規現象を歴史的に眺める．

1

高圧と物質構造

1.1 状態方程式

　均質で一様な物質系の状態はその物質の圧力 P, 温度 T, 体積 V で定まり, それらの間には

$$f(P, V, T)=0 \qquad (1.1)$$

の関係式が成立する．この関係式は**状態方程式**とよばれている．よく知られている状態方程式は実在気体に対するもので, ファンデルワールス (van der Waals) によって経験的に式 (1.2) のように提唱された．

$$\left(P+\frac{a}{V^2}\right)(V-b)=RT \qquad (1.2)$$

この状態方程式からファンデルワールスは $(\partial P/\partial V)_T=0, (\partial^2 P/\partial V^2)_T=0$ を満たす臨界点の存在することを示し, すべての実在気体が気相-液相転移を起こすことを予言した．すなわち, 臨界温度以下では体積を減少させると圧力も減少するという現象が起こり, 気体は凝縮し液化する．実在気体の中で最も低い臨界温度をもつヘリウムガスの液化に 1908 年カマリング-オネス (Kamerlingh-Onnes) が成功し, 1911 年にその低温発生技術で Hg の超伝導現象を発見したことはあまりにも有名である．

　さて, 常圧下では温度を下げるとヘリウムを除いてすべて固相となる（ヘリウムは後で述べるように量子効果による零点振動が強いため, 固相にするには少なくとも 25 気圧以上の圧力を外部から印加する必要がある）．しかし, 加圧するとすべて固相が安定になるとは限らない．H_2O がよく知られている例であるが, ある圧力, 温度領域では圧力を印加すると固相から液相へ相転移を起こす場合がある．Bi, Ge, Ga, Sb などもそうである．図 1.1 に H_2O の

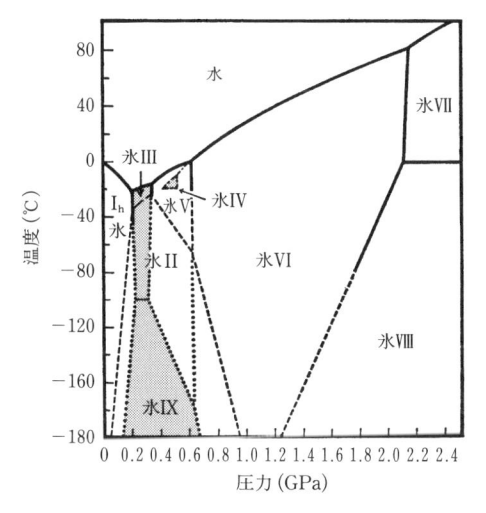

図 1.1 水の状態図[1]

P-T 相図を示した[1]．常圧から約 0.2 GPa 以下の圧力領域で氷の融点は圧力とともに下降していることがわかる．相転移点ではギブスの自由エネルギー G は連続であるが，液相-固相転移は 1 次相転移であるので，転移点におけるエントロピー S や体積 V が不連続となる．

$$dG = -SdT + VdP \tag{1.3}$$

から

$$S = -(\partial G/\partial T)_P, \qquad V = (\partial G/\partial P)_T \tag{1.4}$$

となり，1 次相転移では**クラジウス-クラペイロン** (Clausius-Clapeyron) **の式**

$$dP/dT = \Delta S/\Delta V \tag{1.5}$$

が成り立つ．圧力を印加して固相から液相になる場合には $dP/dT < 0$, $\Delta S > 0$ であるから，$\Delta V < 0$，すなわち転移点での固相の体積の方が液相の体積より大きいこと，つまり固相が液相より密度が小さいことを示している．このため，氷が水に浮くという日常見慣れた現象が起こるが，これは氷 I_h 相の特殊な H_2O 分子配位に起因している．0.2 GPa 以上の圧力領域では，ほとんどの物質でみられるように，固相の方が液相より体積は小さく，密度は高くなっている．

余談であるが，もし常圧下での氷の融点が通常の液体のように圧力の印加で

上昇するなら $(dP/dT>0)$，この地球に生命は誕生しなかったかもしれないし，誕生したとしても生息できる範囲はかなり狭められていたであろう．冬になって池や湖の表面でできた氷は底へ沈み，堆積し，底から氷が張ってしまうことになるからである．

次に，固体の物質に圧力を印加し圧縮していくとどうなるであろうか．結晶固体を考えると，結晶を構成している分子や原子は規則配列しているので，低い圧力領域ではその結晶構造を保ったまま分子間距離や原子間距離が縮むことになる．その状態方程式，すなわち P, V, T の間の関係はその物質の凝集機構で決まる．

圧力は熱力学では

$$P = -(\partial F/\partial V)_T \tag{1.6}$$

と定義される．ここで $F=U-TS$ はヘルムホルツ (Helmholtz) の自由エネルギーである．また，物質に固有な物理量である**体積弾性率**は

$$B = -V(dP/dV)_T = V(\partial^2 F/\partial V^2)_T \tag{1.7}$$

である．

統計力学では分配関数 Z は正準分布，大正準分布でそれぞれ

$$Z = \sum_j \exp(-E_j/kT) \tag{1.8}$$

$$Z_G = \sum_N \sum_j \exp(-E_j/kT + N\mu/kT) \tag{1.9}$$

のように定義され，ヘルムホルツの自由エネルギーは

$$F = -kT \ln Z \tag{1.10}$$

の関係式により求まる．式 (1.8)，(1.9) で k はボルツマン定数，μ は1粒子あたりの化学ポテンシャル，N は粒子数，E_j は注目する系の j 番目の固有値である．$\sum$ は N と E_j の可能な固有状態についての和である．

したがって，系のヘルムホルツの自由エネルギーを知ることができれば状態方程式を導くことができる．しかしながら，一般の物質では電子間や電子とイオン間に働く種々の相互作用が存在し，そのすべてを取り入れて計算することは不可能である．ここでは相互作用が単純な場合についての例をあげる．

1.1.1　希ガス結晶や分子性結晶

Ne，Ar などの希ガス固体や多くの分子性結晶は原子や分子が稠密構造であ

る面心立方格子を示すものが多い．これらの原子や分子は電気的には中性であるから凝集エネルギーの機構としての引力は古典論からは出てこない．しかし，原子や分子の内部では量子効果による電荷の分布の空間的，時間的なゆらぎがあり，隣接原子や分子間に**双極子–双極子**(dipole-dipole)**相互作用**が生じる．いわゆるファンデルワールス力である．この引力のポテンシャルは原子や分子間の距離の6乗に逆比例する．

一方，これらの原子や分子の電子は閉殻軌道にすべて入っているので，隣接する原子や分子間の斥力はパウリ (Pauli) の排他原理に基づくものである．すなわち，原子や分子が近づいて電子雲のオーバーラップが生じるためには，高いエネルギーをもつ空の軌道へ電子が入っていかなければならない．それが斥力ポテンシャルエネルギーへの寄与となる．

ボルン–マイヤー (Born-Mayer) による量子力学的計算の結果，そのエネルギーは

$$E \sim \exp(-R/\rho) \tag{1.11}$$

と表せる．ここで R は原子や分子間距離，ρ はパラメーターである．この斥力ポテンシャルは多くの希ガス結晶，分子性結晶の場合，実験的に R^{-12} に比例することがわかっている．

したがって，希ガス結晶や分子結晶での凝集機構は，隣接する原子や分子間に作用するファンデルワールスの引力とパウリ原理に基づく斥力とからなる．すなわち，2原子間でよく知られたレナード–ジョーンズ (Lennard-Jones) ポテンシャルによって表される．

このとき結晶の凝集エネルギーは

$$U_0 = \frac{N}{2} \cdot 4\varepsilon \sum_{i,j}[(\sigma/R_{ij})^{12} - (\sigma/R_{ij})^6] \tag{1.12}$$

と書ける．ここで，ε, σ はパラメーターである．

式 (1.6) に従って状態方程式が導出され，$P=0$ の条件から原子または分子の平衡位置 R_0 が求まる．また，式 (1.7) からそのときの体積弾性率 B_0 が見積もられる．一方，$R_{ij}=p_{ij}R_0$ と書くと，面心立方格子では $(p_{ij})^{-12}=12.1388$，$(p_{ij})^{-6}=14.45392$ であるので，式 (1.12) からすべての面心立方格子結晶をもつ物質に対して $R_0/\sigma=1.09$ となる．

表 1.1 にいくつかの希ガス結晶についての R_0/σ の実験値を示す[2]．この表を

表 1.1 希ガス固体の平衡原子間距離 R_0 とレナード-ジョーンズのポテンシャルパラメーター σ との比の値[2]

	Ne	Ar	Kr	Xe
R_0/σ	1.14	1.11	1.10	1.09

みると，軽い原子からなる結晶ほど 1.09 からのずれの大きいことがわかる．このずれの主な原因は式 (1.12) では考慮していない量子効果，すなわち零点振動によるものである．

1.1.2 イオン結晶

NaCl や KCl などイオン結晶とよばれる物質の凝集機構も単純である．プラスとマイナスの互いに等しい大きさの電荷 q をもったイオンが交互に規則正しく配列している．したがって，引力ポテンシャルはプラスとマイナスイオン間のクーロン相互作用によるものである．斥力ポテンシャルはイオンの場合も電子軌道は閉殻となっているので，式 (1.11) のボルン-マイヤーポテンシャルが主で，さらにプラスどうし，マイナスどうしのイオン間のクーロン斥力ポテンシャルが加わる．したがって**凝集エネルギー**は

$$U_0 = N[z\lambda \exp(-R/\rho) - \alpha q^2/R] \tag{1.13}$$

と表せる．ここで，N は分子数，z は最隣接原子数 (配位数)，λ, ρ, α はパラメーターである．α はマーデルング (Madelung) 定数とよばれ，結晶構造に依存する値をもつ．

式 (1.13) を式 (1.6)，(1.7) に代入して，R_0 と B_0 の実験値を用いてパラメーター λ, ρ を決め，状態方程式を求めることができる．図 1.2 には代表的なイオン結晶の体積と圧力との関係が示されている．高圧下での体積 V を 1 気圧の体積 V_0 で規格化すると，イオンの種類によらず，V/V_0 は体積弾性率 B_0 で規格化された圧力 P/B_0 でユニバーサルな 1 つの曲線で記述されることがわかる．

次に格子振動の効果を考えてみよう．格子振動によるエネルギーは

$$E_{\mathrm{ph}} = \sum_i^{3N} \left(\frac{1}{2} + n_i\right) h\nu_i \tag{1.14}$$

で与えられる．ここで

1.1 状態方程式

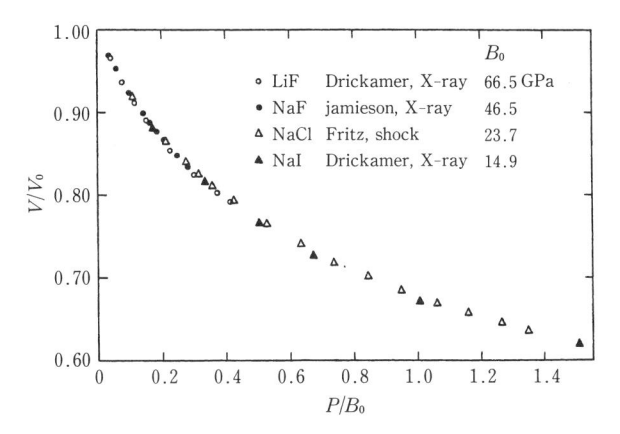

図1.2 代表的なイオン結晶の体積と圧力の関係[2]

$$n_i = \frac{1}{\exp(h\nu_i/kT)-1}$$

である．全エネルギーは

$$E_{\text{tot}} = U_0 + E_{\text{ph}} \tag{1.15}$$

となり，式(1.8), (1.10)からヘルムホルツの自由エネルギーは

$$F = U_0 + \sum_{i=1}^{3N} \frac{1}{2} h\nu_i + kT \sum_{i=1}^{3N} \ln[1-\exp(-h\nu_i/kT)] \tag{1.16}$$

と求まる．状態方程式はこのFを式(1.6)に代入して，

$$P = -\frac{\partial U_0}{\partial V} + \frac{1}{V}\sum_{i=1}^{3N} \gamma_i \left[\frac{1}{2}h\nu_i + \frac{h\nu_i}{\exp(h\nu_i/kT)-1}\right] \tag{1.17}$$

となる．ここで，$\gamma_i = -\partial \ln \nu_i/\partial \ln V$で定義されるモード・グリュナイゼン(mode Grüneisen)定数である．

式(1.17)は**ミエ-グリュナイゼン**(Mie-Grüneisen)**の状態方程式**とよばれている．

式(1.17)の2項目は格子振動による圧力の寄与を表す．温度に依存しない項をP_0，温度に依存する項をP_Tとすると，格子振動による圧力P_{ph}は

$$P_{\text{ph}} = P_0 + P_T \tag{1.18}$$

と書くことができる．ここでP_0は零点振動による圧力である．また，P_Tを熱圧力(thermal pressure)とよび，温度上昇時の物質の熱膨張に寄与する．ヘリウムが1気圧下で固体にならないのはP_0の圧力が式(1.12)の凝集エネル

ギーによる分子間の結合力より大きいためである．

デッカー (Decker)[3] は式 (1.13) の U_0 に双極子相互作用と四極子相互作用を追加し，斥力は第 2 隣接イオンまでを取り入れ，

$$U_0 = N[-Aq^2/R - C/R^6 - D/R^8 + 6b\exp(-R/\rho) \\ + 6b_-\exp(-\sqrt{2}R/\rho_-) + 6b_+\exp(\sqrt{2}R/\rho_+)] \tag{1.19}$$

とした．さらに，格子振動の状態密度にデバイモデルを適用して NaCl に対する状態方程式

$$P = -\frac{\partial U_0}{\partial V} + \frac{\gamma}{V} \cdot E_\nu(V, T) \tag{1.20}$$

$$E_\nu(V, T) = 2.25\, R\theta_D + 6\, RT \cdot D(\theta_D/T) \tag{1.21}$$

を提唱した．ここで，γ はグリュナイゼン定数，R は気体定数，θ_D はデバイ温度，$D(\theta_D/T)$ は積分関数である．この NaCl の状態方程式は現在 30 GPa までの圧力を決定する標準的な圧力スケールとして多くの研究者が使っている．式 (3.21) の第 1 項から零点振動による圧力を見積もることができる．NaCl の場合には約 0.24 GPa である．

1.1.3 金属結晶

金属での電子系の全エネルギーは絶対零度で

$$E_{\text{tot}} = E_0 + E_F + E_{\text{ex}} + E_{\text{co}} \tag{1.22}$$

のように 4 つの寄与の和で表せる．ここで，E_0 はバンドの底のエネルギー，E_F はフェルミエネルギー，E_{ex} と E_{co} は電子間相互作用，すなわち交換効果，相関効果から起因するエネルギーである．式 (1.22) から得られる状態方程式は一般的に

$$P = AV^{-5/3} - BV^{-4/3} - CV^{-1} + DV^{-2/3} + \cdots\cdots \tag{1.23}$$

と表される．現在では密度汎関数理論をもととした第 1 原理電子状態計算手法の進展によって結晶構造の違いや磁性状態の違いなどによって異なる系の全エネルギーの比較ができるようになったが，金属では個々の物質でバンド構造の細部が異なると同時に，電子間相互作用や電子-格子相互作用などがそれぞれにおいて多様であり，また，それらの励起状態がヘルムホルツの自由エネルギーに寄与するために，イオン結晶や希ガス結晶の状態方程式のように，ミクロな立場から物理的に意味のある適当な変数を用いて統一した状態方程式を書

き下すことはできない．このことは金属が基本的に多体系であることに起因する．例えば，金属では電子比熱係数を γ とすると，フェルミ面上での電子による比熱が $C_{\mathrm{el}}=\gamma T$ であるので，その自由エネルギー F_{el} は温度とともに

$$\varDelta F_{\mathrm{el}}=1/2\cdot\gamma T^2 \tag{1.24}$$

と増加する．γ はフェルミ面上での状態密度 $N(0)$ に比例するので，電子グリュナイゼン定数は

$$\varGamma_{\mathrm{el}}=\partial\ln\gamma/\partial\ln V=\partial\ln N(0)/\partial\ln V \tag{1.25}$$

となる．自由電子ガスモデルでは $\varGamma_{\mathrm{el}}$ は 2/3 である．しかし，実際の物質の $\varGamma_{\mathrm{el}}$ をそれぞれの比熱や熱膨張係数から見積もると，通常の金属で $\varGamma_{\mathrm{el}}$ は1〜6，最近話題となっている重い電子系で $\varGamma_{\mathrm{el}}$ は30〜100以上にもなり，自由電子の値をはるかに超えている．さらに，多体効果が本質的である磁性エネルギーによる寄与は磁気グリュナイゼン定数 $\varGamma_{\mathrm{mag}}=-\partial\ln T_{\mathrm{c}}/\partial\ln V$ で見積もられるが，物質によってその値は多様である．

このように，金属では種々の電子間相互作用によるエネルギーがヘルムホルツの自由エネルギーに和として入り，状態方程式を導くことはきわめて複雑で困難である．

1.1.4　現象論的状態方程式

上の例でわかるように，状態方程式をミクロな立場から簡単に求めることができるのは希ガス結晶やイオン結晶のような特殊な場合に限られる．凝集機構が単純でない一般の物質では実験事実を踏まえた半経験的なマクロな立場からの状態方程式が提案されている．有限弾性論に基づいた**マーナガン-バーチ (Murnaghan-Birch) 状態方程式**は応力によって生じた歪 ε によるエネルギー E を ε で展開して求めている．

$$E=\sum_{n}C_{n}\varepsilon^{n} \tag{1.26}$$

$$\therefore P=\frac{3}{2}B_{0}\left[\left(\frac{V_{0}}{V}\right)^{7/5}-\left(\frac{V_{0}}{V}\right)^{5/3}\right]\left[1+\frac{3}{2}\frac{C_{3}}{C_{2}}\left\{\left(\frac{V_{0}}{V}\right)^{2/3}-1\right\}+\cdots\cdots\right] \tag{1.27}$$

ここに B_0 は体積弾性率で，係数 C_2, C_3 は常圧での原子間距離，体積弾性率の実験値から決める．

実験の解析には式 (1.27) の第1項目，

$$P(V) = \frac{3}{2} B_0 \left[\left(\frac{V_0}{V} \right)^{7/5} - \left(\frac{V_0}{V} \right)^{5/3} \right]$$

や,$B(P)=B_0+B_P$ すなわち $B' \equiv (\partial B/\partial P)_T$ として

$$P(V) = \frac{B_0}{B'} \left[\left(\frac{V_0}{V} \right)^{B'} - 1 \right] \tag{1.28}$$

がよく用いられる.

現象論的な状態方程式はマーナガン-バーチ以外にもいろいろ提案されているが,その1つであるヴィネット(Vinett)ら[4]の状態方程式を紹介する.彼らは凝集エネルギーと原子間距離との関係が2つのスケーリングパラメーターを用いて定量的に表せることを示し,さまざまな結合様式をもった物質にも適用しうる統一的な状態方程式を導いた.その結果から広い範囲の物質に対して次のような状態方程式を提案している.

$$P(V) = 3B_0 \frac{(1-X)\exp[\eta(1-X)]}{X^2} \tag{1.29}$$

ここに

$$\eta = \frac{2}{3}\left[\left(\frac{\partial P}{\partial B}\right)_{P=0} - 1\right], \quad X = \left(\frac{V}{V_0}\right)^{1/3}$$

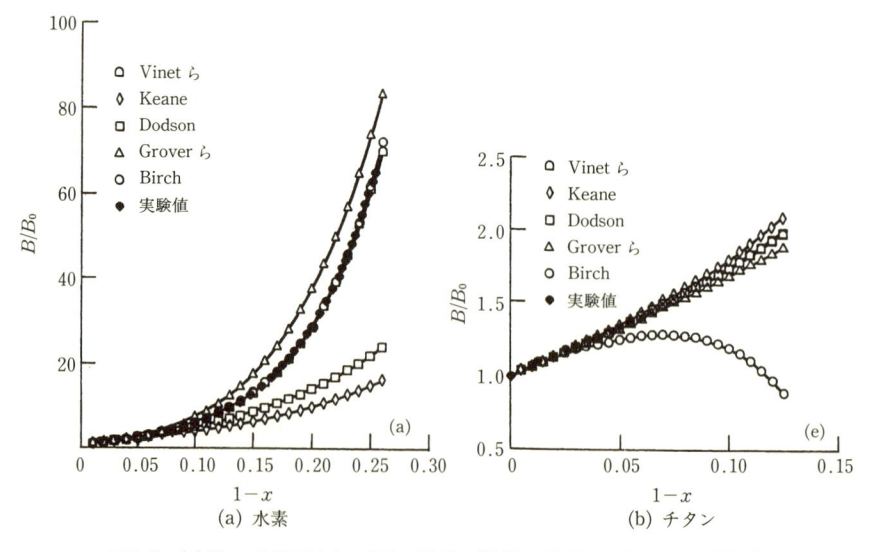

図1.3 (a) H_2 の体積弾性率と体積の関係,(b) Ti の体積弾性率と体積の関係[4]

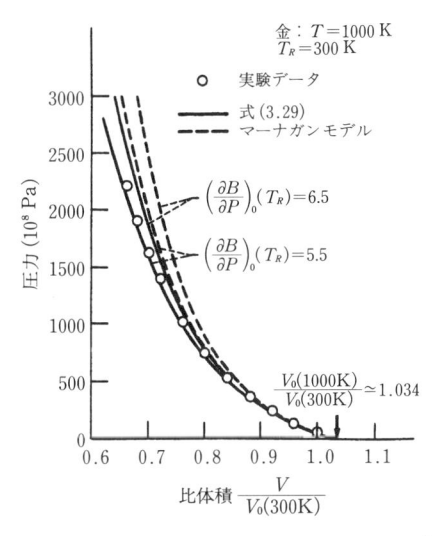

図1.4 1000 K における Au の圧力と体積の関係[4]

である.

図1.3に代表的な例として H_2 と Ti に対する体積弾性率 B と体積 V の関係を示した．H_2 の場合にはマーナガン-バーチとヴィネットらの一致はよいが，Ti ではヴィネットらの方が実験データを再現している．さらに，図1.4に Au の 1000 K での圧力と体積との関係を示した．ここではマーナガンの状態方程式と比較しているが，ヴィネットらの方が実験値とよく一致していることがわかる．彼らの結果によると，η の小さいものほどマーナガン-バーチの状態方程式は実験に合わなくなるということである．

1.2 結晶構造転移

物質に圧力を印加すると，物質はまず常圧の状態で決まっている状態方程式に従って原子間や分子間距離が縮まり，密度が大きくなっていく．さらに加圧すると分子や原子の配列，すなわち結晶構造がかわり，別の状態方程式に従ってさらに密度が大きくなっていく．圧力下では結晶構造相転移を次々と起こして，密度の高い状態へと移っていくことになる．図1.1で示した H_2O の場合には，2～3 GPa というそれほど大きくない圧力範囲でも9つの異なった相が

現れ，密度は1.5倍以上にもなり，氷の融点が100℃にも達する．このように高圧下ではいかなる物質も構造相転移を起こすという普遍性が見出されてきた．

結晶構造が高圧下でどのように推移していくかを直感的にみるためのキーファクターをみてみよう．

第1にあげられるのは**充填率**(packing fraction ; P. F.)と**配位数**(coordination number ; C. N.)である．充填率とは原子や分子を剛体球とみなした場合，原子の空間に占める割合をいう．また，配位数とは最隣接の原子や分子の数のことである．高圧下では充填率と配位数の大きい結晶構造が安定になっていくことが期待される．

確かに1価金属のLi，Na，K，Rb，Csは常圧下で体心立方格子(BCC)であるが，図1.5に示すようにRb，CsはBCCから面心立方格子(FCC)へ高圧下で構造転移を起こしている．Li，Na，Kもさらに高い圧力下でBCC-FCC相転移の起こることが期待される．BCCでのP.F.は0.68でC.N.は8であり，FCCではそれぞれ0.74，12である．これらのキーファクターで結晶構造が次々と変わっていく典型的な例は，周期律表でIVb族のC，Si，Ge，Sn，Pbでみられる．これらの物質では価電子数は等しいが常圧下での結晶構造は異なる．表1.2に示しているようにグラファイトのCは層状構造をとり，P.

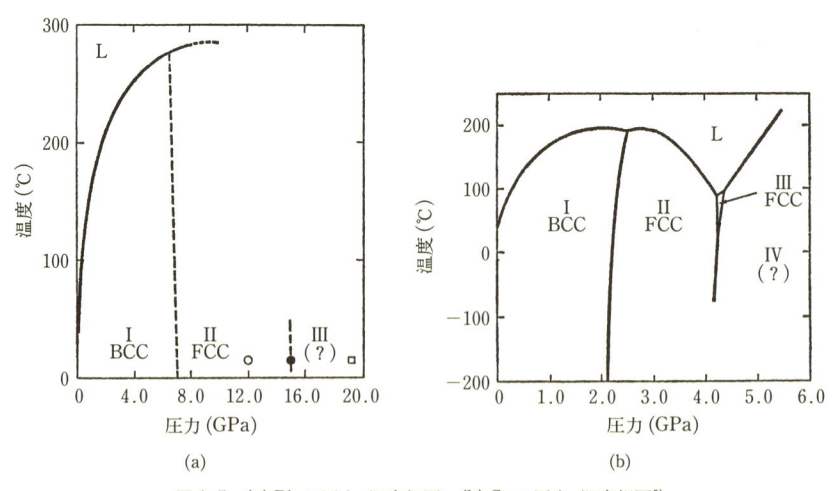

図1.5 (a) Rbの圧力-温度相図，(b) Csの圧力-温度相図[5]

F. は 0.171, C. N. は 3 であるが, 高圧下では常圧下の Si や Ge のように P. F. は 0.34, C. N. は 4 のダイヤモンド構造 (aSn 型) が安定となり, Si や Ge では高圧下で P. F., C. N. がそれぞれ 0.535, 6 の体心正方格子 (β Sn 型) へと結晶が変わる. さらに Sn は高圧下で P. F., C. N. がそれぞれ 0.68, 6.2 の SnII 型構造を経て Pb と同じ FCC 構造へと変化していく.

これらの事実から明らかなように, 同じ価電子数をもつ元素の場合, 質量数が大きくなるほど圧力がかかった状態に対応する. いわゆる**化学圧力** (chemical pressure) である. 化学圧力の効果は多原子からなる物質の特定の原子を置き換えることでも現れる. 例えば, 分子の構成原子である H 原子を同位体である D 原子で置換した場合や, S 原子を Se 原子で置き換えることによって圧力を印加するのと同様な効果が得られる.

第2にマーデルングエネルギーの寄与をみてみよう. 式 (1.13) でわかるように, イオン結晶では引力の大きさはマーデルング定数で決まっている. マーデルング定数は結晶構造内の幾何学的なイオン配列に依存している. 表1.3に典型的なイオン結晶の結晶構造とマーデルング定数を示している. 閃亜鉛鉱型

表1.2 グループ IVb 元素の結晶構造遷移

常圧下の 結晶構造	C グラファイト構造	Si Ge ダイヤモンド構造	Sn β Sn 型	Pb FCC
P. F.	0.171	0.34	0.535	0.74
C. N.	3	4	6	12
高圧下の 結晶転移	C グラファイト構造 → ダイヤモンド構造 Si, Ge ダイヤモンド構造 → β Sn 型 Sn β Sn 型 → Sn II 型 → FCC Pb FCC → Pb II 型			

表1.3 イオン結晶の構造とマーデルング定数

構 造	α
閃亜鉛鉱型 (ZnS)	1.638
ウルツ鉱型 (ZnS)	1.641
NaCl 型	1.747
CsCl 型	1.762

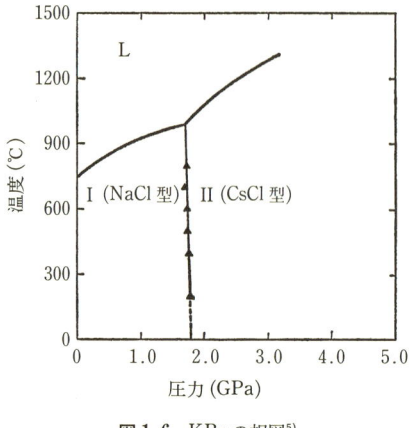

図1.6 KBrの相図[5]

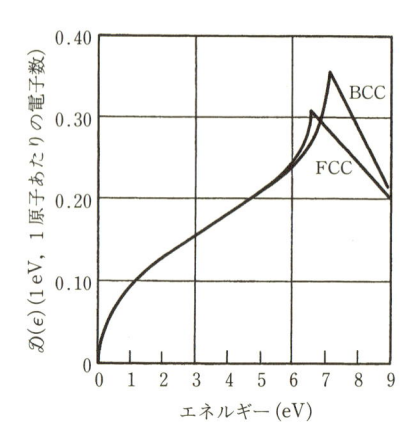

図1.7 BCCとFCC構造での電子の第1ブリュアン域の状態密度とエネルギーの関係[2]

構造，ウルツ鉱型構造，NaCl型構造，CsCl型構造のマーデルング定数は順次大きくなっていることが示されている．閃亜鉛鉱型構造をもつ CdS, CdSe, InAs などは高圧下で NaCl 型構造へ，ウルツ鉱型構造をもつ CdSe なども高圧下で NaCl 型構造へ，さらに NaCl 型構造をもつ KCl, KBr, EuTe などは CsCl 型構造へとそれぞれマーデルング定数の大きい構造へ転移することが知られている．典型的な例として NaCl 型から CsCl 型へ転移する KBr の相図を図1.6に示す．

第3のキーファクターとして金属の場合，フェルミエネルギーをあげることができる．フェルミエネルギーが結晶構造に反映する例として有名なのは**ヒューム-ロザリー**(Hume-Rothery)**の法則**である[6]．常圧下で Cu-Zn, Cu-Al, Ag-Cd 合金などでは原子あたりの電子数 e/a (electron-atom ratio) を増やしていくと FCC 構造から BCC 構造へと変化している．この現象は第1のキーファクターである充填率と配位数の効果と逆の効果にみえる．金属の場合にはバンド内の電子はエネルギーの低い軌道から順番に埋まってフェルミ球を形づくる．そのフェルミ球がブリュアン域 (Brillouin zone) の境界に達すると状態密度が急に減少するため，さらに電子数を増やそうとするとフェルミエネルギーが急増することになる．図1.7に BCC と FCC 構造をもつ結晶での電子の第1ブリュアン域の状態密度とエネルギーの関係を示した．図からわかる

ように，電子数を増やしてエネルギーを高くしていくとFCC構造が先にブリュアン域の境界に達し，状態密度が急減している様子がわかる．一方，BCC構造ではFCC構造で状態密度が急減しているエネルギー領域でもまだ高い状態密度を維持している．したがって，電子系のエネルギーを小さくするためにFCC構造からBCC構造へと結晶転移が起こることになる．

結晶中の電子はブロッホ(Bloch)の波動関数で表され，逆格子空間を占有している．ところで，実空間のFCCは逆格子空間ではBCCとなり，実空間のBCCは逆格子空間ではFCCとなることを思い起こそう．したがって，フェルミ球を実空間での原子の剛体球と考えると，逆格子空間がBCC(実空間でFCC)のときでは電子の最大充填率が0.68であるから，スピンを考慮に入れると0.68×2=1.36となる．一方，FCCの逆格子空間では0.74×2=1.48となり，実空間でのFCC構造よりBCC構造の方が1原子あたり多くの電子を収容できることになる．すなわち，第1のキーファクターでは原子の充填率を大きくするように結晶構造が変化したが，このフェルミエネルギーの効果は逆空間での電子の充填率を高める方向に結晶構造が変化していくことを示している．

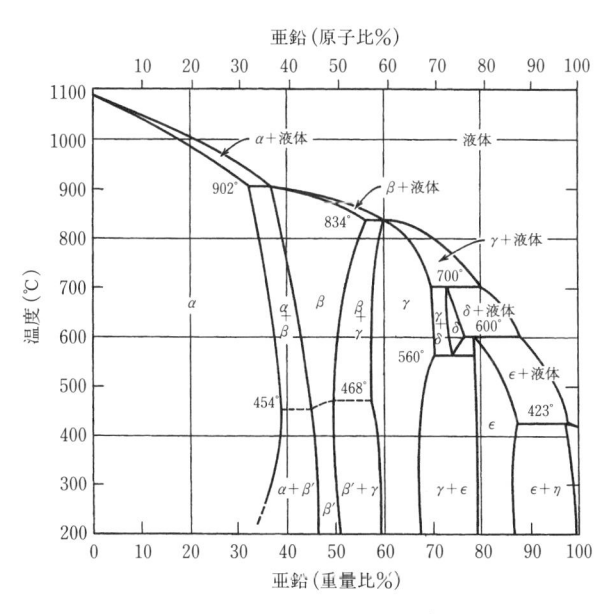

図1.8 Cu-Zn合金の状態図[2)]

実際，Cu-Zn, Cu-Al, Ag-Cd などではFCCの結晶構造が安定なのは原子あたりの価電子数(e/a)が1.38～1.42の間で，BCC構造が安定なのはe/aが1.58～1.77の間にあり，その境界はe/aが1.48～1.50となっている．図1.8にCu-Znの状態図を示した．ここでαはFCC，βはBCC構造である．Cuはe/a=1, Znはe/a=2であるので，合金にすることによってe/aの値を連続的に変化させることができる．

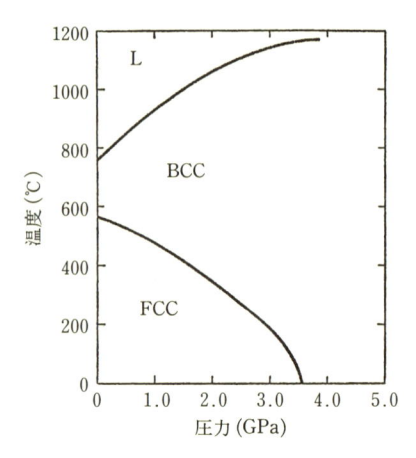

図1.9 Srの圧力-温度相図[5]

このフェルミエネルギーの効果は圧力を印加して電子密度を高めたときにも現れる．特にブリュアン域の境界に近い物質の場合に圧力で結晶構造が変わる．その例として2価金属のMg, Ca, Sr, Ybなどがあげられる．これらの金属は常圧下ではFCCであるが，高圧下ではBCC結晶構造へ転移する．図1.9にSrの圧力-温度相図を示す．

以上，直感的で比較的わかりやすい結晶構造の高圧下での転移に関するキーファクターについて述べた．しかしながら，実際の結晶構造転移は結晶を構成している原子，イオン，電子間の種々の相互作用に起因するヘルムホルツの自由エネルギーの極小状態に対応するものが実現されているので，単純でない結晶構造転移の機構を解明するにはそれらの相互作用を特定するための物性測定が重要となる．

2

超高圧発生方法

　高圧発生技術は大きく分けて静的に発生させる高圧技術と動的に発生させる高圧技術とに分類される．超高圧発生方法というと最高到達圧力を競う技術開発と誤解されることもあるが，実際に物性研究に用いられている圧力は再現性があってしかも信頼性のある静的圧力が主となっている．静的高圧発生技術は次の4つの主要な技術の上に立っている．高圧容器設計技術と強度材料，圧力媒体とその密閉技術，圧力制御測定技術，物性測定技術がそれである．

2.1　圧力容器設計技術と高強度材料

　高圧力発生技術の基本は安全に圧力を発生できる圧力容器の設計とそれに耐えうる高強度材料を使用することにある．常用圧力はその容器の発生可能な最大圧力の6〜8割以下の圧力とする．最大圧力まで使用すると容器の寿命が短くなるばかりか容器の破損事故につながる恐れがある．したがって，安全性の面から高圧容器の最大発生圧力を知っておくことが重要となる．最大の圧力を発生させ，それを封じ込めるには高圧容器を構成するピストンやアンビル，シリンダーなどの圧縮強度と引張り強度がパラメーターとなる．現在広く用いられている圧力容器の設計技術は1960年代前半にほとんど完成した[7〜10]．表2.1には2GPa以上の超高圧を発生できる代表的な高圧容器の断面図と常用発生圧力を示した[11]．これらの容器はその後のコンピューターの発達によって必要に応じて有限要素法を用いた強度計算がなされ，理論的にも納得のいく設計となっている．

　高圧と超高圧との境には決まった定義はないが，これまでの慣習上 $P > 2〜2.5$ GPa を超高圧とよんでいる．この圧力ではほとんどの圧力媒体が室温

表 2.1　代表的な高圧容器の断面図と発生圧力[11]

型	概略図	材　料	使用圧 (GPa)
ピストンシリンダー		ピストン：WC シリンダー：高強度鋼	～3
サポート構造をもつ ピストンシリンダー		ピストン：WC シリンダー：高強度鋼	～6
ブリッジマン アンビル		WC ダイヤモンド	～15 ～30
サポート構造をもつ アンビル		WC ダイヤモンド	～25 ～75
キュービック アンビル		WC	～10

で固化する圧力である．ガスまたは液体の媒体を用いて圧力 P を力学的に力 F と断面積 S との関係式，

$$P = \frac{F}{S} \tag{2.1}$$

から直接圧力を決めることができる1次圧力計はフリーピストンゲージとよばれている．フリーピストンゲージで測定できる圧力は圧力容器の材料強度の限界からアメリカの規格標準局（NBS）が Bi の I - II 相転移圧力を 25℃において (2.5499±0.0060) GPa であると決めたのが最高圧力である．

通常，液体を圧力媒体に用いる場合には市販の加圧ポンプを用いて最大で 0.06～0.2 GPa の1次圧力を発生させ，その圧力で増圧器を動かし，増圧された2次圧力の圧力媒体を試料の容器へと導く．図 2.1 にその概念図を示した．このようなシステムで発生できる圧力は高々 1.4 GPa 程度である．これは高圧容器や圧力媒体を伝達するパイプの材料の降伏応力が最大 2 GPa 程度であることに起因する．また，0.6 GPa 以下の圧力まで発生させる場合とそれ以上の圧力を発生させる場合とで大きなギャップがある．それは，高圧に耐えうるパイプ，バルブ，圧力計などの部品が 0.7 GPa 以下で使用のものは標準品として市販され，容易に入手できるが，それ以上の圧力に耐えうるものは特殊使用

となり部品も限られるためである．

表2.2に高圧容器に用いられる高強度材料の室温での降伏応力と引張り強度のおよその値と磁性特性を示す．$P>2\sim2.5\,\mathrm{GPa}$の超高圧を発生させる場合にも，用いる高強度材料の降伏応力，引張り強度とも高々2 GPa程度であるが，超硬材料のタングステンカーバイド(WC)やダイヤモンドの圧縮強度はそれぞれ~6 GPa，~12 GPa程度である．強度は使用する温度でかなり変化することに注意を要する．高温では強度はかなり急激に減少する．低温では一般的に強度は増加するが，マルテンサイト系の材料の場合，低温脆性があるので低温用の高圧容器の材料として用いるのは危険である．しかしながら，実際に発生されている圧力は材料の応力限界をはるかに超え，ピストンシリンダー装置では3 GPa，マルチアンビル装置で10 GPa，ダイヤモンドアンビルでは50 GPaを超えた超高圧下で種々の物性測定が可能となっている．到達できる圧力は高圧容器の材料の強度でおよそ決まるが，圧力容器やアンビルの形状を工夫することによってかなり高めることができる．

圧力容器やアンビルの形状に関する指導原理はブリッジマンによって見出された．それらはマッシブサポート(massive support)とカスケードサポート(cascading support)である．その概念図を図2.2にそれぞれ示す．前者はピストンやアンビルに用いる材

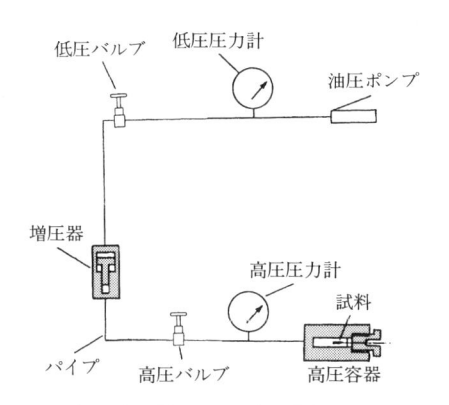

図2.1 増圧機を用いた高圧発生システム

表2.2 高強度材料の室温における強度および磁性特性

材 料	降伏応力(GPa)	引張り強度(GPa)	室温における磁気特性
ニッケルクロムモリブデン鋼	~1.5	~1.8	強磁性
マルエージング鋼	~2.0	~2.4	強磁性
ステンレス鋼	~0.2	~0.5	常磁性
アルミ合金	~0.6	~0.7	常磁性
銅チタン合金	~0.9	~1.2	常磁性
銅ベリリウム合金	~1.0	~1.3	常磁性
Ni-Al-Cr合金	~2.0	~2.2	常磁性

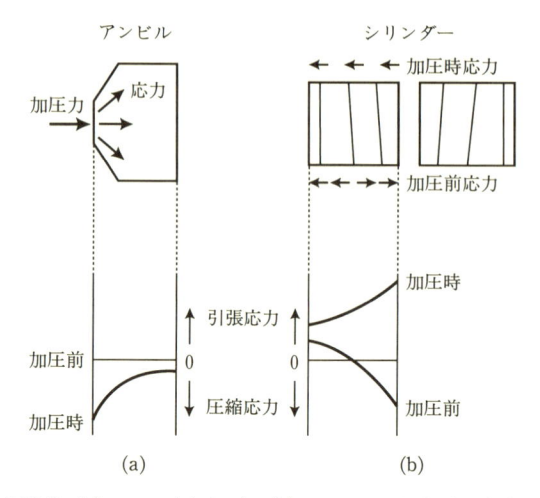

図2.2 (a) マッシブサポート,(b) カスケードサポートの概念図

料の圧縮強度以上の圧力を発生させる工夫である．ピストンを円錐状にして先端部の面積を小さく，底面部の面積を大きくとって，先端部に集中する応力を底面に向かって分散させてサポートし，材料の破壊を防ぐのに有効な方法である．表2.1でみられるように，ブリッジマンアンビル装置はこの原理そのものであり，ダイヤモンドアンビルやマルチアンビル装置に応用されている．後者の指導原理は引張り強度以上の圧力を保持する工夫であって，シリンダーを多重にして外側のシリンダーで内側のシリンダーを焼嵌めや圧入によって次々に締め上げていくことによって，一番内部のシリンダーにあらかじめ外側から応力を蓄えておく方法で，単一シリンダーに比較して破壊強度はかなり改善される．しかしこの方法を適用するには注意が必要である．高圧容器を温度変化させるような場合，外側と内側の材質の熱膨張係数が異なると，あらかじめ蓄えていたはずの内部応力が抜けてしまうことがある．例えば，タングステンカーバイドのシリンダーやアンビルを熱膨張率の大きいステンレス鋼材で外側から締めた容器を冷却するとステンレス鋼材は収縮しすぎて塑性変形を起こし，室温へ戻したときにタングステンカーバイドと分離してしまうことが起こる．したがって，締付けリングに用いる材料を選ぶときには締め付けられる材料とほぼ同じ熱膨張係数をもったものを選ぶ必要がある．いずれにしても，これらの原理を組み合わせて装置を設計することで材料の耐圧強度以上の圧力が安全に

発生できることになる．

　一方，圧力発生容器とその材料を選ぶときに重要な点はその圧力容器を用いてどんな物理量を測定するかである．特に最近，注目を集めているのは極低温・強磁場下で常圧下と同程度の精度をもった物性測定が可能な高圧発生材料の開発である．当然のことながら非磁性材料が要求され，精密測定という点から小型のピストンシリンダー，またはそれに準じた装置の開発が要求される．しかしながら，厳密な意味で非磁性材料というのは存在せず，弱磁性材料のことである．弱磁性材料としてこれまで用いられてきたものはステンレス鋼，銅ベリリウム合金，銅チタン合金，アルミ合金であるが，これらの引張り強度は〜1.3 GPa程度であり，精密測定として用いられるピストンシリンダーでの発生圧力は高々2 GPaにすぎない．近年，興味ある物性実験の圧力領域は広がり，3 GPaを超える圧力容器用の高強度弱磁性材料の開発が切望されていたが，表2.2にあるように，最近，引張り強度〜2.3 GPa，降伏応力〜2.0 GPaの高強度弱磁性材料 Ni-Cr-Al 合金を用いたピストンシリンダー装置が開発され，〜4 GPa の超高圧発生が極低温で可能となっている[11〜15]．

　さらに，引張り強度，降伏応力がそれぞれ〜2 GPa，〜1.8 GPa の Ni-Co-Cr-Mo-Fe-Ti 弱磁性合金(MP35N)を用いたピストンシリンダー装置で極低温下で〜3.5 GPa の圧力が発生されている[16]．これらの合金を用いた多重極限環境(低温・強磁場・高圧)での精密物性測定技術開発の進展が期待されている．

2.2　圧力媒体とその密閉技術

　静的圧力は物性研究手段として近年ますます重要となっている．特に2 GPaを超える圧力下での単結晶を用いた精密物性測定技術の開発が要求されてきた．そこで問題となるのは単結晶が壊れたり，異方的な歪を受けることのない良質の圧力をいかに発生させるかである．気体や液体を圧力媒体として用いて発生できる圧力範囲は限られている．従来から使用されてきたシリコンオイルやトランスオイルなどは室温で1〜2 GPaの圧力で固化し，ペンタン-イソアミルアルコール，アルコール混液などでも4〜10 GPaである．水素やヘリウムガスは〜60 GPa まで静水圧性を保つが，低温ではヘリウムといえども1.5 K，約2.5 MPa で固体となる．代表的な圧力媒体の静水圧性が保たれる室

表 2.3 圧力媒体と静水圧力限界[10]

圧 力 媒 体	静水圧力限界 (GPa)
シリコンオイル	～1
トランスオイル：ケロシン (1:1)	～2
ペンタン：イソアミルアルコール (1:1)	～4
イソプロピルアルコール	～4
ペンタン：イソペンタン (1:1)	～6
メタノール	～8
フロリナート M 70 : M 77 (1:1)	～10
メタノール：エタノール (4:1)	～10
アルゴン	～9
水素	～60
ヘリウム	～60

温での圧力範囲を表2.3に示した．最近，有機導体の研究にダフニーオイルを用いて低温で比較的良質の静水圧性を発生している[17]．圧力媒体を選択するとき，静水圧性もさることながら，試料および試料につける電極素材と圧力媒体との相性にも注意を払う必要がある．圧力媒体が試料や電極素材の溶剤ではないか，化学的な反応性はないか，圧力媒体が固化するときに異方的な応力を試料に与えていないか，などである．

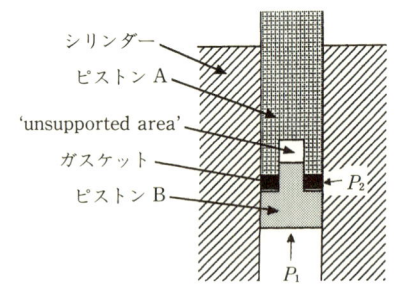

図 2.3 "unsupported area の原理" によるパッキング

一方，液体の圧力媒体を密封するにはピストンシリンダー装置ではブリッジマンの "unsupported area の原理" によるパッキングの方法（図2.3），もしくはテフロンセルを用いる方法がよく利用されている[9,10]．図2.3でシリンダー内の圧力を P_1，ガスケットでの圧力を P_2 とすると，ピストンで加圧しているときはいつも $P_1 < P_2$ となり，ガスケットから圧力媒体が漏れないようになっている．図2.4にはピストンシリンダー用のテフロンセルと試料の構成の例を示した．シーリングリングでテフロンセルに入っている圧力媒体は完全に密閉される．また，テフロンは摩擦が小さく，低温でも比較的可塑性があるため，低温で過度な加圧や減圧をしなければセルは破壊されることなく圧力媒体の封入には最適である．ほとんどの物性測定には試料からのリード線を圧力容器の外へ出す必要があり，この技術も高圧下の測定では難儀なものである．図2.4

(a)のように，リード線の封入に円錐形の Cu-Be コーンを用いると必要なだけリード線を封入できるので非常に便利である．また，NMR（核磁気共鳴）や誘電率測定など交流で測定する場合には図 2.4(b)のようにリード線間の絶縁性を高める工夫が必要である．テフロンセルはキュービックアンビル装置にも着装され，単結晶を用いた精密物性測定が～10 GPa の超高圧下で可能となり，準静水圧性の圧力を広い温度範囲で発生できることが実証された[12]．

図 2.5 には低温で用いる小型キュービックアンビルとテフロンセル用ガスケットの構成図を示した．このガスケットは 4 mm 角のアンビルトップをもつキュービックアンビル用のものである．6 mm 角のパイロフィライトまたはボロンエポキシのガスケットに直径 2 mm の穴をあけ，外径 2 mm，高さ 2.5 mm のテフロン棒に内径 1.5 mm で深さ 1.8 mm の穴をあけてセルを作成し，その中に試料と圧力媒体を入れてテフロンの蓋とパイロフィライ

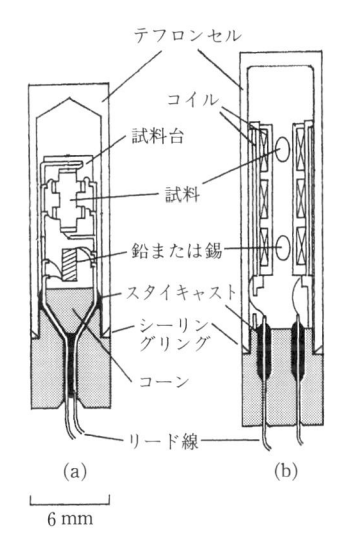

図 2.4 ピストンシリンダー用テフロンセル
(a) 直流電気抵抗測定用，(b) 交流帯磁率測定用

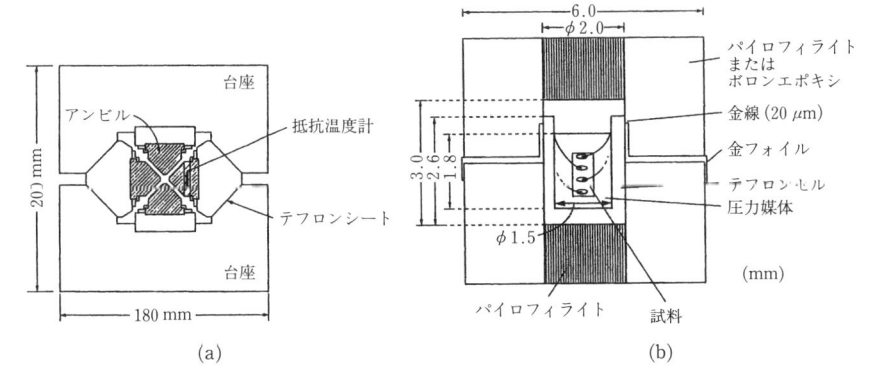

図 2.5 (a) 小型キュービックアンビル，(b) テフロンセルとガスケットの断面図[18]

トで封じ込める．試料のサイズは〜1×0.5×0.5 mm³ 程度である．電極のリード線は 20〜50 μm の金線を試料にハンダや導電性ペーストで付け，テフロンのカプセルと蓋の間から出して細い金のフォイルに重ね，そのフォイルをアンビルの面に接するようにし，信号をアンビルを通して外部へ取り出す．アンビルが6つあるので四端子法での測定ができる．図 2.6 は，フロリナート M70 と M77 とを 1：1 で混ぜた圧力媒体を用いて得られた Bi の室温での電気

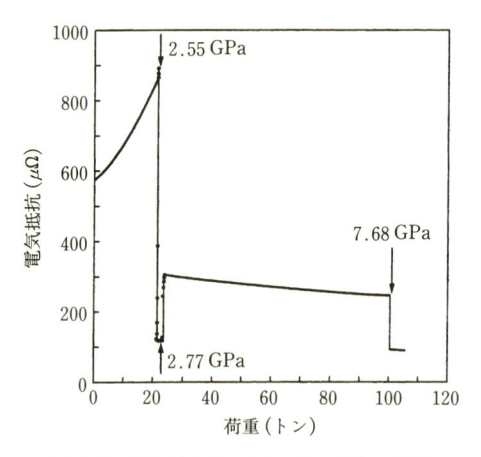

図 2.6 室温高圧下における Bi の電気抵抗[10]

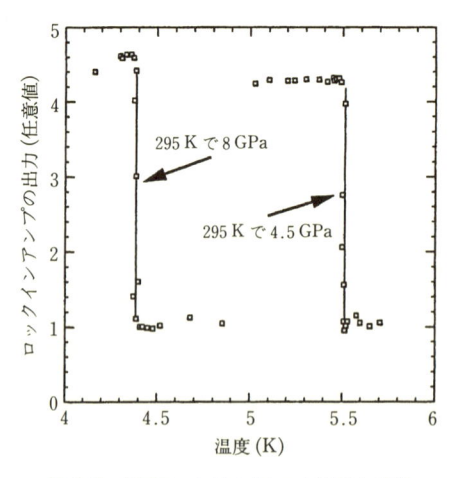

図 2.7 高圧下における Pb の超伝導転移[10]

抵抗の変化をキュービックアンビルへの荷重に対してプロットしたものである．Bi の多形転移に伴う電気抵抗異常がきわめて明瞭に観測されている．また，図 2.7 は室温で圧力をそれぞれ 4.5, 8.0 GPa に設定して荷重を一定に保って冷却し，Pb の超伝導転移に伴う磁気測定を行ったデータである．それぞれの圧力に対応した超伝導温度でシグナルがシャープに観測されている．これらの実験結果は，テフロンセルを用いた直接加圧方式によるキュービックアンビル装置で発生された圧力が，室温から低温の広い範囲で準静水圧性を保っていることを示している．

しかし一方で現実は，上で述べたように圧力媒体が固化するため，低温から高温までの広い温度範囲で測定が必要な物性研究では真の意味での静水圧力下での測定はきわめて難しく，試料には多かれ少なかれ応力が付加されていることを認識してデータを解析することが大切である．

筆者の経験から静水圧性をできるだけ保つ工夫を述べる．それにはまず ① 試料を加圧するとき圧力媒体が液体の状態，もしくはゼリー状であることを確認する．ついで ② 圧力媒体が固化する低温での加圧や減圧を極力さけることである．① の条件を満足させるためには表 2.3 を参考にして静水圧力限界の高い圧力媒体を選ぶことである．そして，② の条件を可能にするには次節 2.3 で述べるように直接加圧法を採用し，測定中はできるだけ圧力を一定に制御することである．

しかしながら，上記の ①, ② を忠実に実行しても再現性の悪いデータを得る場合がある．たとえ直接加圧法によって荷重を一定にコントロールしても，テフロンセル内の試料の置き方や形状によって試料の各方向に加わる応力に大きな差が出てくることがあるということに留意しなければならない．それは圧力を受けている試料の面からテフロンセルの内面までの圧力媒体の体積が方向によって違う場合に生じる．圧力媒体が液体状態で加圧されている場合にはその差異は生じないが，温度を上下すると試料と圧力媒体の体積はそれぞれの熱膨張率に従って増減する．試料より圧力媒体の熱膨張率が大きい場合には圧力媒体は低温で流動性を失っているので，圧力媒体の占める体積の大きい側にある試料面には圧力媒体の占める体積の小さい側にある面より媒体の収縮量が大きく，応力が低くなる．したがって，測定する物理量に異方性がある場合には試料の形状とセル内の置き方に注意を払い，データがその影響を受けていない

かどうか検討する必要がある．この性質を逆に利用すると1軸性応力下での実験も超高圧のもとで可能となる．最近，2次元性の強い酸化物高温超伝導体で面内に加圧した場合と面に垂直方向に加圧した場合とで超伝導転移温度の圧力依存性に大きな差の出ることが見出された[19]．また，低次元性有機導体で1軸性歪効果によって超伝導が誘起される方向と絶縁性がエンハンスされる方向とが見出される[20]など，きわめて興味ある実験結果が出ている．

以上のように，圧力媒体が固化する超高圧領域では純粋の静水圧力を発生させることはきわめて困難である．特に，室温から低温へと温度を変化させて物理量を測定する場合，使用する高圧容器が同じであっても，圧力媒体と試料の熱膨張率の違いがあるため，試料のサイズや置き方によって試料部に直接作用する応力に違いが出てくることに注意する必要がある．

2.3 圧力制御測定技術

2.3.1 圧力制御技術

高圧容器に発生した圧力を保持する方法として**クランプ法**と**直接加圧法**とがある．図2.8と図2.9にそれぞれ，ピストンシリンダー装置を用いたクランプ法と直接加圧法の装置の例を示した．クランプ法ではプレスにより加圧された試料をグランドナットで固定する．一方，直接加圧法では油圧ラムによる荷重

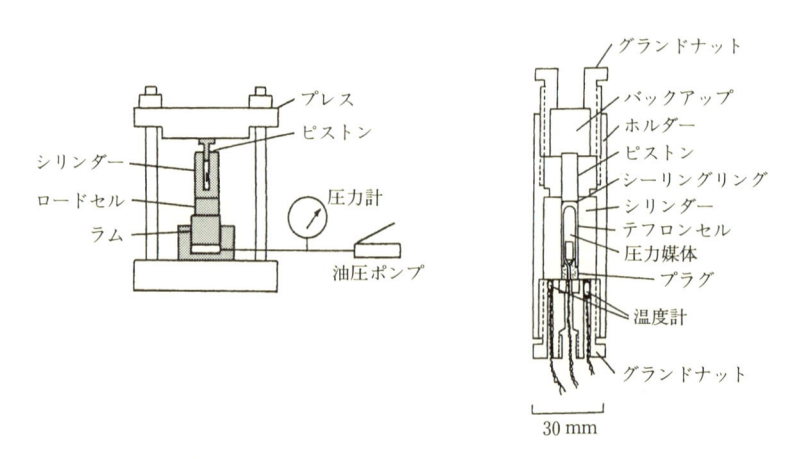

図2.8 クランプ型ピストンシリンダー装置とプレス[10]

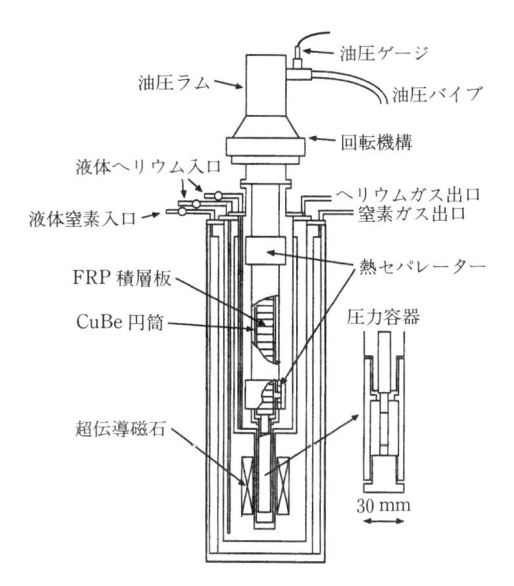

図 2.9 油圧ラムを用いた直接加圧型ピストンシリンダー装置[10]

を絶えずピストンで直接試料部へ伝達する方式である．クランプ法はダイヤモンドアンビルや低温用のピストンシリンダーのような小型の高圧発生装置を用いて，空間の狭いところで測定しなければならない場合，例えば超低温下や強磁場下などで利用される．直接加圧法はマルチアンビルのような大型の装置でよく用いられる．いずれの場合も室温から低温までの広い温度範囲で物理量を測定する場合には，圧力媒体が液体状態である室温で加圧した後冷却する．クランプ型の場合は圧力容器や圧力媒体の熱収縮に伴って試料に加わっている圧力は温度とともに大きく変化することになる．図2.8のような通常のクランプ型ピストンシリンダー装置を用いて室温で圧力をクランプし，ヘリウム温度 (4.2 K) まで冷却すると，圧力が $-0.3\,\mathrm{GPa}$ も減少することもある．このようなときには室温から窒素温度 (77.4 K) までプレスで圧力を保持し，窒素温度で圧力をクランプするとよい．ほとんどの物質は室温から 100 K 程度までで熱収縮は収まる．また，ダイヤモンドアンビル装置では，試料室が小さいので，冷却によって変化する圧力は金型の熱収縮が大きく影響し，圧力が低温で2倍にも増加することもある．その点，直接加圧法による装置では温度の下降

や上昇時にもアンビルやピストンに加える力を一定に制御できるので,高圧容器や圧力媒体の熱収縮,膨張による力の変化を補償でき,クランプ型に比べて測定中の圧力の変化が少ない.

筆者らが開発したキュービックアンビル装置は従来のキュービックアンビルに比べてサイズは小型で寒剤の消費量も少なく,試料のセッティングも簡便で広い温度範囲(300 K～2 K)にわたって常圧下とほぼ同じ精度で電気伝導や誘電率の測定ができる装置である[18].この装置は直接加圧による自動圧力制御方式が採用されているので操作性はよく,同時に前節で説明したテフロンセル法を採用しているので準静水圧が得られている.また,物理量の精密測定には圧力の質のみならず温度をいかに精度よく測定するかが問題となる.従来キュービックアンビルは高温で用いることが主であったため,温度測定用に熱電対が用いられ,それを高圧セル内の試料の隣に置いて温度測定をするので熱起電力の圧力補正を必要とした.そのため,温度校正は煩雑となり,精度のよい温度測定は困難であった.筆者らの開発した低温用キュービックアンビル装置では,試料の温度をアンビルの温度と測定温度の誤差以内で制御でき,温度計の圧力補正なしに正確に試料の温度を測定することに成功した.これによって常圧下とほぼ同じ精度で物性測定が可能となり,種々の精密物性研究が低温高圧下で行われるようになった.

2.3.2 圧力測定技術

高圧容器で発生された試料部での圧力の測定方法は測定する圧力,温度領域,さらには圧力容器とその試料周りに強く依存している.圧力は力学的には単位面積あたりの力として式(2.1)で定義されるので,日常使用しているガスや流体などの低い圧力は 2.1 節で言及した絶対測定が可能な 1 次圧力計を基準としている.市販されている圧力計はこの 1 次圧力計で校正,検定された 2 次圧力計であり,ブルドン管などの弾性式,ピエゾ抵抗式,圧電気式,マンガニン線などの抵抗素子がある.しかしながら,超高圧領域で種々の圧力容器に対応できる圧力計は市販されていない.この場合には個々に圧力を決定しなければならない.

圧力は熱力学的にヘルムホルツの自由エネルギー($F=U-TS$)の体積微分量は式(1.6),$P=-(\partial F/\partial V)_T$ で定義され,さらに微視的には,ヘルムホルツ

のエネルギーは分配関数を使って式(1.10)，$F=-kT\ln Z$ で表されるので，その系のとりうるエネルギー固有値とその分布に関する分配関数 Z がわかると圧力が決定されることになる．熱力学的な物質の性質は温度，圧力，体積などの状態変数で一義的に決定される．したがって，状態方程式のわかっている物質を用いて，その物質の温度と体積を測定すると圧力を決定できることになる．また，ブリッジマンが示したように物質は高圧下で物性が変化し，さらには相転移を起こす．圧力に対する物性の変化や相転移は物質に固有の性質であることから，物質が決まればその物性や相転移点を正確に測ることによって，再現性のよい圧力マノメーターとして利用することができる．代表的な物質の相転移圧力を表2.4に示す．この表からわかるように圧力の低いところで生じる相転移の圧力の精度はきわめてよいが，転移圧力が高くなるに従ってその精度が落ちてくる．

一方，状態方程式を利用した圧力の校正は高圧下のX線や中性子散乱実験の場合のように物質の格子定数を直接測定できる高圧装置でよく用いられる．NaClはその代表的な物質である．デッカーによりその状態方程式は式(1.20)，(1.21)で書かれ，圧力と体積との関係が温度をパラメーターとして計算され，テーブルとして与えられている．NaClは約30 GPaで結晶構造相転移があるので，NaClの状態方程式から圧力を決定するのは30 GPa以下の圧

表2.4 2次圧力マノメーターとして用いられる物質の相転移圧力[9,10]

物 質	25℃での相転移圧力(GPa)
ベンゼン (融点)	$0.06297\pm 5\times 10^{-5}$
フッ化アンモニウム (I-II)	$0.3605\pm 1\times 10^{-3}$
モノクロロベンゼン (融点)	$0.45605\pm 1\times 10^{-3}$
水銀 (融点 0℃)	$0.75695\pm 2.1\times 10^{-4}$
トルエン (融点)	$0.84329\pm 1.9\times 10^{-4}$
フッ化アンモニウム (II-III)	$1.1531\pm 2.3\times 10^{-3}$
ビスマス (I-II)	$2.5499\pm 6.0\times 10^{-3}$
タリウム (II-III)	$3.68\pm 3\times 10^{-2}$
バリウム (I-II)	5.53 ± 0.1
ビスマス (III-V)	7.68 ± 0.23
錫 (圧力上昇時)	9.4 ± 0.4
バリウム (圧力上昇時)	12.3 ± 0.5
鉛 (圧力上昇時)	13.4 ± 0.6
硫化亜鉛 (圧力上昇時)	15.4 ± 0.7
ガリウムリン (圧力上昇時)	22.0 ± 0.8
塩化ナトリウム (圧力上昇時)	29.6 ± 0.6

力領域である．

ダイヤモンドアンビルでよく用いられるルビースケールは，1973年アメリカのNBSの研究者らによって提唱された[21]．図2.10にNaClの状態方程式で決めた圧力とルビー蛍光線R_1の波長シフトとの関係を示した．

ルビーはCr^{3+}イオンをモル比で0.01〜35%含むαAl_2O_3の結晶で，波長の短い光を照射すると，結晶場によって分裂したCr^{3+}イオンの3d準位間での電子遷移が起こり赤色の蛍光(〜694 nm)を発する．この蛍光の波長は圧力の低い場合には$d\lambda/dP \sim 36.4$ nm/GPaで波長の長い方へシフトし，19.5 GPaの圧力領域まではNaClの状態方程式と比較して，

$$P=(1904/B)\{[\Delta\lambda/694.24]-1\}^{B-1} \quad (2.2)$$

と表したとき，$B=5$で近似できること[22]，110 GPaまでの圧力領域では銅の状態方程式を標準にとると$B=7.665$となることが示された[23]．

一方，低温での圧力マノメーターとしては従来超伝導転移温度の圧力効果を利用してきた．代表的な物質はIn，Sn，Pbなどである．1.5 GPaまでは直接加圧型のピストンシリンダー装置を用いて比較的精度よく，

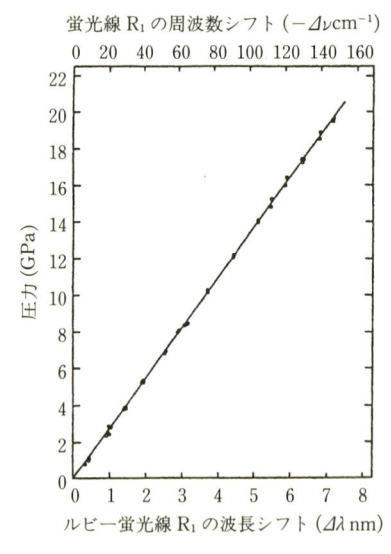

図2.10 ルビー蛍光線R_1の波長シフト$\Delta\lambda$とNaClの状態方程式で決めた圧力との関係[21]

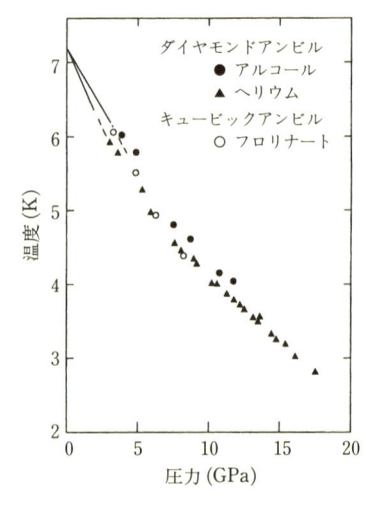

図2.11 Pbの超伝導転移温度の圧力依存性[10]

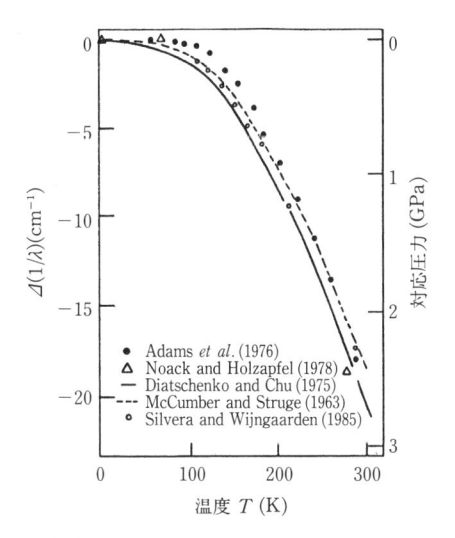

図 2.12 ルビー蛍光線 R_1 のヘリウム温度からの
シフト量 $\Delta(1/\lambda)$ の温度変化[25]

In に対しては
$$T_c = 3.407 - 4.36 \times 10^{-1} P + 5.2 \times 10^{-6} P^2 \tag{2.3}$$
Sn に対しては
$$T_c = 3.733 - 4.95 \times 10^{-1} P + 5.9 \times 10^{-6} P^2 \tag{2.4}$$

と与えられている[24]．しかし，2 GPa を超える圧力領域で圧力スケールはいまだ定まっていない．図 2.11 には Pb の超伝導転移温度の圧力効果を示した．筆者らの開発したキュービックアンビルによる測定結果もプロットしてある．使用している高圧装置が研究者ごとに異なるので圧力の評価も異なっているが，Pb の超伝導温度は 10 GPa 付近で約 ±1 GPa 以内で一致している．

また，ルビー蛍光を用いた低温での圧力校正も行われている[25]．図 2.12 にはヘリウム温度でのルビー蛍光線 R_1 の波長を基準として温度上昇とともにシフトする $1/\Delta\lambda$ と温度との関係を示している．図から明らかなように，ルビー蛍光線 R_1 の波長はヘリウム温度から室温まで温度とともに長くなり，その変化は圧力にして約 2.5 GPa に対応している．しかし，蛍光線 R_1 の圧力係数は 1.2 GPa までの圧力下では低温でも室温と同じであることが示された．

2.4 物理量測定技術

2.4.1 結晶構造と磁気構造測定

圧力下における物質の結晶構造や磁気構造を決めることは物性研究の基本である．特に圧力によって誘起される相が圧力を戻したときに準安定相として常圧下に取り出すことが不可能な場合には"その場観察"が必要となる．電子転移による相転移においては1次相転移であっても圧力，温度ヒステリシスが小さく，その場観察が不可欠となる．高圧下におけるX線散乱・吸収，ならびに中性子線散乱の実験技術は近年格段の進展をみせている．

X線散乱・吸収実験には圧力発生装置として従来ブリッジマンアンビルも使われてきたが，最近ではダイヤモンドアンビルを用いた手法が確立され，一般的となっている[26]．結晶構造が複雑でなく，30 GPa 程度までの結晶構造解析なら実験室系で用いられている Mo ターゲットの 18 kW ローターX線源で十分であるが，それ以上の超高圧実験では試料サイズが小さくなるため，輝度の高い放射光光源が必要となる．検出器としては従来半導体素子(SSD)や位置敏感比例計数管(PSPC)が使用されてきたが，今日では2次元検出器として便利なイメージングプレート(IP)が普及している．IPで得られたデータはディジタル化によって処理が簡便となり，近年開発されたリートベルト法やマキシマムエントロピー法などの解析方法を用いることにより，結晶構造の同定や電子密度分布をこれまで以上の精度で決めることができるようになった[27]．最近，放射光光源を用いて水銀の超臨界状態近傍の構造を 1650℃，0.2 GPa までの高温高圧下で明らかにした報告もある[28]．

X線吸収実験は，吸収端近傍のXANES (X-ray Absorption Near Edge Structure)とその先のEXAFS (Extended X-ray Absorption Fine Structure)の解析により，局所構造，格子振動，化学結合に関する情報が得られる．強力な放射光光源とダイヤモンドアンビル，キュービックアンビル高圧装置を組み合わせて行われている[29]．ダイヤモンドは 10 keV より低いエネルギーのX線に対して透過率が 10% 以下になり，通常の実験室でのEXAFS実験はきわめて困難であるが，XANESの測定は光学系を工夫することで可能となってきた[30]．

中性子散乱実験ではある程度大きな試料が必要なため，これまでは主としてピストンシリンダー装置を用いて～3 GPaの圧力下での結晶構造解析や磁気構造解析，格子振動，磁気励起の測定がなされてきた[31,32]．従来，シリンダーの材料として中性子線の透過率の高いアルミ合金やアルミナなどが用いられてきたが，最近ではサファイヤアンビルを用いて低温，～6 GPaの圧力下での磁気構造の測定も可能となってきている[33,34]．

2.4.2 光学的測定

ダイヤモンドアンビルを用いるようになってから，種々の物質に対して，光反射，吸収，蛍光測定はもちろんのこと，ラマン散乱[35]，ブリュアン散乱[36]などの光学的測定が超高圧下で行われてきた[37]．光学測定に用いられるダイヤモンドアンビルには，X線実験の場合と異なり，測定波長領域での吸収や蛍光の少ない良質の物を選ぶ必要がある．通常，可視光ではタイプIのものでよいが，赤外線領域の分光にはタイプIIAを用いる[38]．ダイヤモンドの光学的性質は窒素の含有量や不純物に依存するので，購入する際には，個々のダイヤモンドの特性を調べることを薦める．ダイヤモンドアンビルでの試料は，高々直径 100 μm 程度なので，光学系は顕微分光型が望ましく，照射光も 50 μm 以下のスポットに絞れるようにする．最近では光ファイバーケーブルを用いてレーザー光をスポット照射できる落射照明筒を備えた顕微鏡が容易に入手できるようになってきた．石英ファイバーなら 0.35～3 μm 程度の波長の光まで透明なので，試料からの透過光，反射光，蛍光を集光して分光器へ損失を少なく導くことができる．ダイヤモンドアンビルに入らないような大きい試料について実験を行うには，従来のような光学ガラスまたはサファイヤなどを窓材として用いた高圧セルが使われている[39]．通常の光学ガラスを用いて，4.5 GPaまでの静水圧下で光学実験を行ったという報告もある[40]．

2.4.3 電気・磁気測定

2.2節および2.3節で述べたが，低温用のキュービックアンビル装置の開発によって，単結晶を用いて常圧下と同程度の精密物性測定が～10 GPaの超高圧下で室温から～2 Kまでの広い温度範囲にわたって可能となった．電気伝導率の測定はもちろんのこと，誘電率の測定も～10 GPa，2 K程度まで測定さ

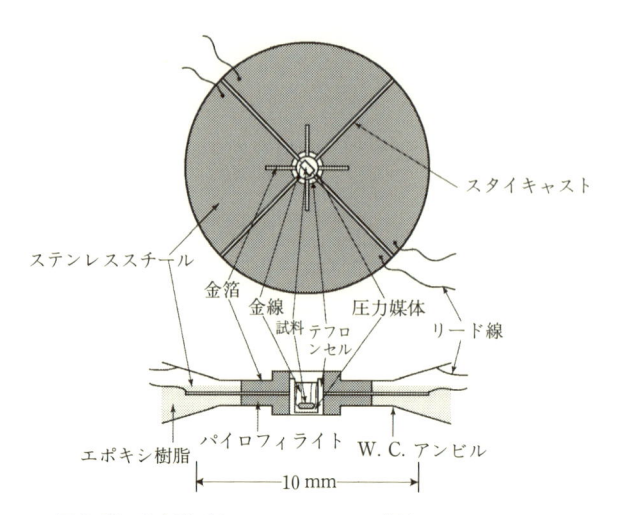

図 2.13 改良型ブリッジマンアンビル装置のテフロンセルと
　　　　　ガスケットの構成図[46]

れている[41,42]．リード線として熱電対を用いると熱伝導や熱電能の測定も可能となる[43]．直接加圧型キュービックアンビルを用いて低温での輸送現象と結晶構造解析を同時にできる装置も開発された[44]．この装置を用いると相転移に伴う結晶構造の情報と電気的性質に関する情報が同一温度，圧力で得られる[45]．

さらに，2Kより低い温度領域での測定には希釈冷凍機にクランプ式のテフロンセルを用いた改良型ブリッジマンアンビルが開発され，〜100 mK まで達成されている．図2.13にその高圧装置とガスケット，電極の構成を示す[46]．テフロンセルはここでも単結晶試料を壊さないために用いている．試料のサイズは上記のキュービックアンビルより若干小さくなるが，四端子による輸送現象の精密測定を可能にするため，ガスケットに用いているステンレスの金属板を4分割し，その間をスタイキャストで埋めて絶縁性をよくし，ガスケットとしての役割と電極としての役割をさせているのがポイントである．この装置と縦型，横型超伝導磁石とを組み合わせて，単結晶の3軸方向について同一試料，同一圧力下で磁気抵抗測定が行われている[47,48]．一方，10 GPa 以上の低温超高圧領域での測定精度は悪くなるが，圧力媒体としてスタイキャストを用いたクランプ型のブリッジマンアンビル装置[49,50]やダイヤモンドアンビル装置[51]が開発されてきた．

高圧下の磁気測定には，磁気天秤や試料引き抜き法，試料振動法，コイル振動法，ファラデー法，相互誘導法などの方法を用いて，磁化，帯磁率，キュリー温度の圧力効果を測定する装置[52]や核磁気共鳴(NMR)[53,54]，電子スピン共鳴(ESR)[55]，メスバウアー分光[56]などの実験技術が開発されてきた．最近では，精密な磁気測定に引き抜き法を用いた装置[57]や量子干渉計(SQUID)にクランプ式ピストンシリンダーを組み合わせた装置[58]などが開発されている．磁化や帯磁率の精密測定にはある程度の量の試料を必要とし，一般的に，高圧容器として弱磁性材料のCu-BeやCu-Ti合金製のピストンシリンダーを使うので，発生圧力は高々2 GPaである．しかし，最近，ダイヤモンドアンビルとSQUIDを組み合わせて〜15 GPa，1.4〜60 Kまでの圧力，温度範囲で磁化測定に成功している例もある[59]．

2.4.4 比熱測定

比熱の測定は励起状態に対する情報を得る基本的な物性研究手段の1つである．しかしながら，常圧下と同程度の精度で比熱を測定できる温度，圧力領域はきわめて限定される．主な測定手法は常圧下と同様に，断熱法[60]と交流法[61]がある．断熱法での困難は，圧力媒体の入った圧力容器と試料の全体の比熱を測定するので，試料の比熱はバックグラウンドを差し引いて求めることになり，その解析が煩雑でしかも大きな誤差を引き起こす点にある．特に，測定温度領域(〜10 K以上)によってはそのバックグラウンドの温度変化が大きく，温度測定のわずかな誤差が試料の比熱に大きな誤差として入ってくる．バックグラウンドからの寄与をできるだけ少なくするための工夫として，熱伝導性に優れたCu-BeやCu-Ti合金製の小さなクランプ型の高圧容器を用い，圧力媒体には圧力に対して比較的デバイ温度の変化の少ないAgClなどが使われている．この手法は圧力容器や圧力媒体のデバイ比熱が小さい温度領域(〜10 K以下)の低温領域で，しかも，測定する試料の比熱が大きく，その圧力効果も大きい物質に向いている．圧力容器の材料としてCu-Be，Cu-Ti合金を用いるので発生圧力は高々〜1.5 GPaであるが，最近，Ni-Cr-Al合金を高圧容器の材料として用い，〜3 GPaをねらった試みがなされている[62]．

交流法は断熱法に比べて比熱の絶対値の測定が難しい．しかし，微小試料の測定が可能であること，試料を完全に熱平衡にする必要がないことなどの利点

から，高圧下の比熱測定が比較的広い温度領域で可能である．測定条件として，① 試料はまわりの熱浴と適当な熱抵抗をもって接触していること，② ヒーターや温度計の熱容量は試料より十分に小さいこと，③ 試料部での熱緩和時間が加熱周期より十分短いこと，などが要求される．これらの条件を満足するように，圧力媒体にはダイヤモンド粉末を，温度計には薄いカーボン抵抗などを，リード線には細いマンガニン線などを使用することによって，試料の量として 10 mg 以下でも測定できることが示されている[63]．この手法は今後さらに改良され，多重極限下の比熱測定手段として確立されていくことが期待されている．

3

超高圧下の物性

3.1 バンド電子への高圧効果

典型的な半導体である Si や Ge に圧力を印加すると 10 数 GPa で半導体-金属転移を起こす[64]．このとき，同時に結晶構造もダイヤモンド構造からベータ錫構造へと変化する．すなわち，この半導体-金属転移は結晶構造の変化に伴うバンド構造の変化によって，ギャップが消えてフェルミ面が現れ，フェルミ面上の電子がキャリヤーとして電気伝導に寄与することに起因する．同じ現象が Se, CdS, GaAs などの化合物で 1950 年代後半から 1960 年代前半にかけて見出された[65] (図 3.1)．このような高圧誘起金属が常圧下での金属と同じ挙動を示すかどうかの検証は 1980 年に報告されている[66]．図 3.2 に超高圧下で誘起された金属相の Si (~20 GPa), Te (~22 GPa), アモルファス Se (~17 GPa), 六方晶 Se (~33 GPa) の電気抵抗の温度依存性を示した．いずれの物質も温度が下がるに従って抵抗は減少し，極低温下で一定の値となり，典型的な金属的挙動を示していることがわかる．

単純金属のバンド電子の電気抵抗は，格子振動による散乱と不純物や格子欠陥による散乱に起因し，前者は

$$R(T) = A\left(\frac{T}{\theta}\right)^5 \int_0^{\theta/T} \frac{z^5 dz}{(e^z-1)(1-e^z)} \tag{3.1}$$

と**ブロッホ-グリュナイゼン** (Bloch-Grüneisen) **の関数**で表される．ここで A は温度によらない物質に固有の比例定数，θ はデバイの特性温度である．後者は不純物濃度が少ない場合には温度に依存せず，不純物濃度に依存する．これは**マチューセン** (Matthiessen) **の法則**として知られている．式 (3.1) から低温 ($T \ll \theta$) では $R(T) \sim T^5$, 高温 ($T \gg \theta$) では $R(T) \sim T$ となる．

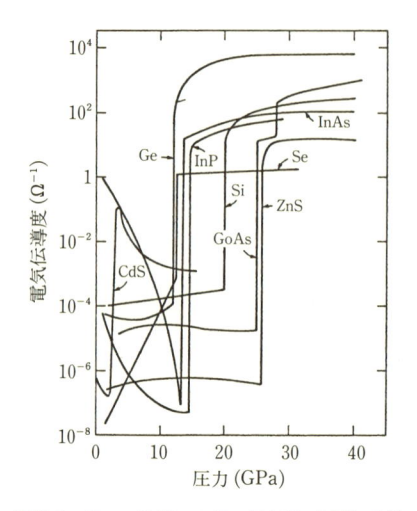

図3.1 種々の物質における絶縁体-金属転移[65]

図3.2 高圧下で誘起された Si, Te, Se の金属相での電気抵抗の温度依存性[66]

　図3.3は1気圧下で典型的な金属である Au, Na, Cu, Al, Ni と超高圧下で誘起された六方晶 Se, アモルファス Se, Te, Si の金属相での電気抵抗とを比較するためにプロットしたものである．横軸の温度と縦軸の抵抗のスケールはデバイ温度 θ とデバイ温度における抵抗値 R_θ とでそれぞれ規格化してある．それぞれの物質のデバイ温度は図の中に示されているが，抵抗の温度変化が式(3.1)に最も合うように決められている．これらのデバイ温度は比熱で求められた値と多少異なっている．その理由にはいくつかあるが，電気抵抗の散乱には縦波フォノンのみが有効であるのに対して，比熱では縦波フォノン，横波フォノンの両方が関与することもその理由の1つである．この図から明らかなように，これらの物質での超高圧下で誘起された結晶構造変化に伴う絶縁体-金属転移による金属相は1気圧下での典型的な金属と全く同じ挙動を示すことがわかるであろう．つまり，これらの絶縁体物質では結晶構造の変化に伴ってバンド構造が変わりバンドのギャップが消え，フェルミ面上に自由なキャリヤーが現れ通常の金属となったのである．

　バンド理論によれば，フェルミエネルギーがエネルギーバンドのどの位置にいるかでその物質が金属なのか，半導体なのか，絶縁体なのかが決まる．1価

金属のようにブリュアンゾーンの半分のところにフェルミ面がある場合には，多少の圧力を印加してもその物性にさしたる変化は期待できない．しかし，2価金属のように，ブリュアンゾーンに差し掛かってフェルミ面がある場合には輸送現象の圧力効果は大きく変わる場合がある．例えば Ca や Sr, Yb などの場合，加圧によって金属から半金属，さらにまた金属へと転移する．バンドのエネルギー分散曲線が波数ベクトルの方向によって圧力変化の大きさが異なるため，フェルミ面の形状も変化し，その結果として輸送現象も大きく変わることになる．電子とホールのフェルミ面がほどよく現れて，電子とホールとのクーロン相互作用によって水素原子と類似した束縛状態を形成すれば金属-非金属転移が生じる．この非金属相はエキシトニック絶縁体相とよばれ，Yb 金属の場合に，低温・高圧下で実現している可能性が議論されてきた[67]．

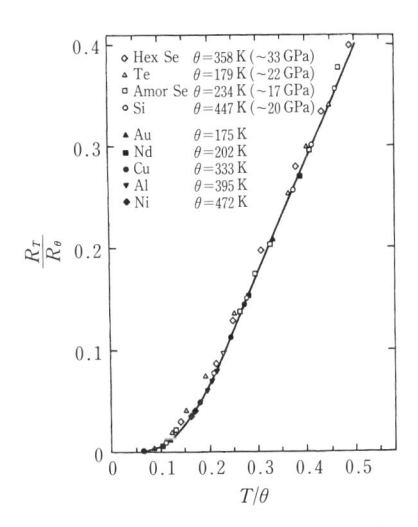

図 3.3 高圧誘起金属と通常の金属の温度依存性の比較
曲線はブロッホ-グリュナイゼンの関係式 (3.1) から求めた[66]．

3.2 スピン密度波への高圧効果

バンド内の電子は独立して自由に運動しているのではなく，種々の相互作用を受けながら運動し，そのエネルギーをできるだけ低い状態にしようとする．その1つとして，常磁性金属はバンド電子のスピン σ が電子間相互作用によって生じる空間的に一様でないスピン密度 $S(r)$ の摂動

$$H_{\text{int}} = JS(r) \cdot \sigma \tag{3.2}$$

を受け不安定となり，**スピン密度波状態** (spin density wave；**SDW**) が安定する，と予言された[68]．バンド計算によると体心立方格子をもつ結晶では電子数が6個の近くでは状態密度が小さくなり，しかも極小付近に位置し，クロム金属で生じている磁気転移温度 $T_N = 311$ K の反強磁性状態はまさにこのスピン

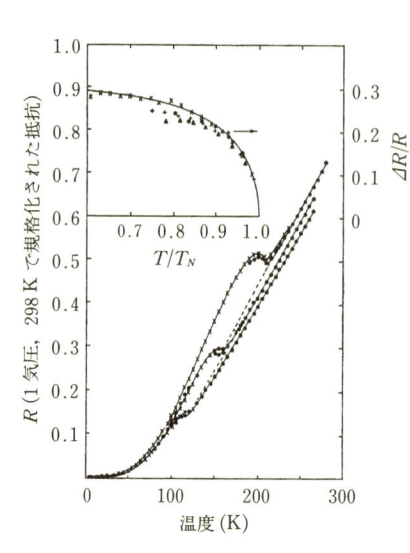

図 3.4 金属クロムの電気抵抗の温度変化[69]

図 3.5 金属クロムの T_N の圧力および体積依存性[69]

密度波状態に相当する例として注目された．これを実証するためにマクワン(McWhan)らは，室温から液体ヘリウム温度までの広い温度範囲で静水圧性の高い圧力下でクロム金属の電気抵抗の精密測定を行った[69]．図3.4に電気抵抗の温度変化を示した．電気抵抗は T_N でハンプとなり，T_N 以下で増加した抵抗 $\Delta R/R$ の温度変化を同図に挿入してある．図3.5には T_N の体積効果を示している．転移温度は指数関数的に減少することが明らかとなった．

クロム金属の(100)面の電子とホールのフェルミ面の概念図を図3.6に示す．電子はブリュアン域の Γ 点を中心として詰まり，ホールは H 点を中心に詰まっている．電子のフェルミ面とホールのフェルミ面は波数ベクトル q だけずれているため，このバンド構造はスピン密度波の波数ベクトル Q が q に等しいときに不安定となり，$Q=q$ の SDW 状態が実現すると予想され[70]，そのときの磁気転移温度 T_N はちょうど BCS 超伝導転移温度のように

$$T_N \propto W \exp\left(-\frac{1}{g}\right) \tag{3.3}$$

と表される．ここで W はバンド幅，相互作用の強さを表す g は q だけずらし

たときに電子のフェルミ面とホールの
フェルミ面とが重なる面積に比例する．

図3.5に示したT_Nの体積依存性は加
圧によって電子のフェルミ面とホールの
フェルミ面の重なりが減少し，式(3.3)
でgが小さくなる結果として解釈され
た．このT_Nの圧力効果($dT_N/dP=$
$-51\,\text{K/GPa}$)は，FeやCo, Niなどの
典型的な磁性体の場合と比較してきわめ
て大きく，磁気グリュナイゼン定数
$-d\ln T_N/d\ln V$はおよそ28にもなる．
また，T_N以下で，フェルミ面全体では
なく，バンドの一部にギャップができる

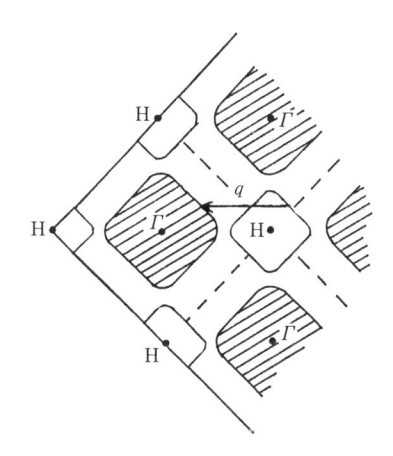

図3.6 クロムの(100)面の電子とホールの
フェルミ面の概念図

ので絶縁体にはならないが，キャリヤー数は減少し，T_N以下で図3.4の挿入
図に示したように$\Delta R/R$の温度変化がギャップの温度変化に対応して増える
ことも理解できる．

3.3　電荷密度波への高圧効果

　結晶内の電子は電子どうしの相互作用のみならず結晶内の歪によるポテン
シャルの影響，すなわち電子-格子相互作用も受ける．それが優勢である場合
には**電荷密度波**(charge density wave；**CDW**)が安定となる．歪に対する電子
系の応答関数は次元性に著しく依存し，1次元の電子系ではフェルミエネル
ギーのところで対数発散するため，歪と電子がカップルした方が系のエネル
ギーが下がり，CDW状態が実現する．これが**パイエルス**(Peierls)**転移**であ
る[71]．結晶構造の中に1次元鎖をもつ物質の多くは低温でCDW状態となり，
フェルミ面が完全に消えると金属-絶縁体転移となる．このように低次元電子
系物質ではフェルミ面のトポロジーと関連して種々の興味ある物性を示し，圧
力によってそのトポロジーを変えるとその物性も著しく変化する．

　図3.7にベチガール(Bechigaard)塩と呼ばれる(TMTTF)$_2$X, (TMTSF)$_2$
X系の相図を示した[72]．(TMTTF)$_2$PF$_6$は典型的な擬1次元構造をもち，同

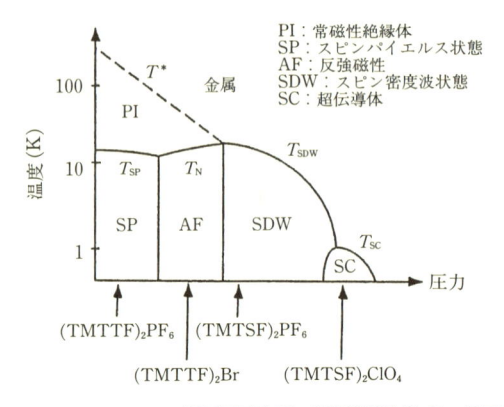

図 3.7 ベチガール塩 (TMTTF)$_2$X, (TMTSF)$_2$X 系の相図[72]

時に TMTTF 分子あたり 1/2 のホールはスピンの自由度をもつので，低温で理論的予想どおり，スピン-パイエルス転移を示す．加圧することによって 1 次元チェーン間の交換相互作用が強まり，3 次元的に発達し反強磁性 (AF) 状態が現れ，さらに圧力を加えるとモット-ハバード転移が生じて金属となる．これらの金属状態は結晶の異方性を反映して低次元性が強く，特定方向にフェルミ面のネスティングを起こしやすく SDW 状態が安定化する．さらに高圧状態では，ちょうどクロム金属でみられたように，ネスティングは加圧することで抑えられ，SDW 状態は不安定となり，超伝導状態が出現している．この図ではアニオンを変えた物質にそれぞれ加圧することによってこの系の電子状態が統一的に順次変化することを示しているが，最近，(TMTTF)$_2$PF$_6$ に直接超高圧を印加して確かにこれらの相転移が次々と生じることが示された[73]．

このように，有機物では通常の金属や絶縁体に比べて分子間の圧縮率が大きいため，加圧による電子間の相互作用を大きく変化させ，次元性のクロスオーバーを引き起こすことができるため，新しい視点に立った物性研究の展開が示された．最近では有機物質の次元性を考慮して，積極的に 1 軸応力を用いた研究がされはじめ，興味ある結果がでている[20]．

3.4 モット-ハバード絶縁体の金属転移

バンド理論は半導体や単純金属など電子間の相互作用が弱い物質について成

功を収めた．しかし，この理論では電子間の相互作用の強い磁性をもつ物質，例えば NiO のような酸化物がなぜ絶縁体になるのか説明できない．つまり，Ni は $+2$ 価，O は -2 価と考えると Ni の d 電子数は 8 となって，d バンドには電子が 10 個入ることができるから，2 個のホールが存在することになり，バンド理論では NiO は金属であることになる．超高圧下で絶縁体-金属転移を示す物質の中で 3d 遷移元素を含む物質では，バンド理論からは金属と予想されても 1 気圧下では絶縁体となっているものが多く見受けられる．これはバンド描像で無視していた電子間の相関効果の現れである．これらの物質をモット-ハバード絶縁体とよんでいる．電子相関効果とは，互いに逆向きスピンをもつ電子どうしの相互作用によって生じるエネルギーに起因する．パウリの原理から同じスピンをもった電子どうしは決して同一場所にくることはできないが，逆のスピンをもった電子は量子状態が異なるためパウリの排他律はもはや成り立たず，互いにいくらでも近づくことができる．その結果，この場合クーロンエネルギーはどんどん高くなり，系のエネルギーとして損をするので，自動的に電子どうしは避けあうことになり，電子雲の重なりの少ない絶縁体の方が金属状態よりエネルギー的に低くなって安定することになる．したがって，モット-ハバード絶縁体の基底状態は逆スピンをもった電子どうしが位相空間で最も離れた位置，すなわち，互いに隣の格子点に局在し，反強磁性となるのが特徴である．

パイライト構造をもつ 3d 遷移金属硫化物 (MS_2: M＝Fe, Co, Ni, Cu, Zn) では金属イオンは M^{2+} と考えられ，d バンドには Fe から Zn まで，それぞれ 6，7，8，9，10 個の電子で満たされていることになる．結晶場を考慮したバンド理論では $d\varepsilon$, $d\gamma$ バンドがサブバンドに分かれ，$d\varepsilon$ がいっぱいになる FeS_2 と $d\varepsilon$, $d\gamma$ バンドともに満杯になる ZnS_2 を除いて他は金属であることが要請される．確かに CoS_2, CuS_2 は金属であるが，$d\gamma$ バンドに半分詰まった NiS_2 は絶縁体で，しかも反強磁性を示す．NiS_2 を加圧すると絶縁体-金属転移を起こし，また，S を Se で置き換えていっても絶縁体-金属転移を起こす．この起因は相関効果によるものと解釈されてきた．NiS_2 の場合には上向きスピンの $d\gamma$ バンドと下向きスピンの $d\gamma$ バンドとのハバードギャップの間に S の p バンドが存在し，電荷移動型絶縁体となっていて，そのギャップは約 $1.8\,\mathrm{eV}$ である．圧力の増加と Se の置換はともにバンド幅を広げる効果と

なって，このギャップを狭め，ギャップがゼロとなったところで金属となる．

図 3.8 に $NiS_{2-x}Se_x$ に関する最近の実験結果を示す[74]．一番上の図は電子相図，ついでそれぞれ，電子比熱係数 γ，電気抵抗の T^2 の係数 A，ホール係数 R_H，残留抵抗 ρ_0 を Se 濃度 x と圧力 P の関数として示してある．圧力と Se 置換効果は化学圧力として 1 GPa は $x=0.15$ に対応している．図中の PI は常磁性絶縁体相，PM は常磁性金属相，AFI は反強磁性絶縁体相，AFM は反強磁性金属相を表す．電子比熱係数は $x=2$ の通常金属相から絶縁体相に向かって大きくなり，AFM 境界で 3 倍にも達する．また，電気抵抗の T^2 の係数も同様な挙動を示し，絶縁体相に近づくに従って，電子の有効質量が大きくなっていくことがわかる．AFM 状態のごく近傍では，図に示していないが，電気抵抗は $T^{1.5}$ の冪に乗り，スピン揺動が強くなっていることが見出されている．AFM 状態に入ると γ，A とも減少するが，これは反強磁性秩序により状態密度が減少したためである．ホール係数 R_H，残留抵抗 ρ_0 とも絶縁体の

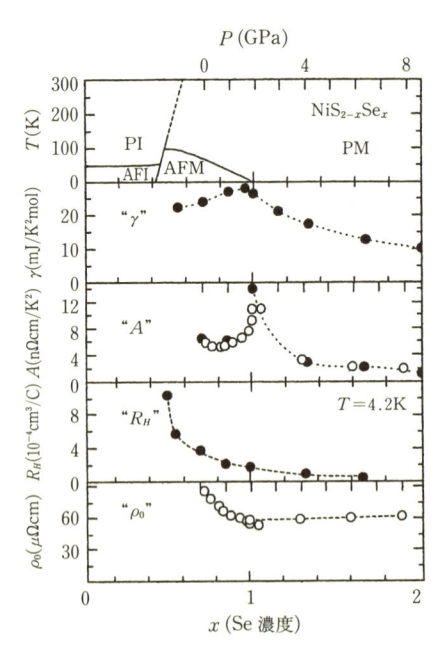

図 3.8 $NiS_{2-x}Se_x$ 系の高圧下の電子相図と比熱係数 γ，電気抵抗係数 A，ホール係数 R_H，残留抵抗値 ρ_0 の圧力と Se 濃度依存性[74]

境界に向かって大きくなっていくのはフェルミ面が小さくなっていくことの現れである．特に残留抵抗 ρ_0 は，$x=0.7$ の試料を加圧して得られたデータをみると，反強磁性金属相で絶縁体相へ向かって値が大きくなっていること，常磁性金属相ではほとんど圧力に依存していないことに注目する必要がある．つまり，常磁性金属相では通常のフェルミ液体の金属でみられるようにキャリヤー数は圧力で変化していない．しかし，反強磁性金属相では絶縁体相に向かってキャリヤー数が極度に減少している．これらの結果は NiS_2 が相関効果によって $d\gamma$ バンドが分裂し，電荷移動型絶縁体となっていることを示している．

モット-ハバード絶縁体として有名な V_2O_3 についても最近，$V_{2-y}O_3$ の金属相について圧力と y を変えて比熱測定が行われているが，両者の挙動は一致していない．試料の問題も含めて，低温での実験がいかに困難であるかを示している．

3.5 ヘビーフェルミオン系物質への高圧効果

一方，磁性の問題は，磁性と伝導性を同時に担っているバンド電子系の場合と同様に，f 電子のように伝導には寄与せず，局在した磁気モーメントをもつ系についての研究へと進んだ．伝導電子と局在したスピンとの相互作用は**ルーダマン-キッテル-糟谷-芳田(RKKY)相互作用**とよばれ，伝導電子を媒介とした磁気秩序や伝導電子に誘起されるスピン密度などが明らかにされ，さらに 1930 年代から低温での異常現象として知られていた微量の磁性金属を含む希釈合金で現れる抵抗極小はこの RKKY 相互作用による近藤効果として 1964 年にその糸口が見出された[75]．抵抗極小はフォノンによる伝導電子の散乱が低温でおさまり，局在スピンによる散乱が生じてくるためである．近藤効果の特性温度を近藤温度，T_K とよび，T_K は伝導電子と局在スピンとの結合の強さを表している．したがって，近藤効果によって引き起こされる物理量，例えば電位抵抗 ρ の温度変化は $\rho=\rho(T/T_K)$ とユニバーサルに表される．希釈合金系の近藤効果に対する高圧下の研究成果は詳細にまとめられている[76]．

さらに興味ある新規な現象が Ce や U を高濃度に含む合金，化合物で見出された．それは重い電子系(ヘビーフェルミオン系)という一群の物質である[77]．

f 電子と伝導電子との相互作用は RKKY 相互作用の大きさ J を通して基本

的に2つの相反する効果を生むことになる．1つは局在したf電子のスピン間の相互作用による磁気秩序の安定化，他方は近藤効果，すなわち，f電子と伝導電子とのエネルギーレベル間の共鳴が強くなりf電子の磁気モーメントが消失することである．伝導電子のバンド幅をWとすると前者はJに対して

$$T_{RKKY} \propto J^2/W \qquad (3.4)$$

後者は

$$T_K \propto \exp(-W/J) \qquad (3.5)$$

の依存性をもつ．一方，Jは

$$J \sim V_{sf}^2/(E_F - E_{4f}) \qquad (3.6)$$

と与えられ，f電子のエネルギーレベルがフェルミレベルに近づいたとき最も大きくなる．これらのパラメーターは圧力にきわめて敏感で，式(3.4)と(3.5)で記述される特性温度は圧力の関数として定性的に図3.9のような依存性を示し，近藤効果とRKKY相互作用の大きさによって磁気転移点T_Nが決まる．さらに，これらの相互作用がほぼ拮抗する領域では量子臨界領域が現れる．この領域近傍ではきわめて異常な磁性と伝導性の絡んだ現象が見出され，連続的にパラメーターを変えることのできる低温・高圧発生技術は，この**ヘビーフェルミオン系**とよばれるCeやU元素を基盤とする化合物での物性研究に威力を発揮してきた．

1979年にヘビーフェルミオン系物質で超伝導を示す$CeCu_2Si_2$が発見され，その後，ウラン化合物などでも同様の現象が見出された．ヘビーフェルミオン

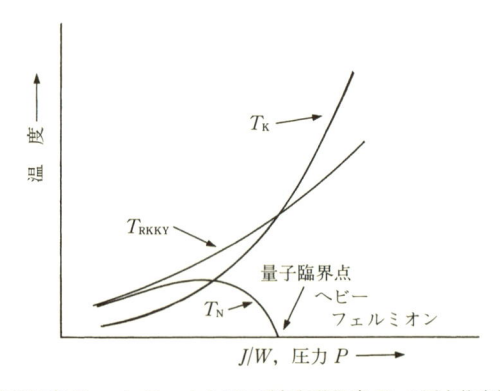

図3.9 特性温度T_{RKKY}とT_K，ならびに磁気転移温度T_Nの圧力依存性の概略図

は，伝導電子と周期的な格子上にある高密度の Ce や U 原子の f 軌道の電子とが相互作用した結果形成される準粒子で，その有効質量が通常の電子の 100〜1000 倍以上も大きいためその名がつけられた．一般に f 軌道にある電子はスピンの自由度が活きているため低温で磁性を示すので，ヘビーフェルミオン系の超伝導は磁性と超伝導性の絡み合った状態となり，超伝導相が 1 つではなく温度や圧力や磁場を変えると別の超伝導相が現れ，通常の BCS 超伝導とは全く異なった異常な挙動を示すことが実験的に明らかとなった．図 3.10 に高圧下における UPt_3 の比熱の測定と，その結果得られた多重超伝導相図を示す[78]．常圧下では超伝導相が 2 つ存在し，約 0.4 GPa で高温の超伝導相は消失する．この不思議な現象は磁場下では 3 つの多重超伝導相を示し[79]，さらに，その性質が結晶の方向に依存する異方的超伝導体であることがわかり，これらの異常な挙動はスピンの自由度の縮退に起因しているであろうことが指摘されている．

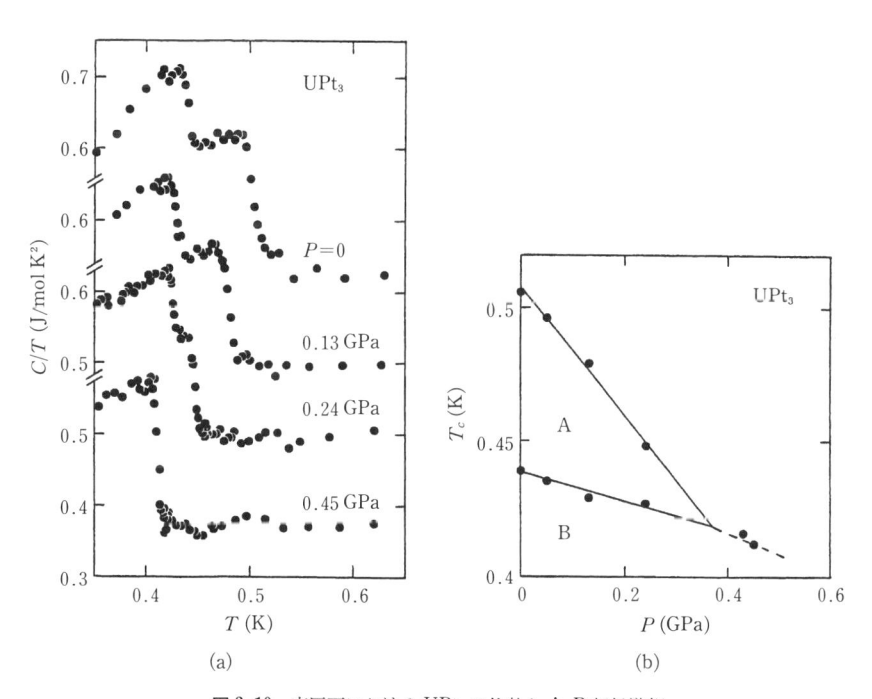

図 3.10 高圧下における UPt_3 の比熱と A, B 超伝導相
(a) C/T vs T, (b) P-T 相図[78]

3.6 酸化物高温超伝導への高圧効果

　酸化物超伝導体の母体は反強磁性を基底状態とするモット-ハバード絶縁体である．すなわち，Cu イオンは 2 価，$3d^9$ でホールが 1 個，スピン 1/2 をもつ．バンドモデルでは金属になるはずの物質である．この絶縁体にキャリヤーを注入すると反強磁性が不安定となり，超伝導が発現する．図 3.11 に種々の物質の超伝導臨界温度に対する圧力効果を示した[80]．圧力に対してそれぞれの物質の臨界温度は多様に変化するが，キャリヤーの少ない（アンダードープ）領域の物質では，一般的にその臨界温度は圧力に敏感できわめて大きく上昇する．高圧下のホール係数の測定からキャリヤー濃度が圧力で変化するものとほとんど変化しないものとが見出された．高温超伝導の機構については発見以来十数年経っているが，現在でも皆が納得するモデルはまだ確立されていない．

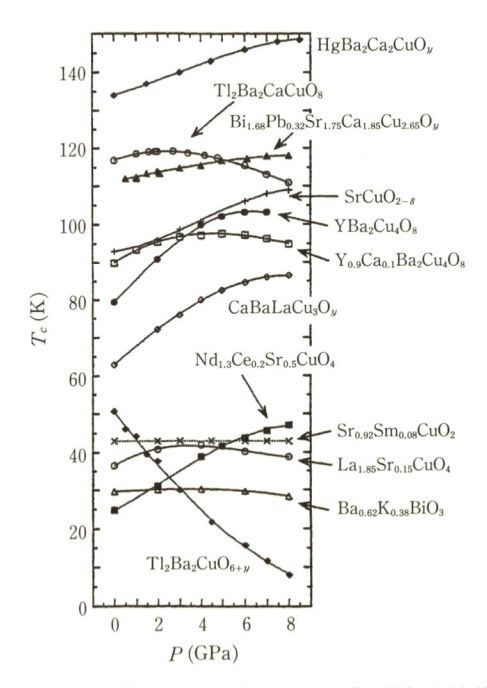

図 3.11　種々の酸化物高温超伝導体の臨界温度に対する圧力効果[80]

しかしそのキーポイントは2次元的配列をしているCu–O$_2$面上のスピンをもったホールが何らかの機構で反強磁性結合からクーパー対へ転移する点である．最近，これらの物質ではキャリヤーの存在するCu–O$_2$面が層状に配列しているので，その面に垂直に応力を加えた場合と水平に応力を加えた場合とで臨界温度の挙動に大きな差異の生じることも明らかとなった[19,81]．すなわち，有機導電体と同じように酸化物高温超伝導体においてもその物性が1軸応力によって大きく変えられることが見出された．これらの成果は高温超伝導の機構解明に重要な知見を与えるであろう．

さらに，酸化物超伝導体の研究での超高圧技術は物性研究のみならず，熱間等方加圧（HIP）や高温超高圧発生装置を用いた新しい物質の合成にもその威力を発揮してきた[82,83]．酸化物高温超伝導体の臨界温度はキャリヤー濃度とCuO$_2$層の枚数に強く依存している．物質を構成する原子は原子ごとに異なった圧縮率をもっており，圧力を制御することで原子の相対的な大きさを変えることができる．この方法を用いると，高圧下では高温超伝導体の層状構造を安定させる原子の種類を増やすことができ，実際，最近では臨界温度が100 Kを超える新しい物質が次々と発見されている．

3.7 分子解離と水素結合への高圧効果

2原子分子や基をもつ分子結晶では，高圧下で結晶構造は変わらずに分子内もしくは分子間で原子位置の変位や分子の回転によって物性が大きく変わることがある．例えばハロゲン分子の固体では，ヨウ素と臭素はそれぞれ圧力とともにバンドギャップは減少し，~16 GPa，~75 GPa以上で金属伝導を示し，低温ではヨウ素も臭素も超伝導体となる．塩素，臭素，ヨウ素と原子番号が大きくなるに従って分子内の結合距離 r_s は 1.98, 2.27, 2.71 Å となるが，これらの値でスケールされた格子定数 $\bar{a}, \bar{b}, \bar{c}$ はスケールされた体積 $V_s = V/8r_s^3$ に対して図3.12に示すようにユニバーサルな曲線にのること，さらには V_s ~1.29まで圧縮されたときにヨウ素と臭素は分子解離を起こすことが見出された[84]．つまり，これらの系では斜方晶の結晶格子が圧力の印加とともに相似形を保ったまま圧縮され，V_s~1.29で決まる臨界圧力でそれぞれ分子解離が生じることになる．この臨界圧力はヨウ素，臭素でそれぞれ~21 GPa，~80

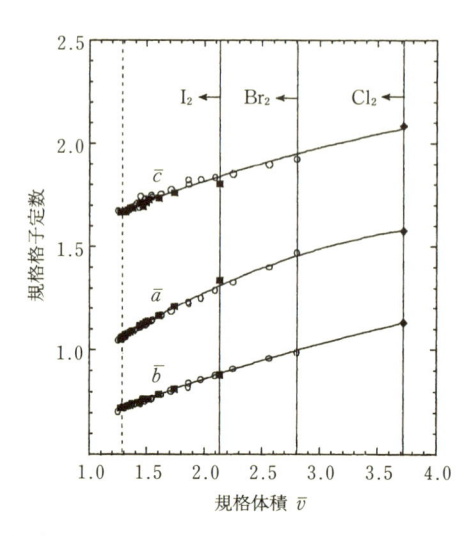

図 3.12 ヨウ素，臭素，塩素固体の分子内結合距離で規格化された格子定数と体積との関係[84]

GPa で観測されているので，塩素では～180±30 GPa と見積もられる．図3.13には固体ヨウ素の b-c 面内での電子分布が圧力でどのように変化するかを示している．1気圧では2原子分子が平面内にジグザグに並んでいるのが明らかにみえるが，圧力の増加とともに隣の分子の原子との間が近づき，15.3 GPa のマップではもはや2原子分子の面影はなくヨウ素原子はほぼ均一に等間隔に近く配列していることがわかる．このように b-c 面内では高圧下で分子解離が起き，2次元的な単原子金属の挙動をとることが明らかとなった．

また，水素結合型強誘電体 KH_2PO_4 と水素を重水素で置換した KD_2PO_4 の低温超高圧下での誘電率の測定から，最近，これらの物質での相転移の機構に新しい問題を提供している[85,42]．

強誘電体は，その相転移が秩序-無秩序型か変位型の，主に2つのグループに分類される．前者は相転移がイオンの個々の位置の秩序に伴っているものであり，後者はプラス，マイナスの部分格子の相対的な変位に伴って起きる．KH_2PO_4 は1気圧下で秩序-無秩序型といわれている．プロトンが水素結合しており，転移温度 (T_c) 以上ではプロトンの2つの位置に等確率で存在し，T_c 以下ではその一方の位置に秩序化している．

誘電率 ε は E を外部電場, $\overline{P}$ を分極率とすると,

$$\varepsilon = 1 + \frac{\overline{P}}{\varepsilon_0 E} \tag{3.7}$$

$$= 1 + \frac{\alpha(T)/v}{\varepsilon_0 - 3\alpha(T)/v} \tag{3.8}$$

ここで ε_0 は真空の誘電率, $\alpha(T)$ は単位胞の分極率, v は単位砲の体積である.

秩序-無秩序型相転移の場合, 分極率の温度変化はキュリー–ワイス則から

$$\alpha(T) = \alpha_e + a/T \tag{3.9}$$

で与えられる.

ここで, α_e は温度に依存しない分極率, a はダイポールモーメントの大きさの2乗に関係する. 式 (3.8) と式 (3.9) から誘電率の発散する温度を相転移温度 T_c とすると

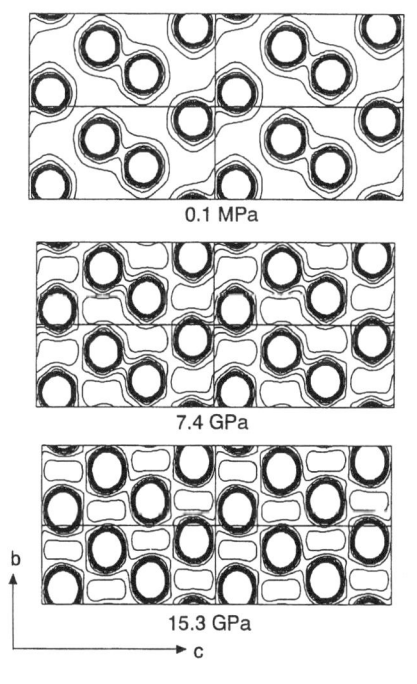

図 3.13　0.1 MPa, 7.4 GPa, 15.3 GPa における固体ヨウ素の b-c 面内での電子分布[85]

$$T_c = \frac{a}{3v\varepsilon_0(1-\alpha_e/3v\varepsilon_0)} \quad (3.10)$$

となる.

一方,変位型では相転移温度に向かって特定の光学フォノンモード ω_s がソフト化 ($\omega_s=0$) を引き起こす. この場合,分極率は

$$\alpha(T) = \frac{\xi}{\omega_s^2} \quad (3.11)$$

で与えられ, $\omega_s = \omega_0 + \beta T$ とおくと,

$$T_c = \left(\frac{\xi}{3\varepsilon_0 v} - m\omega_0^2\right)\frac{1}{\beta} \quad (3.12)$$

が得られる. ここで, ξ は単位砲の振動子強度と有効電荷,有効質量に関係した量であり, β は原子変位を調和項と非調和項ポテンシャルで記述したときの係数の比に対応する. $m\omega_0^2$ はモードのバネ定数で,ダイポール間の距離を r とすると r^{-6} より強い距離依存性を示す.

T_c の圧力依存は式(3.11), (3.12)から $v \sim r^3$ を考慮すると,一般的に秩序-無秩序相転移では $dT_c/dP > 0$, 変位型では $m\omega_0^2$ の圧力効果が大きいので $dT_c/dP < 0$ となることが期待される.

測定される誘電率の温度変化は秩序-無秩序型の場合も変位型の場合にも高温でキュリー-ワイス則

$$\varepsilon = \varepsilon_\infty + \frac{C}{T-T_c} \quad (3.13)$$

に従う.

秩序-無秩序型では式(3.9)と(3.13)から

$$C = \frac{a}{\varepsilon_0 v(1-\alpha_e/3v\varepsilon_0)} \quad (3.14)$$

式(3.11)と(3.13)から変位型では

$$C = \frac{\xi}{v\beta\varepsilon_0} \quad (3.15)$$

となる.

キュリー-ワイス定数 C の圧力効果は秩序-無秩序型では式(3.10)と式(3.14)を比べると $C \sim T_c$ であるので, T_c の圧力効果と同様な変化が期待できる. 一方,変位型では式(3.15)でわかるように圧力効果は T_c とは関係なく単位砲の体積 v の変化を通して

$$\frac{1}{C}\frac{dC}{dP} \sim -\frac{1}{v}\frac{dv}{dP} = \kappa \quad (3.16)$$

となり，圧縮率 κ 程度のわずかな変化である．

図3.14には KD_2PO_4 の誘電率 ε から温度変化しない定数 ε_∞ を引いた $(\varepsilon-\varepsilon_\infty)$ の逆数を温度の関数としてプロットしている．高温では式(3.13)によくのっていることがわかる．KH_2PO_4 と KD_2PO_4 についてキュリー-ワイス定数とキュリー温度についてプロットしたのが図3.15，図3.16である．KH_2PO_4 は秩序-無秩序型といわれているが，$dT_c/dP<0$ となり，T_c は約1.7GPaで消失するが，C は T_c の臨界圧力前後でほとんど変化しない．あたかも変位型の挙動を示している．一方，KD_2PO_4 については T_c は KH_2PO_4 と同様に圧力とともに減少し，臨界圧力は約6.3GPaである．キュリー-ワイス定数 C は3GPaまでは T_c と同様に圧力とともに減少し，それ以上の圧力領域では圧力に対して変化しない．すなわち，KD_2PO_4 は3GPaまでは秩序-無秩序型の挙動を示し，それ以上の圧力では変位型の挙動に移行していると考えられる．1気圧下では KH_2PO_4 と KD_2PO_4 の相転移はともに秩序-無秩序型に分類されているが，上記の実験結果から高圧下で T_c が低下し，変位型へ移行するとすれば従来秩序-無秩序相転移現象で問題となっていた熱力学第三法則の破綻に関しては解決をみることになる．熱力学の第三法則によると絶対零度ではエントロピーはゼロにならなければならない．つまり，無秩序状態のまま絶対零度になることは許されない．したがって，秩序-無秩序相転移温度 T_c がゼロとなっ

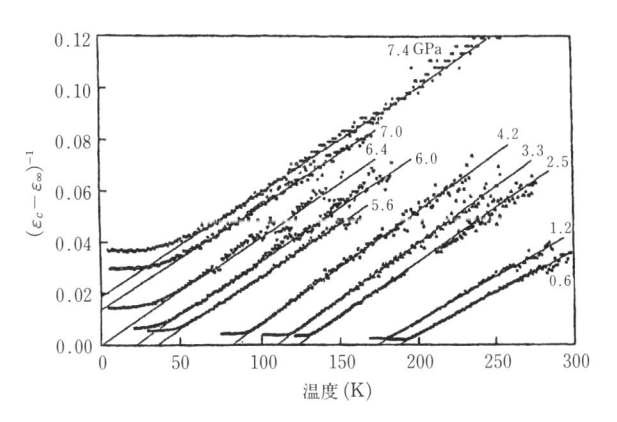

図3.14 KD_2PO_4 の誘電率 $(\varepsilon-\varepsilon_\infty)$ の逆数と温度依存性[42]

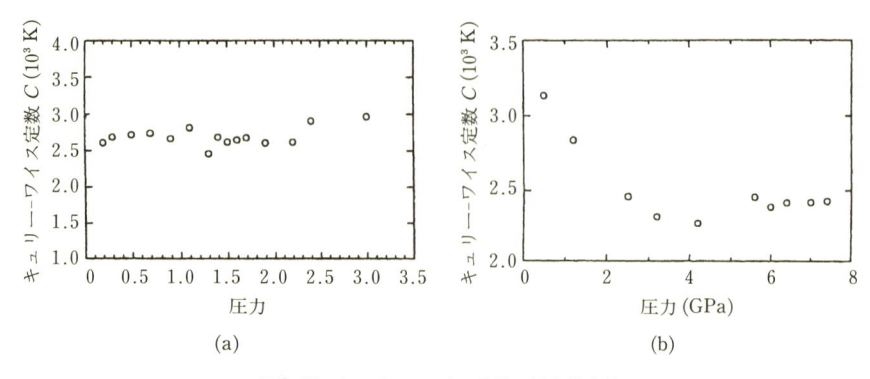

図 3.15 キュリー-ワイス定数の圧力依存性
(a) KH_2PO_4, (b) KD_2PO_4[42)]

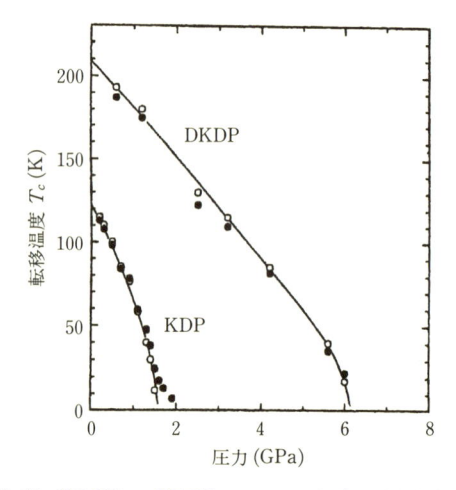

図 3.16 KH_2PO_4 と KD_2PO_4 のキュリー温度の圧力依存性[42)]

た臨界圧力以上の圧力領域では熱平衡状態になっていないガラスのような準安定相が実現していると考えられていた．

　一方，変位型相転移を示す典型的な強誘電体 $BaTiO_3$ の常誘電相と強誘電相との T_c は圧力に対して

$$T_c \propto (P-P_c)^{1/n} \tag{3.17}$$

とプロットすると高温では臨界指数 $n=1$ となり，ランダウ-デヴォンシャー (Landau-Devonshire) の古典論の範疇で説明できるが，200 K 以下では $n=2$

となって量子効果が現れていることが見出されている[86]．すなわち，格子振動モードは低温になるに従って量子ゆらぎの影響を受け，誘電的性質も量子効果が重要になってくることを示唆している．

最近，超高圧下で氷のVII相とVIII相（図3.17）の研究が進んだ結果，以下のことが明らかにされた[87]．氷は典型的な水素結合で結ばれた分子結晶である．VIII相ではプロトンはとりうる2つの位置の1つを規則的に占め，VIII相からVII相への転移は水分子の配向の秩序-無秩序転移であり，反強誘電相-常誘電相転移であると理解されている．プロトンの平衡位置は水素結合軸に沿った2つの極小ポテンシャルで表されるが，高圧下ではそれらのポテンシャル間の障壁が低くなって量子力学に従ってトンネル効果を起こすようになり，ついには水素結合の対称化が起こり，ポテンシャルは1つの極小だけとなる．したがって，高圧下では常誘電相で秩序-無秩序型から変位型へとクロスオーバーを起こし，臨界圧力以上の圧力領域では水分子は分子解離を起こし，対称氷とよばれる状態になっている．室温で対称化を起こす圧力はH_2Oで55 GPaであるが，重水D_2Oでは68 GPaと高圧側に大きくシフトしており，同位元素効果が大きく，相転移機構に量子効果が関与していることを示唆している．

一方，KH_2PO_4のT_cは1気圧下において123 Kであるが，重水素置換したKD_2PO_4のT_cは213 Kとおよそ2倍となっている．この事実は，水素原子を重水素原子に変えたときに期待される化学圧力の効果と逆の効果である．すなわち，相転移機構に関与しているのは電子ではなくプロトン原子核が重要な役

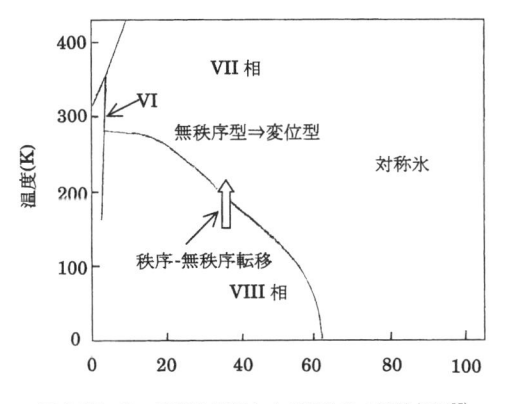

図3.17　氷のVII相とVIII相および対称氷の概略相図[87]

割をしていることを示している．つまり，この異常な同位元素効果もドブロイ波の質量依存性を含む量子効果によるものと考えられている．

　以上のように，水素結合をもつ誘電体の相転移の低温高圧下での研究は典型的な相転移機構である秩序-無秩序型と変位型との間の関係に新しい見方を提唱し，さらにフォノンのソフト化に伴う構造相転移に果たす量子効果の役割の重要性を指摘している．

［毛利信男］

参 考 文 献

1) 前野紀一，福田正巳編：基礎雪氷学講座 I（古今書院，1986）
2) C. Kittel : "*Introduction to Solid State Physics*", 5th edition (John Wiley & Sons, Inc., 1976)
3) D. L. Decker : *J. Appl. Phys*. **36** (1965) 157 ; *ibid*. **42** (1971) 3239.
4) P. Vinett, J. R. Smith, J. Ferrante, J. H. Rose : *Phys. Rev*. **B 35** (1987) 1945 ; H. Schlosser, J. Ferrante : *ibid*. **37** (1988) 4351.
5) 金子武次郎：超高圧，実験物理学講座18，箕村 茂編（共立出版，1988）
6) N. F. Mott and H. Jones : "*The Theory of the Properties of Metals and Alloys*" (Oxford University Press, 1936)
7) 日本材料学会・高圧力部門委員会編：高圧実験技術とその応用（丸善，1969）
8) 箕村 茂編：超高圧，実験物理学講座18（共立出版，1988）
9) 毛利信男：基礎技術II，物性物理学講座2，本河光博，三浦 登編（丸善，1999），第4章.
10) 毛利信男：基礎技術II，物性物理学講座12，本河光博，三浦 登編（丸善，2000），第3章.
11) B. Crossland and I. L. Spain : "*High Pressure Measurement Techniques*", ed. G. N. Peggs (Applied Science Pub. London, 1983) p. 334.
12) P. J. Kujawinski and R. D. Stradling : *High Pressure Research* **5** (1990) 883-885.
13) M. I. Eremets : "*High Pressure Experimental Methods*" (Oxford Science Publications, 1996)
14) 松本武彦；高圧物性セミナー21（東京大学物性研究所，2001）p. 7.
15) 上床美也ほか：高圧物性セミナー21（東京大学物性研究所，2001）p. 6.
16) I. R. Walker : *Rev. Sci. Instrum*. **70** (1999) 3402.
17) K. Murata, H. Yoshino, H. O. Yadav, Y. Honda and N. Shirakawa : *Rev. Sci. Instrum*. **68** (1977) 2490.
18) 毛利信男，高橋博樹：日本高圧力協会誌 **28** (1990) 124-133；毛利信男，高橋博樹，宮根裕司：固体物理 **25** (1990) 185-191.
19) F. Nakamura, S. Sakita, T. Fujita, H. Takahashi and N. Mori : *Physica* B **239** (1997) 118-122.
20) 鹿児島誠一，前里光彦，加賀保行，近藤隆祐：日本物理学会誌 **54** (1999) 969.
21) J. D. Barnett, S. Block and G. J. Pierma rini : *Rev. Sci. Instrum*. **44** (1973) 1.
22) G. J. Piermarini, S. Block, J. D. Barnett and R. A. Forman : *J. Appl. Phys*. **46** (1975) 2774.
23) R. Hemley, C. S. Zha, A. P. Jephcoat, H. K. Mao and L. W. Finger : *Phys. Rev*. B **39** (1989) 11820.

24) C. A. Swenson : "*Physics at High Pressure*" (Academic Press, New York, 1960) ; I. B. Berman, N. B. Brandt and N. I. Ginsburg : *Soviet Physics JETP* **53** (1967) 125-133.
25) R. A. Noack and W. B. Holzapfel : "*High Pressure and Technology*", ed. K. D. Timmerhaus and M. S. Marber, 1 (Plenum Press, New York, 1978) pp. 748-753.
26) 藤久裕司, 青木勝敏：日本高圧力学会誌 **8** (1998) 4-9.
27) 藤久裕司, 藤井保彦, 竹村謙一, 下村　理, 青木勝敏：日本高圧力学会誌 **5** (1996) 156.
28) 田村剛三郎, 乾　雅祝：固体物理 **34** (1999) 199.
29) 片山芳則：日本高圧力学会誌 **4** (1995) 42-48.
30) 屋代　恒, 田口武慶, 栗山　隆, 澤野成民, 毛利信男：日本高圧力学会誌 **10** (2000) 173 ; 大澤治武, 大橋政司, 竹下　直, 毛利信男：*idid*. **10** (2000) 174.
31) D. Bloch and J. Paureau : "*High Pressure Chemistry*", ed. H. Kelm (D. Reidel Pub. Co., 1978) pp. 111-126.
32) 小野寺昭史：日本高圧力技術協会誌 **30** (1992) 301-310.
33) I. N. Goncharenko and I. Mirebeau : *Rev. High Pressure Sci. Technol*. **7** (1998) 475.
34) 長壁豊隆, 舘　紀秀：日本高圧力学会誌 **10** (2000) 29.
35) 永田潔文：日本高圧力学会誌 **8** (1998) 25-32.
36) 佐々木重雄, 久米徹二, 清水宏晏：日本高圧力学会誌 **8** (1998) 17-24.
37) 黒田規敬：基礎技術II, 物性物理学講座 12, 本河光博, 三浦　登編 (丸善, 2000), 第3章.
38) 坂下真実, 山脇　浩, 青木勝敏：日本高圧力学会誌 **8** (1998) 33-40.
39) M. Yamada and V. H. Schmidt : *Rev. Sci. Instrum*. **49** (1978) 1226.
40) A. Lavergne and E. Whalley : *Rev. Sci. Instrum*. **50** (1979) 962.
41) T. Ishidate, S. Abe, H. Takahashi and N. Mori : *Phys. Rev. Lett*. **78** (1997) 2398.
42) 遠藤将一, 出口　潔：日本高圧力学会誌 **10** (2000) 12-17.
43) Y. Sekine, S. K. Ramasesha, H. Takahashi and N. Mori : *Rev. High Pressure Sci. Technol*. **7** (1998) 629-631.
44) J. Tang, T. Matsumoto and N. Mori : *Rev. High Pressure Sci. Technol*. **7** (1998) 1496-1498.
45) T. Matsumura, T. Kosaka, J. Tang, T. Matsumoto, H. Takahashi, N. Mori and T. Suzuki : *Phys. Rev. Lett*. **78** (1997) 1138-1141.
46) N. Mori, T. Nakanishi, M. Ohashi, N. Takeshita, H. Goto, S. Yomo and Y. Okayama : *Physica* B **265** (1999) 263-267.
47) T. Nakanishi, N. Motoyama, H. Mitamura, N. Takeshita, H. Takahashi, H. Eisaki, S. Uchida, T. Goto, H. Ishimoto and N. Mori : *J. Magn. Magn. Materials*, **226-230** (2001) 449-451.
48) N. Nakanishi, N. Takeshita and N. Mori : *Rev. Sci. Instrum*. to be published.
49) J. Wittig, and C. Probst : "*High Pressure and Low Temperature Phys*", eds. C. W. Chu and J. A. Woollam (Plenum Press, New York, 1983) pp. 433-442.
50) D. Jaccard, E. Vargoz, K. Alami-Yadri and H. Wilhelm : *Rev. High Pressure Sci. Technol*. **7** (1998) 412-418.
51) 清水克哉：日本高圧力学会誌 **8** (1998) 41-48.

52) 藤原　浩, 門松秀與：超高圧, 実験物理学講座 18, 箕村　茂編 (共立出版, 1988) pp. 261-309.
53) J. Jonas : "*High Pressure Chemistry*", ed. H. Kelm (D. Reidel Pub. Co., 1978) pp. 65-111.
54) W. E. Price and H. D. Ludemann : "*High Pressure Techniques in Chemistry and Physics*", eds. W. B. Holzapfel and N. S. Isaacs (Oxford Univ. Press, New York, 1997) pp. 225-265.
55) J. D. Barnet, S. D. Tyagi and H. M. Heison : *Rev. Sci. Instrum.* **49** (1978) 348-355.
56) W. Holzapfel : "*High Pressure Techniques in Chemistry and Physics*", eds. W. B. Holzapfel and N. S. Isaacs (Oxford Univ. Press, New York, 1997) pp. 110-117.
57) K. Koyama, S. Hane, K. Kamishima and T. Goto : *Rev. Sci. Instrum.* **69** (1998) 3009-3014.
58) Y. Uwatoko, T. Hotta, E. Matsuoka, H. Mori, T. Ohki, J. L. Sarrao, J. D. Thompson, N. Mori and G. Oomi : *Rev. High Pressure Sci. Technol.* **7** (1998) 1508-1510
59) M. Ishizuka and S. Endo : *Rev. High Pressure Sci. Technol.* **7** (1998) 484-486.
60) 河江達也, 美藤正樹, 竹田和義：固体物理 **34** (1999) 237-244.
61) J. Eichler and W. Gey : *Rev. Sci. Instrum.* **50** (1979) 1445-1452.
62) 高柳　滋, 毛利信男, 松本武彦：日本高圧力学会誌 **10** (2000) 26.
63) 梅尾和則：日本高圧力学会誌 **10** (2000) 27.
64) S. Minomura and H. G. Drickamer : *Phys. Chem. Solids* **23** (1963) 451. ; S. Minomura, G. A. Samara and H. G. Drickamer : *J. Appl. Phys.* **33** (1962) 3196.
65) D. Adler : "*Critical Phenomena in Alloys, Magnets and Superconductors*", eds. R. E. Mills, E. Asher and R. I. Joffee (McGraw-Hill, New York, 1971)
66) K. J. Dunn and F. P. Bundy : *J. Appl. Phys.* **51** (1980) 3246.
67) 間瀬正一：固体物理 **9** (1974) 59.
68) A. W. Overhauser : *Phys. Rev.* **126** (1962) 517 ; *ibid.* **128** (1962) 1437.
69) D. B. McWhan and T. M. Rice : *Phys. Rev. Lett.* **19** (1967) 846.
70) W. M. Lomer : *Proc. Phys. Soc. Lond.* **80** (1962) 489.
71) 鹿児島誠一, 三本木孝, 長澤　博：一次元電気伝導体 (裳華房, 1988)
72) H. Fukuyama : *Rev. High Pressure Sci. Technol.* **7** (1998) 465.
73) D. Jaccard, H. Willhelm, D. Jerome, J. Moser, C. Carcel and J. M. Fabre : *J. Phys. Cond. Matter* **13** (2001) L89.
74) Y. Yasui, H. Sasaki, M. Sato, M. Ohashi, Y. Sekine, C. Murayama and N. Mori : *J. Phys. Soc. Jpn.* **68** (1999) 1313-1320.
75) 芳田　奎：磁性 II, 物性物理学シリーズ 3 (朝倉書店, 1972)
76) J. S. Schilling : *Adv. Phys.* **28** (1979) 657-714.
77) 上田和夫, 大貫惇睦：重い電子系の物理 (裳華房, 1998)
78) T. Trappmann, H. v. Lohneysen and L. Taillefer : *Phys. Rev.* B **43** (1991) 13714.
79) A. de Visser, N. H. van Dijk, K. Bakker and J. J. M. Franse : *Physica* B **186-188** (1993) 212-217.
80) H. Takahashi and N. Mori : "*Studies of High temperature Superconductors*", Vol. 6 (Nova Science Publishers, Inc., 1996) pp. 1-63.

81) T. Goto, F. Nakamura and T. Fujita : *J. Phys. Soc. Jpn.* **68** (1999) 3074-3077.
82) S. Adachi, T. Tatsuki, T. tamura and K. Tanabe : *Chem. Mater.* **10** (1998) 2860.
83) 室町英治：応用物理 **68** (1999) 397-407.
84) 藤久裕司，藤井保彦，竹村謙一，下村　理，青木勝敏：日本高圧力学会誌 **5** (1996) 156.
85) 徳永正晴：日本高圧力学会誌 **10** (2000) 4.
86) T. Ishidate, S. Abe, H. Takahashi and N. Mori : *Phys. Rev. Lett.* **78** (1997) 2397.
87) 青木勝敏：日本物理学会誌 **54** (1999) 257.

III. 走査プローブ顕微鏡

　ナノスケールでの科学や技術の展開が叫ばれる中，微小な空間を舞台にして原子や分子などの構成要素を自在に操って構造を制御し，物性を明らかにしたり，新しい機能を実現することが実際に可能になってきた．また，半導体の微細加工技術と生体分子のもつ多様な機能を組み合わせて新しい機能をもつ素子を創製するなど，これまでの分野の枠組みを超えた多くの新しい試みが進められている．

　走査プローブ顕微鏡は，極低温，高温，高磁場，超高真空，超高圧，溶液中など異なる環境の中で，単一分子や微細な量子構造を対象として，物理，化学的情報を得ることが可能なだけでなく，原子，分子レベルでの操作が可能な顕微鏡で，ナノスケール科学の研究において，今後も重要な役割を担うものと期待されている．本編では，こうした技術への理解といっそうの展開が可能となるよう，走査プローブ顕微鏡の仕組みと極限計測の現状について，幅広い分野の例をもとに詳しく紹介する．

　1章では，まず走査プローブ顕微鏡の全体を概観し，続いて2章で，顕微鏡として大切な各種分解能について述べる．3章では，極限計測の現状と可能性を先端の仕事を例として詳細に説明し，4章では原子や分子を対象としたマニピュレーション，最後にその他の注目すべき手法について5章にまとめてある．

1

走査プローブ顕微鏡とは

　ナノスケール（1 nm＝10^{-9}m）の世界で構造を制御し，目的とする機能（物性）を実現したり，全く新しい機能を創製する試みが進められている．しかし，対象が微細化・精密化するにつれ，構成要素（例えば単一分子）のわずかな個性の差異により，実現される機能のすべてが決定されるといった状況が引き起こされる．したがって，今後の展開のためには，構成要素の物性を，複数の要素の平均的な情報から得られる物性と区別することに加え，個々の要素の中で，原子スケールの局所構造と発現する物性の関係を正しく理解，評価する技術の確立が必要不可欠となる．こうした技術として最も有望な手法の1つと考えられる走査プローブ顕微鏡の解説が本編の目的である．

　1980年代初期，IBMのグループにより，固体表面の構造を原子レベルで観察できて，しかも，1つ1つの原子や分子を操作できる画期的な手法が開発された．トンネル効果を利用した**走査トンネル顕微鏡**（scanning tunneling microscope；**STM**）である．その後，STMの原理を利用した一連の装置が開発されたが，これら手法は総称して**走査プローブ顕微鏡**（scanning probe microscope；**SPM**）とよばれている．同技術の進展により，現在では，単一原子・分子レベルの分解能でさまざまな物性を対象とした研究を展開することが可能になっている．

　SPMでは，図1.1のように，先端の鋭い探針をプローブとして用い，探針直下の試料の情報を取り出す仕組みになっている．探針-試料間の空間的な関係は，圧電素子（ピエゾ素子）を用いて，探針か試料をオングストローム（1Å＝0.1 nm）以下の尺度で高精度に制御することによって行われる．得られる情報は，探針で取り出される信号の種類に依存し，多くのプローブ顕微鏡が実現されている．

1. 走査プローブ顕微鏡とは

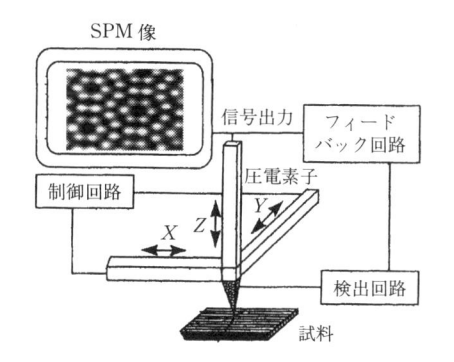

図1.1 走査プローブ顕微鏡の模式図

　STMの場合，電解研磨などの方法で先端を尖らせた金属探針を，導電性の試料表面から1nm程度の距離に近づけ，探針-試料間に1V程度の電圧をかけると，トンネル効果により1nA程度のトンネル電流が流れる．トンネル確率は，探針-試料間の距離に指数関数的に依存するため，測定されるトンネル電流には，探針先端と，その真下の試料表面との間でのトンネル遷移が主に寄与することになる．したがって，探針先端が原子レベルの構造であれば，関与する試料の領域も，原子スケールの非常に狭い領域に限られ，原子スケールの空間分解能が実現される．

　圧電素子などを用いて探針を制御し，探針の高さ(圧電素子の延び)を一定に保ちながら試料表面を2次元的に走査して，それぞれの場所に対応するトンネル電流の大きさを取り込んで表示すれば，試料表面のトンネル電流強度の分布を示す像が得られることになる(高さ一定像，current像)．また，トンネル電流が一定になるように，試料に垂直方向の圧電素子にフィードバックをかけて表面を走査し，フィードバックによる補正電圧を圧電素子の延びに換算して表示すれば，それぞれの場所においてトンネル電流を一定にする探針-試料間の距離を表面の起伏として画像化(電流一定像，topographic像)できることになる．

　後の章で述べるように，試料と垂直方向に探針を微小に振動させ，トンネル電流の変化分(微分信号)を測定すれば，探針-試料間の局所的なポテンシャル構造や静電容量を，また探針に磁性材料を用いれば，試料表面の磁気的な性質を解析することも可能である．

一方，SiN などを非常に柔らかいバネとして用い，試料表面との間に働く微小な力を測定するものを，**原子間力顕微鏡**(atomic force microscope；**AFM**)とよび，トンネル電流を必要としないことから，絶縁体を対象とした観察も可能になる．力の2次元的な分布を表示すれば，原子間力の空間分布像が得られるが，STM 同様，原子スケールの分解能も実現されている．最近では，AFM を用いて，単一分子の弾性定数などの力学的な特性や，試料との相互作用によるエネルギーの散逸を評価することなども可能になった．探針の種類を変えれば，異なる材質の探針と試料の相互作用を評価できるが，より積極的に，例えば探針と試料表面に抗原・抗体など，特定の分子を化学修飾し，これら分子間相互作用の解析を単一分子レベルで行うことも進められている(**化学力顕微鏡**, chemical force microscope；**CFM**). 分子の組み合わせにより相互作用が異なることを利用すれば，分子認識も可能になる．したがって，少し大きな分子が対象であれば，試料分子の詳しい構造を考慮して，探針を化学修飾する分子を選択することにより，試料分子の中で，特定の局所構造の配位を観察することも可能になる．

　光をプローブ信号とするものでは，探針から試料に注入されたトンネル電子がエネルギーの低い状態に緩和する際の発光をとらえたり(**光 STM**, photon-STM)，エバネッセント光や近接場光を利用して高い空間分解能を実現する**近接場光学顕微鏡**(scanning near-field optical microscope；**SNOM**, NSOM ともよばれる)も開発されている．

　物質の性質を調べるには，外部から何かしらの摂動を加えて応答をみることになるが，SPM は，極低温，高温，高磁場，超高真空，溶液中と異なる環境の下での測定が可能であるため適用範囲は広い．

　一方，SPM の探針と試料表面原子・分子との相互作用を利用して，表面の原子や分子を操作することも可能である．この方法で作製した人工的な微小構造により電子波の散乱を調べたり，単一分子レベルでの化学反応の制御・評価などの研究が進められている．

　本章でみてきたように，ナノスケールの科学・技術の研究を進める上でSPM は非常に有力な手法である．しかし，今後の展開のためには，SPM 自体に新たなブレークスルーが必要であることも確かであり，そのためにはSPM の原理や手法について統一的に理解することが重要となる．そこで，本

書では，個々の材料に固有な解析の詳細は他書に譲り，極限測定法としての観点から，SPM の手法・実験技術としての可能性を中心に基礎から詳しく説明する．

2

走査プローブ顕微鏡と分解能

 顕微鏡である以上,空間的な分解能が重要な要素であるが,ここでは第1章で述べたいくつかの顕微鏡について,得られる情報を含めた基本的な分解能について説明する.

2.1 空間分解能

 空間分解能は,第1章で述べた探針を操作する精度の他に,各種顕微鏡のプローブ信号に関わる領域の広さによって決まることになる.

 1) 電流をプローブとした場合 STMでは探針-試料間を流れるトンネル電流を測定の対象とする.図2.1は,試料と探針を含む電子状態を模式的に示したもので,横軸は試料表面に垂直方向の距離,縦軸が電子のエネルギーに対応する.温度は0Kとし,電子はフェルミ準位まで存在して,斜線部が電子の占有状態を表している.ここで,ϕ_t, ϕ_s は探針および試料の仕事関数.z, V は探針-試料間の距離と探針-試料間に印加されているバイアス電圧である.理論の詳細は省略し,ここでは,WKB近似による基本概念を説明する.

 トンネル電流 I_t は,探針先端および試料表面の電子状態密度 ρ_t, ρ_s,探針-試料間を遷移するトンネル確率 T の積に依存し,

$$I_t \propto \int_0^{eV} \rho_t(E-eV) \cdot \rho_s(E) \cdot T(z, E, eV) dE \tag{2.1}$$

$$T(z, E, eV) = \exp\left(-\frac{2z\sqrt{2m}}{\hbar}\sqrt{\frac{\phi_t+\phi_s}{2}+\frac{eV}{2}-E}\right) \tag{2.2}$$

と表される.式(2.1)は,バイアス電圧により探針の占有準位から試料の非占有準位に流れるトンネル電流の総和を表している.バイアス電圧がゼロのと

2.1 空間分解能

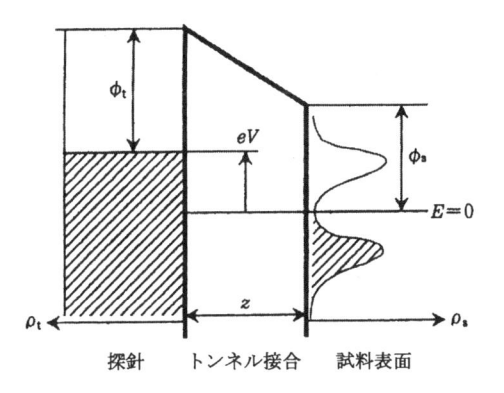

図 2.1 STM探針-試料のエネルギー準位図

き，探針と試料のフェルミ準位は一致しトンネル電流は現れない．遷移確率 T をみると $E=eV$，すなわち，電子のエネルギーが最大のところで最大値 $T(z, eV, eV)$ をとる．バイアス電圧を反転させると，トンネル電流は，試料の占有準位から探針の非占有準位に流れる．したがって，探針の電子状態がわかっていれば，バイアス電圧を変化させることにより，試料のフェルミ準位近傍の占有状態，非占有状態に関する情報をあわせて得ることができる．

テルソフ (Tersoff)，ハマン (Hamman) は，探針の先端を球状の構造に仮定し，バイアス電圧が小さいとき，探針の半径を R として，

$$\frac{dI}{dV} \sim 0.1 R^2 \exp\left(\frac{2R}{\lambda}\right) \cdot \rho_s(r, E_F) \qquad (2.3)$$

を導いた[1]．ここで，$\lambda = \hbar/\sqrt{2m\phi}$, $\phi = (\phi_t + \phi_s)$, $\rho_s(r, E_F)$ は球状に近似した探針中心 r における試料表面電子のフェルミ準位 E_F における状態密度である．式 (2.3) は，バイアス電圧 V が小さいとき，トンネルコンダクタンスが $\rho_s(r, E_F)$ に比例することを示しており，トンネル電流を一定に保つようにして試料表面を走査すれば，試料表面における電子状態密度一定の面（**電流一定像，topographic 像**）が求まることになる．さらに，試料表面からの距離に対する指数関数的な減衰を考慮して，STMにより再現される凹凸の大きさ Δ は，

$$\Delta = 2\lambda \exp(-\beta z) \Delta_0 \qquad (2.4)$$

と表される．ここで，$\beta = (1/4)\lambda G^2$, Δ_0 は試料表面の電子状態密度の凹凸の大

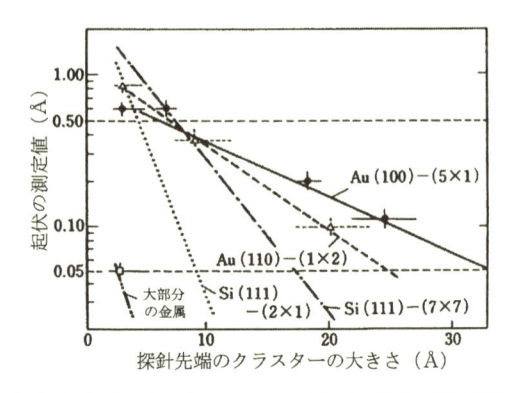

図2.2 探針先端の原子クラスター径と表面起伏の測定値[2]

きさで，G は表面の周期構造に対する逆格子ベクトルである．表面の周期構造が小さければ，逆格子ベクトルは大きくなり，式(2.4)から凹凸が小さくなって，STM による観察が難しくなることがわかる．

実験的には，電界イオン顕微鏡(field ion microscope ; FIM)を用いて，探針先端の原子の数を制御し，実際に探針先端クラスターの半径と分解能との関連が確認されている(図2.2)[2]．また最近，詳細な計算も行われ，探針先端部が単一原子からなるときは，上記仮定が正確に成り立つことも示されている[3]．したがって，構造の評価を正しく行うためには，理想的には探針の先端に孤立した単一の原子が存在している構造が望ましく，必要であればFIMを用いて電界蒸発により制御することが可能である．しかし，実際にはこうした制御をすることは少なく，最も試料に近い原子が関与することから，機械的研磨や電解研磨によるだけで十分な分解能が得られている．

多くの場合，電子の状態密度は原子の近くで大きな値をとるので，得られたトンネル電流の大きさの2次元的な分布は原子位置に対応することが多く，"原子が見える"ことになる．しかし，実際は試料表面の**局所状態密度**(local density of states ; **LDOS**)に対応した像を得ているため，例えば電子密度が原子位置以外の場所で大きければ，その場所でのトンネル電流が大きくなる．したがって，STM 像として常に"原子が見える"わけではないので注意する必要がある．

STM を用いて LDOS 以外の情報を得る試みも多くある．例えば，高さ ϕ

2.1 空間分解能

の障壁を通過するトンネル電流は $I_t \propto \exp(-2z(\sqrt{2m\phi}/\hbar))$ と表されるから，距離に依存した微分信号を測定すると，$\phi = 0.925[d(\ln I)/dz]^2$ として局所的なトンネル障壁の高さが求まる．トンネル電流を利用する計測であれば，上記STMの解析と同様に，さまざまな局所情報を原子スケールで取り出すことが可能である．

一方，トンネル電流ではなく，例えば，変位電流を測定することにより探針-試料間の静電容量の解析が可能であるが，この場合は，空間分解能は探針の形状に依存し，〜μm程度の分解能しか得られない．これは，トンネル電流と異なり，探針による電界が空間的に緩やかに減衰するためである．

2) その他のプローブの場合　AFMでは，探針と試料の間の相互作用を測定する．力の測定が高精度で，探針先端の単一原子と試料表面の単一原子の間の相互作用が直接計測されれば原子尺度の空間分解能をもつことが期待される．実際，測定法が改良され，**非接触原子間力顕微鏡**(noncontact AFM；**nc-AFM**)などの開発により，STMと同じく，原子レベルの空間分解能が得られている[4〜6]．これは，2.3節で説明するように，試料表面との力学的相互作用を非破壊で正確に測定することが可能になったためである．しかし，力としては，共有結合，ファンデルワールス力，静電気力など複雑な相互作用が存在し，探針も有限の大きさをもつため，正確な取り扱いには注意が必要である．

CFM (化学力顕微鏡) では，試料と探針との間に形成される分子結合の数を1つにすることによって，1分子単位の解析を可能にしている．この場合，探針の形状に加えて，探針表面に吸着させる分子の密度を下げることが重要になる．実際には，カーボンナノチューブを探針として用いたり，結合に関与しない他の分子を共吸着 (一緒に吸着) させることが行われている．

STM発光では，注入したトンネル電子が緩和する際に発光する光を解析する．注入時はトンネル電流であるから，探針直下の空間分解能をもつ．実際，Au表面のプラズマ振動との相互作用において，原子レベルの分解能が得られている[7]．また分子では，部分的に酸化・還元されたアルカンチオールの異なるドメイン領域境界からの発光特性が〜2 nmの分解能で得られたり[8]，異なる吸着配置にある単一分子からの発光スペクトルが測定されている[9]．しかし，半導体表面で注入された電子が試料内部を拡散し，再結合などにより発光が生じる場合など，発光過程に関わる広い空間領域が測定に関与することになる．

顕微鏡として光を用いると，通常は波長程度に制約を受けるが，局在したエバネッセント光や近接場光を用いて測定を行うことにより，波長以下の分解能が実現される[10]．エバネッセント光は，全反射の条件の下，浸みだしが距離に対して指数関数的に，また近接場条件下の電気双極子では距離の−3乗で減衰する空間的に閉じこめられた光である．分解能はこうした光を取り出す際，探針先端の開口や，光を散乱するプローブの大きさによって決まる．開口法の場合，化学エッチングでは～数10 nm，押しつけ法（先端まで金属コーティングされたものを表面に押しつけて作製）では～20 nmの開口が作製されている[11]．位置制御のためには探針を水平方向に振動させて力を測定しフィードバックに用いるが，コの字型をしたQ値の高い圧電素子（チューニングフォーク）に光ファイバーを取り付けることにより，感度のよい測定が可能になっている[12]．また，距離制御をSTMで行い，近接場で発現する情報をSNOMモードで検出する方法も開発されており，半導体ナノ粒子のフォトルミネッセンスに関して，高感度かつ開口サイズに規定されない高い分解能を合わせもつ測定が可能となっている[13]．その他，探針の先端に単一分子を取り付け，分子からの発光を点光源として用いる試みもある[14]．SNOMの分解能としては，これまでにDNAを～4 nmの分解能で観察した例が報告されている[15]．

2.2 時間分解能

時間分解能は，対象となるプローブ信号の種類により，信号の変化をどこまで測定することが可能かということによって決まる．図2.3に，STM測定に用いられる典型的な電流-電圧変換回路の模式図を示す．フィードバック抵抗Rに生じる熱雑音e_nは，k_Bをボルツマン定数，Tを絶対温度，周波数帯域をfとして，$e_n=(4k_BTfR)^{1/2}$と書ける．$T=300$ Kとして尖頭値で置き換えると，$e_n=6.3\times10^{-10}(fR)^{1/2}$となり，入力電流ノイズでは，$I_n=6.3\times10^{-10}(f/R)^{1/2}$と表される．したがって，ノイズを下げるには，抵抗$R$を大きくすればよいが，そうすると浮遊容量$C$により，$f_c=(2\pi RC_f)^{-1}$として，周波数帯域が制限されることになる．

一般には，STMとして安定した動作を行うためには～100 kHz程度が上限となり，STMは原子レベルの空間分解能をもつが，時間分解能は悪いとされ

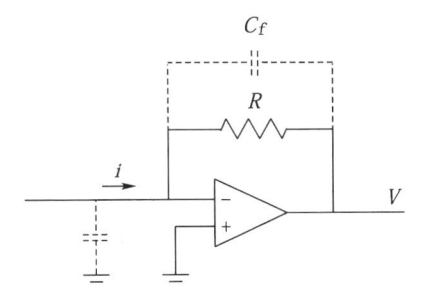

図 2.3 電流-電圧変換回路

るゆえんである．STM の時間分解能の改善は，STM の開発以来，多くの研究者により試みられてきたが，光を組み合わせた例の詳細を 3.3.1 項で述べる．

AFM では，力の検出における回路的な時間分解能の制約は少ない．しかし，nc-AFM で像を観察する際，画像化の速度は，フィードバック回路の他，テコの共振周波数などによって制限を受ける．図 2.4 は，これらの点を改良することによって，100×100 点の像を 80 ms で取り込む高速な画像化を可能にし，タンパク質の動的な過程を解析することを可能にした装置の模式図である[16]．

テコ（カンチレバー）は，厚さ 140 nm，幅 2μm，長さが 9~11μm の SiN で，電子ビームにより長さ 1μm，先端の半径 6~7 nm の探針を成長させたものである．共振振動数は大気中で，1.3~1.8 MHz，水中で 450~650 kHz，バネ定数は 150~280 pN/nm となっている．生体系などを測定するためには柔らかいテコが必要であるが，共振振動数は低くなる．そこで，小さなテコ[17]を作製することにより，高い共振振動数で柔らかいテコを実現している．探針のたわみは光学系により測定するが，対物レンズを用いて光のスポット径を 2~3μm に絞ることにより，探針の小型化を可能にしている．

高速の走査を行うためには，さらにスキャナーの力学的応答性を高めることも必要である．スキャナーはピエゾ素子を積層した構造をもち，片側を固定したときの共振振動数 130 kHz，最大変位 4.5μm，容量は 90 nF で，フィードバックのシステム全体としてのバンド幅（帯域）は 60 kHz 程度である．ピクセル幅 p，N^2 ピクセルをもつ 1 画面を画像化するのに必要な最小時間 t は，t

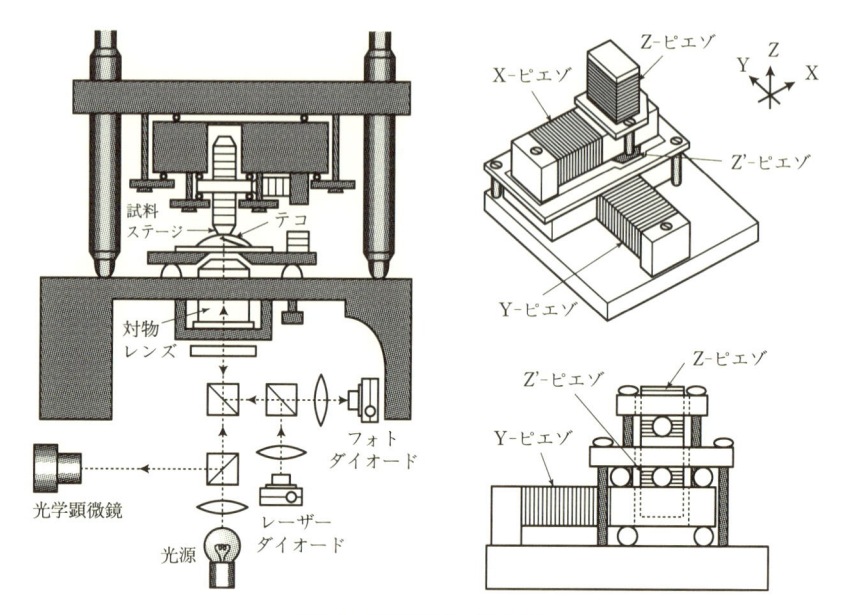

図 2.4 高速 AFM の模式図[16]

$=N^2p/wf_s$ と表される（往復の片側測定では 2 倍）．ここで，$w=\sqrt{rR}$（r と R は探針および試料の半径），f_s はフィードバック回路のバンド幅である．$N=$ 100，$p=2$ nm，$w=10$ nm，$f_s=60$ kHz とすると，$t=33$ ms となる．また，1 ピクセルの時間は 1.65μs であるから，テコの振動，サンプリングの速さは，606 kHz 以上が必要となる．この装置を用いてミオシンを観察し，走査速度 1.25 kHz (0.6 mm/s)，4 秒間で 50 フレームの画像を取り込んでいる．

同様のシステムを用い，(1) 材質を変えて質量を小さくし，走査速度を上げ，(2) テコをより小さくして共振振動数を高くすることによって，8.3 ms の画像速度を得ることが可能になると見積もられている．

STM，AFM ともに，2 次元的な走査を行わず，場所を固定して測定する場合や，フィードバックと信号を取り出す回路を別にして測定を行うことで，より高速測定が可能になる．

SNOM では，プローブは光であり，励起光を含めた測定系により時間分解能が決まる．画像化は STM や AFM と同様にフィードバック系の応答速度に依存するが，信号としては，フェムト秒レーザーを励起光に用いたポンプ・プ

ローブ法により,分解能もフェムト秒(10^{-15}s)オーダーが得られる.分光の時間分解能は,信号の光強度にも依存するが,〜30 nW の弱いポンプ(励起)光で,高い感度で透過光強度変化(〜5×10^{-5})の測定が実現されている[18].

2.3 力の分解能

300 mK まで冷却された環境では,原子間力顕微鏡(AFM)は 10^{-18}N の力の感度をもつといわれている.こうした極限的な技術が確立されれば,これまでにない多くの新しい情報が得られるものと期待される.

1) AFM の測定方式 図 2.5 は AFM の測定方式について簡単にまとめたものである.接触(コンタクト)モードでは,パウリの排他律による反発領域の力を測定するため,最高の分解能が得られると考えられるが,実際には接触面積を正確に知ることは難しく,解析には注意が必要である.また,テコ(カンチレバー)を振動させることにより接触の時間を減少させ,摩擦力の影響を低減させる方法が,タッピングモードである.非接触(ノンコンタクト,nc)モードでは,非接触(引力)領域において測定を行う.

2) 光テコ方式 AFM では,図 2.6 に示すように,テコに取り付けられた探針と試料との間に働く力を,探針のたわみの度合いを測定することによって求めることになる.主な方法として,光ファイバーをテコの上部に設置し,ファイバーの端面と,テコの表面からの反射光の干渉を利用する「光干渉方式」と,反射光の角度変化を測定する「光テコ方式」がある.図 2.6 のような,4 分割(A,B,C,D)したセンサーを用いた**光テコ方式**による測定の詳細を

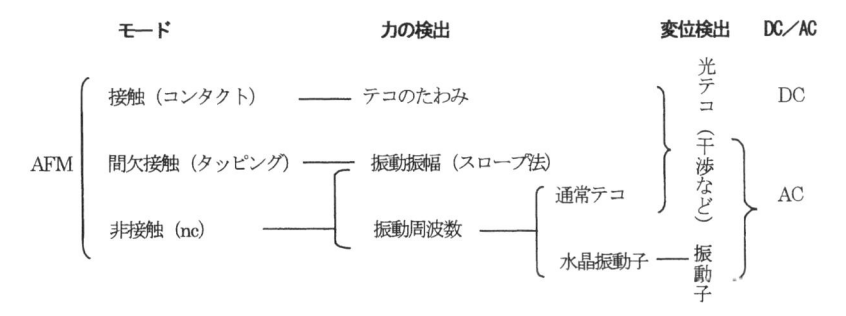

図 2.5 AFM の測定方式

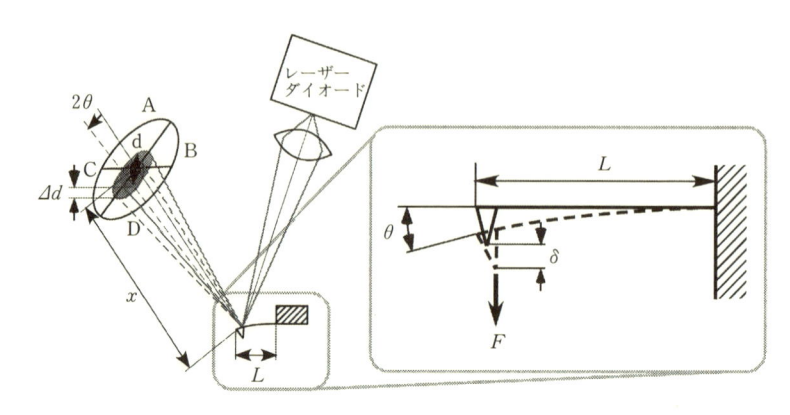

図 2.6 光テコ方式の測定原理図

みてみよう.

ヤング率 E, 断面 2 次モーメント I, 長さ L の片持ち梁のテコの先端に力 F が加わったとき, たわみ量 δ とたわみの角度 θ は, それぞれ, $\delta = FL^3/(3EI)$, $\theta = FL^2/(2EI)$ と表され, θ と δ の関係は $\theta = 3\delta/(2L)$ となる. 図のように, テコの表面にレーザーダイオードによる光を照射し, 距離 x 離れたところで反射光を受ける. テコのたわみ θ による反射光の角度変化は 2θ であるから, 反射光のずれの大きさ Δd は, $\Delta d \sim 2\theta x = 3x\delta/L$ と近似され, テコの長さ L を 100 μm, 距離 x を 50 mm とすれば, テコの変位は 1500 倍に拡大される.

試料に垂直方向のたわみを考える. センサーの中心に照射されていた強度 P, 半径 d の光のスポットが, たわみにより Δd だけずれるとする. このとき, 上側 (A, B), 下側 (C, D) のセンサーの光強度の差 $\Delta P = P_{A+B} - P_{C+D}$ は, $\Delta P \sim P \cdot \Delta d/d = P \cdot 3x\delta/Ld$ となり, δ に比例する. しかし, この場合, 光源の出力に直接依存する P を含むため, 光源強度のゆらぎの影響を受ける. そこで, $(P_{A+B} - P_{C+D})/(P_{A+B} + P_{C+D}) = 3x\delta/Ld$ として, 比を用いることにより, ゆらぎの影響を受けない測定が可能になる.

測定可能な力の大きさは, 上記仕組みのもとで, テコ材質のバネ定数の大きさにより決まる. バネ定数が小さければ微小な力の測定が可能であるが, 極限的には, 3.2.2 項で述べるようにテコの熱振動が影響する.

接触モードでは, 直接, 探針-試料間の相互作用によるたわみ量の変化を検

出し，例えば，値が一定になるようにして表面を走査することになる．

3) スロープ検出法と周波数変調 (FM) 検出法　続いて，テコの共振周波数の変化から微小な力を測定する方法を述べる[19,20]．共振周波数 ν_0, バネ定数 k_0 のテコが，試料とテコの距離に比べて微小な振幅 A で周期的振動している状態を考える．テコ先端の突起 (探針) と試料表面の相互作用 F により，テコのバネ定数が実効的に $k_{\text{eff}} = k_0 + k_i$ に変化すると考えると，引力 δF は，垂直方向の変位 δz を用いて $-\delta F = k_i \delta z$ と表される．振動数とバネ定数の関係は $\nu = (1/2\pi)[k_{\text{eff}}/m]^{1/2}$ であるから，k_{eff} を $k_0 + k_i = k_0 + \partial F/\partial z$ に置き換えて $k_0 \gg |\partial F/\partial z|$ とすると，周波数シフト $\Delta \nu$ は，

$$\frac{\Delta \nu}{\nu_0} = -\frac{1}{2k_0}\frac{\partial F}{\partial z} \tag{2.4}$$

と表される．つまり，試料と探針の相互作用により，テコの角周波数-振動強度曲線が図 2.7 のようにシフトすることになる．そこで，この周波数変化を用いて微小な力を測定する方法が考えられた．

まず，共振周波数シフトによる振動振幅の変化 (図 2.7 の ΔA) を測定してフィードバックに用いる方法をスロープ検出法とよぶ．検出可能な最小力勾配の大きさは，検出系のバンド幅を B, ボルツマン定数を k_B, 絶対温度 T, Q をテコの共振曲線の Q 値として，ΔA が熱的なノイズレベルに等しいとおくことにより

$$\frac{\partial F}{\partial z} \propto \frac{1}{A}\sqrt{\frac{k_0 k_B T B}{Q\omega_0}} \tag{2.5}$$

と与えられる．したがって，Q 値が高くなると測定感度が上がることが予想される．しかし，スロープ法では Q 値とバンド幅 B は独立ではなく，高い Q

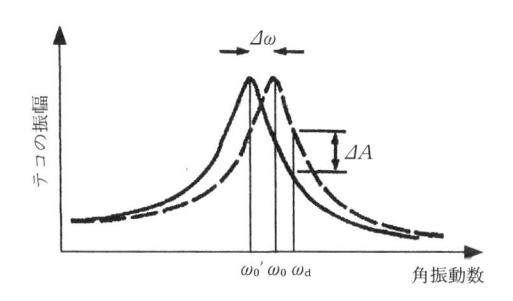

図 2.7　テコの共振曲線と力測定の原理

値では振幅の変化を精度よく測定するためには B を狭くする必要が生じ，探針の速い制御が難しくなる．さらに，テコの過渡応答の時定数は $\tau \sim Q/\omega_0$ で決まるため，例えば，真空中の測定では空気の粘性の影響が小さくなり，Q 値が高くなるが，スロープ法による測定は困難になる．

一方，周波数のシフト量を直接測定することによって $\partial F/\partial z$ に比例した量を得る方法を周波数変調(FM)検出法とよび，この場合，Q 値はテコの減衰に，またバンド幅は周波数の変化を測定する FM 復調器の設定にそれぞれ独立に依存するだけで，真空中の高い Q 値の下でも微小な力を非常に感度よく検出しながらテコを高速走査することが可能である．

nc-AFM(非接触原子間力顕微鏡)など，振幅が大きく，$kA \gg F_{max}$ (F_{max} は相互作用の最大値) となる場合は，周波数シフトは，有効な質量を m，摩擦係数を γ，外部駆動力を $kA\cos(\omega t)$ として，運動方程式

$$m\cdot\frac{dz^2}{dt^2}+2m\gamma\frac{dz}{dt}+kz=F(z+z_0)+kA\cos(\omega t) \qquad (2.6)$$

を解くことより，

$$\frac{\Delta\nu}{\nu_0}=\frac{1}{2\pi kA}\int_0^{2\pi}F(z_0+A\cos\phi)\cos\phi\,d\phi \qquad (2.7)$$

$$=\frac{1}{2kA^2}\int_{-A}^{A}\frac{\partial F}{\partial z}(z_0-\phi')\sqrt{(A^2-\phi'^2)}d\phi' \qquad (2.8)$$

と，(2.4)式と似た形が得られる．実際，(2.8)式は，振幅 A が小さい極限で(2.4)式を与える．ここで z_0 は時間平均したテコの位置，$\nu_0=\omega_0/2\pi$，$\phi=\omega_0 t$，$\phi'=-A\cos\phi$ である．周波数シフトは，探針-試料間の相互作用に重みをつけて積分することにより求まることになるが，重み $\cos\phi$ は，探針が試料に最近接する点に近づくと最近接点からの距離の平方根に逆比例して大きくなるので，大振幅の振動にもかかわらず，探針と試料の間の相互作用を測定することができて，原子分解能が達成される．こうした周波数シフトの測定から探針-試料間の相互作用のポテンシャルが評価される[21,22]．nc-AFM の物理を理解するためには，テコの運動の詳細な解析が必要である[23]．

試料と探針の間には，静電的な長距離力 F_E，ファンデルワールス(vdW)力 F_V，化学結合 F_C などの多くの力が複雑に絡み合って含まれる．したがって，これら相互作用を分離して解析することが必要である．これら力による周波数変化は，異なる力が探針に加算的に働くと仮定すると，近似的に，個々の変化

の和として $\Delta\nu_E+\Delta\nu_V+\Delta\nu_C$ と表される．そこで，例えば，(1) まず，テコと試料の間にバイアス電圧を付加することにより静電的な長距離力 F_E を求め，これを除去する，(2) 続いて，1～5 nm 程度の領域でフィッティングにより F_V を求めて除去する，(3) 残った力を F_C に対応づけることによってそれぞれの力が分離されている[24]．通常の nc-AFM では共振周波数を測定するが，励振との位相シフトや振幅の減衰係数を測定するなど，さまざまなモードがあり，それぞれ長所と短所が存在する．

単一分子間の相互作用などの微小な力を測定する手法としては，他に細胞膜を利用した顕微鏡 (biomembrane force probe；BFP) や，光ピンセット (laser optical tweezers；LOT) の方法がある．これらは，いずれも小さなバネ定数をもつことが特徴で，非常に弱い力を検出可能である (0.1 pN/nm)．しかし，熱的なゆらぎの効果などを考慮すると，AFM (CFM) は大きな利点をもつ (3.2.2 項参照)．

4) 水晶振動子法 真空中で周波数変調方式を用いて原子レベルの解像度を得るためには，バネ定数 k，固有振動数 f_0，Q 値，振幅 A として，例えばそれぞれ，k~20 N/m，f_0~100 kHz，Q~10^4，A~10 nm といった値が使用される．しかし，理論的に予測された高い S/N 比を与える $A=0.3$～1 nm という値を得るためには，k の値は～数 100 N/m が必要である．こうした条件を達成することを目的として水晶振動子を用いた方法 (**水晶振動子法**) が開発された[6,25]．

図 2.8 に示すように，コの字型になった水晶振動子の片側を基板に固定し，反対側の面にタングステンの探針がつけられている．バネ定数は，k~1800 N/m で，大きな k の値と高い Q 値により，変調の振幅を 0.1 nm 以下とトン

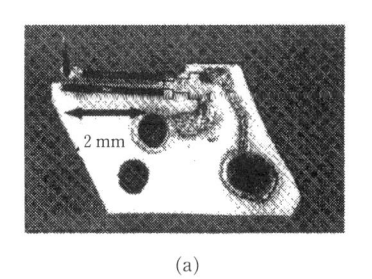

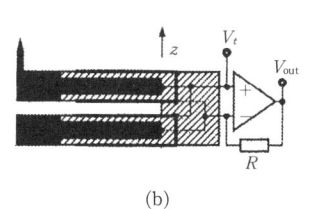

(a)　　　　　　　　　(b)

図 2.8 水晶振動子法・素子の模式図と写真[25]

ネル電流測定領域に抑えることも可能で，電圧を印加することによりSTMの測定も行える．本手法によりSi(111)−7×7表面の原子像が得られている．光学系を含まないためシステムは簡単で，カーボンナノチューブ探針と組み合わせた溶液中での測定など[26]，さまざまな環境への適用が可能と考えられる．

5) 横方向の力の高感度検出 ナノスケールで摩擦の問題を扱ったり，正確なマニピュレーションを実現するためには，垂直方向の力とあわせて横方向の力を精密に測定・制御することが重要になる．光テコ方式では，4分割のダイオードを用い，テコのねじれを測定して横方向の力を知ることができる(2.3節2)参照)．しかし，通常の単一の平面的なテコを用いる方法では，両方向の力が絡み合い解析が複雑であるとともに，横方向の感度が2桁ほど低いことが妨げとなる．長方形の片持ちテコ(幅 w，厚さ t，長さ l，テコ上の探針の高さ h，ヤング率 E，せん断率 G)を考えると，垂直方向，水平方向のバネ定数 $k_\perp, k_\parallel$ はそれぞれ，$k_\perp=(Ewt^3)/4l^3, k_\parallel=(Gwt^3)/3lh^2$ と表される．したがって，サイズ (w, t, l) を小さくすれば $k_\perp$ に比べて $k_\parallel$ の値をより小さくできる．しかし，真空環境で典型的な値として $k_\perp \sim 10$ N/m になると，3.2.1項5)で説明されているスナップインという現象が起こり，正確な測定・制御ができなくなる．そこで，例えば図2.9(a)に示すようなH型の構造を作り，両端を固定させると，$k_\perp=(2Ewt^3)/l^3, k_\parallel=(2Gwt^3)/3lh^2$ となり，先の式に比べて，同じ $k_\perp$ に対し，$k_\parallel$ の値を4倍小さくできる[27]．

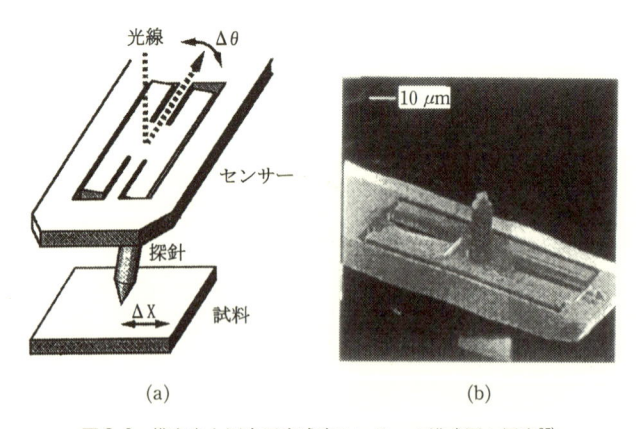

図 2.9 横方向力測定用高感度センサーの模式図と写真[27]

図 2.9(b) は市販の Si のテコ ($w=55\,\mu\mathrm{m}$, $t=5\,\mu\mathrm{m}$, $l=225\,\mu\mathrm{m}$, $k_\perp=27$ N/m, $k_\parallel=3600$ N/m) をイオンビーム加工し, 長さ $30\,\mu\mathrm{m}$ の探針を成長させて作製した写真である. 加工後の値は $k_\perp=22$ N/m, $k_\parallel=20$ N/m となり, 横方向の分解能として~1 nN が確認されている. この値は, ほぼ単一原子間結合力にあたる.

他に, 縦方向力を通常型のテコによって検出した上で, テコの根元部分に横方向力によって変位する部分を別に設けて両者を独立に検出する方式[28]や, 細長いテコを複数回折り曲げて横方向の感度を上げる方式[29]なども提案されている.

ここまでの例は, いずれも1方向の横方向力を測定することを念頭においた手法である. 残るもう1軸方向を含めた2次元的な横方向力を検出できるようにするためには, 表面垂直軸に対して軸対称に近いような検出方式をとる方が合理的である. これは, 必然的に従来の AFM の発展形という方式から離れることを意味している. このような例の1つとして, **トライボレバー** (tribo-lever) とよばれる新型のセンサーが提案されている[30]. これは, 検出系に複数のレーザー干渉計を要する複雑なものである. また, 表面に垂直に立てたファイバーを探針として, これに表面平行方向の振動を励起し2次元的な横方向力を検出する方式も提案されているが[31], いずれも2次元的な横方向力を完全に等価に検出できる点に特色がある.

2.4 S/N 比からの考察

信号雑音比 (signal noize ratio, S/N 比) を考える[32]. $\mathrm{S/N}=C$, 実際の信号の測定値と変化量をそれぞれ $S, \delta S$ とすると, $\delta S = S/C$ が検出可能な最小値である. STM の場合, 信号はトンネル電流 I で, 試料と探針の間の距離 z に対して指数関数的に減衰し, $I=\exp(-z/L)$ と表される. ここで, L は減衰長である. $\delta z \ll L$ である δz の変化に対して信号が δI であるとすると, $\delta I/I = (\exp(-z/L) - \exp(-(z+\delta z)/L))/\exp(-z/L) = 1 - \exp(-\delta z/L) = \delta z/L$ となる. したがって, C を I の S/N 比とすると測定可能な距離変化は $\delta z = L/C$ と表される. $L = h/[4\pi(2m\phi)]^{1/2}$ であるから, 仕事関数を $\phi=4\,\mathrm{eV}$ とすると $L \sim 0.05\,\mathrm{nm}$ となり, $C=1$ でも原子スケールの分解能が実現される.

一方，AFM の場合，測定量は力で $F \sim 1/z^n$ となる．STM の場合と同様に δz の変化に伴い力が δF 変化すると，$\delta z/z \ll 1$ の場合，

$$\frac{1/z^n - 1/(z+\delta z)^n}{1/z^n} = \frac{1-1}{(1+\delta z/z)^n} = \frac{n\delta z}{z} = \frac{1}{c} \tag{2.9}$$

したがって，$\delta z = zn/C$ から，C が同じである場合も，測定点の距離を試料に近づけ，n の値を大きくすることが分解能を上げることにつながる．

2.5 その他の分解能

例えばトンネル分光や AFM 測定でも，エネルギー分解能として熱的なノイズが主な要因として影響を及ぼすが[33]，低温で測定を行うことが可能な試料であれば，~meV 程度の分解能が実現されている．また容量の測定では，~10^{-21}F の測定が可能となっている．SPM の場合も，極限的な測定ではノイズに隠れた非常に微小な信号を取り出すことが必要で，位相敏感（ロックイン）検出という方法が用いられる．これは，検出したい信号を周期的に変調することにより特定の周波数のみを取り出して増幅し，ノイズに埋もれた信号を取り出す方法である．

しかし，微小な信号を長時間にわたり積算することは，一方で，熱ドリフトなどにより空間分解能を悪くする要因となる．したがって，単一分子やナノスケールの構造を正しく解析し，また制御するためには，微小な信号を正確に取り出す技術を開発するとともに，プローブ顕微鏡の探針を特定の領域に長時間にわたって保持する技術をあわせて開発することが必要になる．こうした目的を実現する 1 つの方法として，**原子追跡（アトムトラッキング）法**がある[34~36]．特定の構造を測定中，適当な時間間隔で探針を構造の上で円状に走査してトンネル電流を測定し，設定値（例えば電流最大の場所）の位置に探針を移動させるようにフィードバックをかける．最初は，単一原子の拡散を解析するために工夫された手法であるが，こうした方法を用いると，特定構造・単一分子を対象として長時間にわたり，精度の高い測定を行うことが可能になる．しかし，ここでみてきたように，一般に，物理的な測定はいろいろな要素の競合である．SNOM や光 STM，光励起 STM などでは，さらに光学測定のエネルギー領域や時間領域の分解能の問題，また光による熱膨張などの影響も関わっ

てくる(3.3節参照).目的に応じて,こうした要素間の干渉をどこまで抑えられるかということがSPMを用いた極限測定において最も重要な課題である.

3

走査プローブ顕微鏡と極限計測

3.1 ナノスケールの電子物性

素子開発などにおいて構造の微細化が進むにつれ，対象とする単一分子やナノスケール構造の電子物性を理解し制御することが，実際に直面する重要な問題となる．通常の手法は，先にも述べたように，複数の試料からの情報や単一構造内での情報を平均化した結果を与えるものであり，上記目的を達成することが可能な手法は，いまのところ SPM 技術以外にはないといえる．

3.1.1 単一原子・分子レベルの電子構造

1) 原子ワイヤーの伝導特性 メゾスコピック系の電子輸送現象が最近注目されているが，極限的な伝導としては原子数個を対象とした伝導特性であろう．低温 ($\sim 5\,\mathrm{K}$) で Ni 上に吸着させた Xe 原子を用いて，こうした伝導現象が解析されている[1]．まず，探針を Xe の真上に設置し，近づけていくことにより，Xe 原子 1 つの伝導特性が調べられる．続けて，Xe 原子を探針先端に吸着させ，もう 1 つの Xe 原子の上に移動して近づけると，同様の方法によって Xe 原子 2 個の場合の測定が可能になる．Xe 原子が探針に吸着していることは，トンネル電流が増幅されることによって確認できる．図 3.1 は，探針-基板，探針-Xe-基板，探針-Xe-Xe-基板の場合の抵抗の距離依存性の測定結果である．後者 2 つの場合は，プラトー(平らな領域)に達した点が，接した所と考えられる．

抵抗は，1 個の場合が $10^5\,\Omega$，2 個の場合は $10^7\,\Omega$ となっており，抵抗の値および原子の数による変化は，理想的な 1 次元伝導の場合の抵抗の大きさの単位 ($h/2e^2 \sim 12.9\,\mathrm{k\Omega}$) に比べて非常に大きいが，Xe の場合，6s 軌道がフェルミ

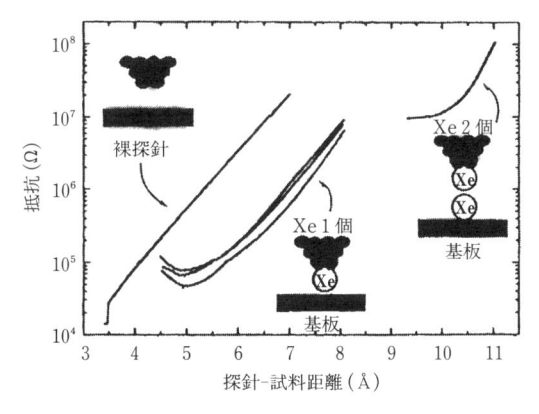

図 3.1 Xe 原子がない場合,1 個,2 個の場合の探針-基板距離と抵抗の変化[1]

準位近傍にもつ状態密度が小さく,遷移確率が非常に小さいことで説明されている (off resonance 伝導).

通常,SPM を用いるときは,試料の構造を観察するモードと物性を測定するモードは切り離されることが普通である.Xe の場合もそうであったように,探針と基板の間に試料を設置して物性を調べる際,測定時の試料の構造,状態を確認するのは非常に困難である.そこで,電子顕微鏡と STM を組み合わせることにより,STM 探針を用いて測定を行う様子を,その場で観察することが行われている[2].

図 3.2(a) に示すように,10^{-8}Pa の超高真空透過電子顕微鏡 (ultra high vacuum transmission electron microscope;UHV-TEM) 中に STM を組み込む.電極にしている Cu 上に蒸着した金の島状構造の試料に金の探針を接触させ,引き離すことにより,探針と基板電極の間に金のワイヤーが形成される (図 3.2(b)).基板と探針は [110] 方向で,(200) 格子面の 0.2 nm の間隔が観察されている.a→e に従って,矢印で示してあるように,架橋された金ワイヤーの本数が減っていき,f で探針と基板電極が完全に分離する.

ワイヤーの伝導特性 $G=I_t/V_b$ は,$V_{out}=-R_F I_t$ を測定することにより求まる.$V_b=13$ mV,$R_F=100$ kΩ の値が設定され,架橋の構造はビデオにおさめられた.図 3.3(a) は探針を引き下げていくときの伝導度の変化を測定した結果である.$G_0=2e^2/h \sim (13 \text{ k}\Omega)^{-1}$ を単位とした変化が観察されている.図中に示されている A,B では,それぞれ $G=2G_0$,$G=G_0$ の値をとっている.A,B

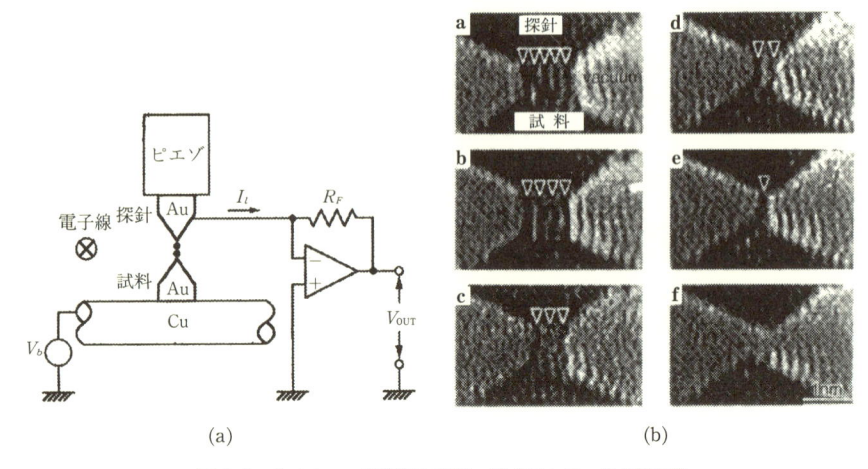

図 3.2 金ワイヤー伝導測定装置の模式図とその場観察像[2]

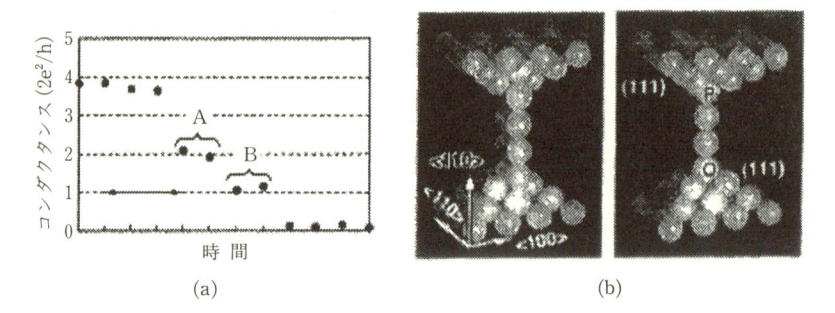

図 3.3 金ワイヤーの伝導測定結果とワイヤー構造のモデル図[2]

のときの構造は,電子顕微鏡写真の明るさの解析から,図 3.3(b) に示されているモデルのように金原子鎖 2 本, 1 本が連なっている状態に対応しており,得られた G の値の変化は,直線状に並んだ原子鎖において電気伝導が量子化されていることを示している.

こうした測定が可能になり,原子ワイヤーについて理論的にも実験的にも多くの研究が進められ,例えば,ワイヤーの場合の結合の強さは,バルクの金属的な結合の約 2 倍程度になっていることなど,興味深い事実が見出されている[3~5].

2) 分子伝導　単一分子やナノワイヤー内の電子輸送の解析は基礎的に重

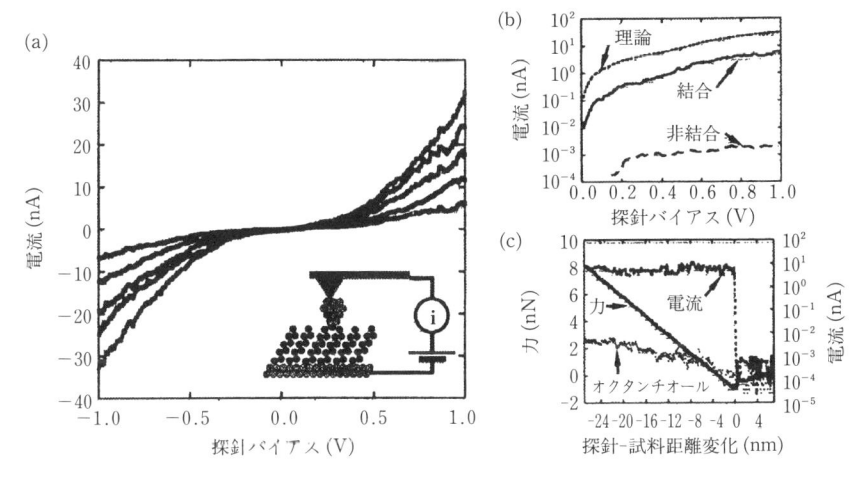

図 3.4 AFM（導電性探針）による単一分子伝導測定の模式図と測定結果[24]

要であるだけでなく，ナノチューブによる電界効果トランジスターからメモリーや化学センサーまで，多岐にわたる新規機能素子の開発においても非常に重要な課題である[6~23]．図 3.4 (a) は，オクタンチオール (octanethiol) を 1,8-オクタンジチオール (1,8-octanedithiol) に混ぜて Au(111) 面上に自己組織化させて単分子膜を形成し，1,8-オクタンジチオールの電流-電圧特性 (I-V 曲線）を測定した結果と，実験系の模式図である[24]．測定は，挿入図にあるように，単分子膜の上に金の微粒子を吸着させ，金コートした AFM カンチレバーを接触させて行う．金粒子は 1,8-オクタンジチオール分子の上に選択的に吸着する．このとき，オクタンチオールの部分は絶縁膜として働き，1,8-オクタンジチオールがまばらであれば，少数の分子を対象にした測定が可能になる．

4000 個以上の金粒子に接触させて測定した結果，図にみられるように I-V 曲線は 5 種類に分類され，それらは最も小さい値をとる場合の整数倍 $NI(N=1$~$5)$ となっている．したがって，この結果は，それぞれ金粒子の下に 1,8-オクタンジチオール分子が 1~5 個存在する場合についての測定結果と考えられる．これらの結果から，単一の 1,8-オクタンジチオール分子の抵抗は 900 ± 50 MΩ と求められている．

導電性探針の AFM を用いており，力の変化と同時に電流の変化を測定でき

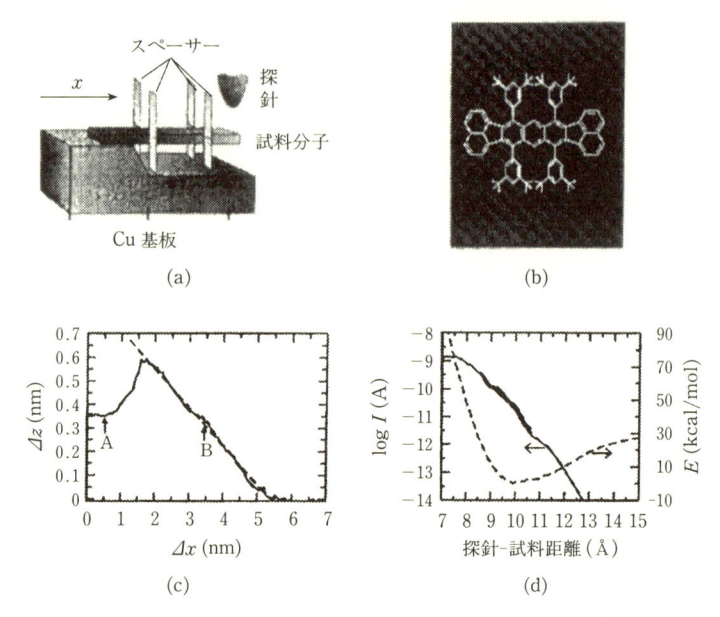

図 3.5 STM により単一分子伝導測定の模式図と測定結果[25]

る．図 3.4 (b), (c) は，分子の両端が金と化学結合している場合と，探針を接触させるだけ (非結合) の場合の I-V 曲線 (b) と探針-試料間距離で変化させたときの力と電流の変化 (c) である．後者では，オクタンチオール分子の場合の結果を比較に示してある．分子端をきちんと結合させた場合，I-V 曲線は理論的な値に近く (b)，また接触している間力に対する電流変化はみられない (c)．結合させていない場合は，力に対する依存性も強く，接触点の影響が大きいことがわかる．分子素子の開発において非常に重要である．

分子の伝導は STM でも得られている．図 3.5 は，導電性をもつ個所に分子の片側を固定し，対象とする分子軸 x に沿って STM 探針を移動させ，トンネル電流の変化を測定する方法の模式図である[25]．片端の一点で電気的な接続を行わせる構造として，軸となる幅 0.3 nm の芳香族の分子に 3,5-di-tert-butylphnyl が側鎖についた長さ 1.7 nm，幅 1.4 nm の分子と，高さ 0.36 nm の Cu(100) 面のダブルステップの組み合わせを利用している．3,5-di-tert-butylphnyl はスペーサーとして使われるが，これによって分子は基板から 0.7 nm 浮かされており，分子と下のテラスとの直接の伝導を防いでいる．こ

の分子は，Cu(100)表面のダブルステップに，長軸をステップに垂直にして吸着する．隣の分子との間も，3,5-di-tert-butylphnyl をスペーサーとして用いることによって絶縁している．

フェルミ準位 E_F におけるステップ端からの分子軸 x に沿った分子内のコンダクタンスは，減衰係数を $\gamma=\sqrt{\phi_m}$ (ϕ_m は分子軸に沿っての有効障壁)として，$G_m(x)=G_0(E_F)e^{-\gamma x}$ と記述され[6]，x における探針-試料距離 z でのトンネル電流は，ϕ_v をトンネル障壁として，$J=G_m(x)\exp(-\sqrt{\phi_v}z)$ と表される．したがって，電流一定モードで分子に沿って走査し，x-z の関係をみると，上記2式を組み合わせた指数部が定数(電流が一定)であるとし，$\gamma \sim (\Delta z/\Delta x)\cdot\sqrt{\phi_v}$ として γ が求まることになる．

図 3.5 (c)，(d) に実験結果が示してある．(c) は $V=370$ mV，$I_t=70$ pA で測定した STM 像の断面である．傾きが $\Delta z/\Delta x=0.2$ と求まる．(d) は分子の端((c) の B 点)における I-z 曲線(実線)とポテンシャルエネルギー(点線)である．ϕ_v は探針-試料の距離を変化させることにより求まり(4.1 eV$\pm 3\%$)，分子内のポテンシャル $\phi_m=\sqrt{\gamma}=160$ meV が得られる．理論的には，184 meV で非常によく一致している．ポテンシャル(点線)の底は接触点になる(詳細は 3.1.1 項 4) 参照)．

3) 分子内電子準位　　分子内の特定の準位を解析することも非常に重要である．ここでは溶液中の STM の例として，図 3.6 (a) に示すように，電極を配置することにより，基板上に固定した試料を通して，溶液中の電気化学的な反応に関わる準位を解析する例を説明する[26]．

試料は，Fe(III)-Protoporphyrin IX (Fe-PP)(図 3.6 (b)) と Protoporphyrin IX (PP)(Fe-PP の中心の Fe がなく水素で終端)を HOPG の上に共吸着させる．Fe-PP はヘモグロビンやチトクローム C などの多くの重要なタンパク質の補欠分子族であり，電荷移動を調べることは，これらタンパク質の生体機能の理解に直接関連する．Ag 線を飽和カロメル電極(SCE)に対して校正した参照電極(RE)，Pt 線をカウンター電極として用いる．ポテンシャルは SCE に対して調整する．

Fe-PP は -0.48 eV で，Fe(III) と Fe(IV) の間で可逆的な反応に伴う電荷移動を起こす．一方，PP は Fe-PP と同様の構造をもつが，金属イオンを含まないため，HOMO (highest occupied molecular orbital) と LUMO (lowest

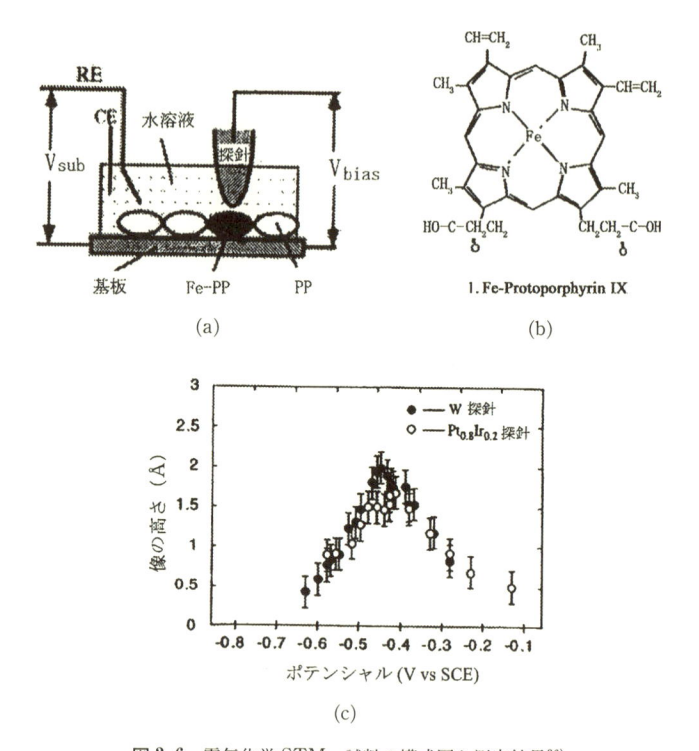

図 3.6 電気化学 STM, 試料の模式図と測定結果[26]

unoccupied molecular orbital) のギャップの間に空準位をもたない. したがって, 基板のポテンシャルを変化させると基板のフェルミ準位に対する分子の準位が相対的に変化し, Fe イオンの寄与による LUMO のところで Fe-PP のみトンネル電流が増加することになる. 図 3.6 (c) は, ポテンシャルを変化させたときの Fe-PP の PP に対する STM 像の高さの比をまとめたものである. ピーク位置は LUMO の値によく一致する. 分布の幅の広がりは, レドックス中心と周囲の相互作用によるものと考えられている.

4) 構造変形と電子状態の変化 単一分子の構造変化と対応する電子構造の変化の解析は, 基礎的にも応用上も興味深い. ここでは, サッカーボール状の構造をもつフラーレン C_{60} を探針で圧して変形し, それに伴う電子構造の変化を測定した例をみてみる[27].

試料は, Au(110)−1×2 表面に 0.1 ML (ML: monolayer, 単一層に当たる

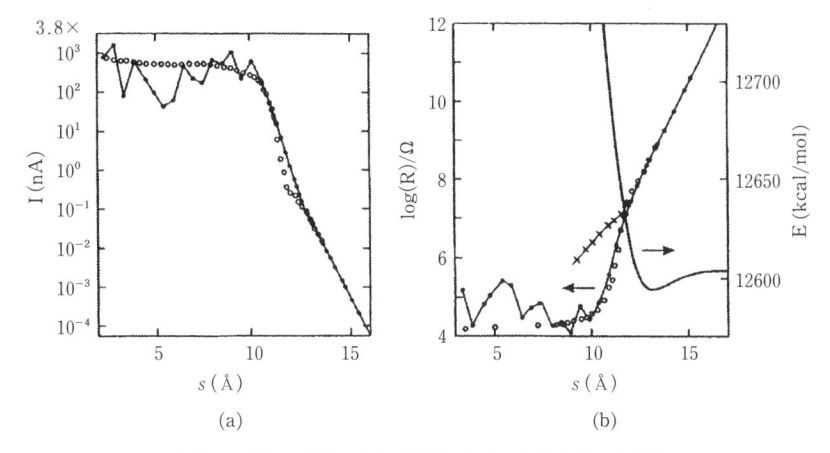

図 3.7 探針の移動による電流 (a) および抵抗 (b) の変化[27]

量) の C_{60} を吸着させたもので，クラスター状に存在するが，その中の1つを選択して真上に探針を移動させ測定する．

図3.7(a)は，バイアス電圧 50 mV における距離 s とトンネル電流の関係である．トンネル電流は距離が離れたところでも，C_{60} が探針-基板間に存在することによって6桁増加することが確認されており，さらに，C_{60} を圧縮することにより2桁の増加がみられる．こうした効果は 3.1.1項1) の Xe の場合や2) の分子伝導のところでみたように絶縁体状の吸着物が観察される機構と関係している．実線は探針による変形を取り込んだ理論計算の結果で，図でみられる特性は，圧縮により縮退が解けてフェルミ準位方向に移動するために，C_{60} の HOMO–LUMO ギャップが変化することからきている．0.9 nm 以下の領域の振動は，計算が絶対零度で行われているため，HOMO のある状態が分離し，フェルミ準位から ± 50 meV の位置を1つずつ通過するためであり，実験 (300 K) では平均的な値になっている．両者の一致は非常によい．

± 200 mV 内では，s を固定すると，電流-電圧は直線的な関係にあり，抵抗が求まる．バイアス電圧 50 mV におけるトンネル抵抗の探針距離依存性と，計算により求めたそれぞれの探針距離における理論計算のエネルギー変化を図3.7(b)に示してある．1.6 nm から 1.3 nm に変化させると，vdW 力によって C_{60} が少し歪み，それに伴って $\log R(s)$ が直線から少しずれる．1.32 nm ($d[E(C_{60})]/ds = 0$) でトンネル領域からメカニカルな接触領域に入る．ここで

は，力がゼロとなっているが，探針側に少し引き寄せられている．1.23 nm で，vdW 力による引張りが探針の圧力によりキャンセルされ，ほぼ理想的な形状になる．1.2 nm 以下では圧縮が続き，抵抗は $h/2e^2$ に近づいていく．

有機分子を構成要素として利用する場合，分子は，分子間や基板との相互作用により，孤立した単一分子の場合とは異なる構造をとる．その場合，上記結果を考えると，電子状態も異なる可能性が高い．実際，低次元系有機伝導体の1つである $(BEDT-TTF)_2PF_6$ 表面において，固体内部では同一の構造をもつ分子が，表面では再構成により異なる分子配置，分子構造をとり，あわせて異なる電子構造が現れることが，STM と理論計算により確認されている[28]．こうした問題を正しく解析するためには，理論計算との比較が必要不可欠となる．

3.1.2 トンネル分光測定
1) トンネル分光法の原理

（ⅰ）スペクトルの解析法： トンネル電流は，第2章の式(2.1)で示されるように，探針-試料の状態密度に依存する．バイアス電圧が印加されていなければ，試料，探針のフェルミ準位は一致し，理想的には双方の電荷移動は等しく，トンネル電流は流れない．バイアス電圧を印加すると，試料または探針から，他方への電荷移動が生じることになる．金属探針のフェルミ準位近傍の状態密度が構造をもたない場合，トンネル電流のバイアス電圧に対する依存性から，試料の占有準位（試料に $-V(V)$），非占有準位（試料に $+V(V)$）の情報を得ることが可能になる．STM 像では，測定電流はフェルミ準位から印加バイアスまでのトンネル電流の積分値となるため，各エネルギー準位による寄与は区別しにくいが，それでも多くの情報が得られる．例えば，最も簡単な例としてトンネル電流は，探針-試料間にかける電圧の正負の向きにより，負の側から正の側に流れるから，試料バイアスを負にすることで試料の占有準位の空間分布を，また試料バイアスを正にすることで試料の非占有準位の空間分布を原子レベルの分解能で観察できることになる．したがって，GaAs 結晶表面のように異なる原子の間で電荷の移動がある場合，電荷分布と異なる原子の空間分布を比較することによって原子の種類を区別することが可能になる．

バイアス電圧に対して式(2.1)を微分すると，トンネルコンダクタンスは，

3.1 ナノスケールの電子物性

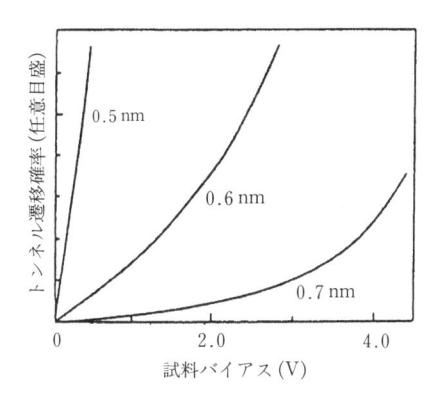

図 3.8 遷移確立のバイアス-トンネル接合距離依存性[30]

$$\frac{dI}{dV} \propto e\rho_t(0) \cdot \rho_s(eV) \cdot T(z, eV, eV) \\ + \int_0^{eV} \rho_t(E-eV) \cdot \rho_s(E) \cdot \frac{\partial T(z, E, eV)}{\partial V} dE \tag{3.1}$$

となる．式中の遷移確率 T は，式 (2.2) で示されるように V に関して単調に増加する関数で，しかも探針-試料間の距離 (トンネル接合距離) が小さくなるにつれ，V の高次の項の寄与が大きくなる (図 3.8)．そこで，式 (3.1) を I/V で規格化し，

$$\frac{\frac{dI}{dV}}{\frac{I}{V}} \propto \frac{e\rho_t(0) \cdot \rho_s(eV) + \int_0^{eV} \frac{\rho_t(E-eV)\rho_s(E)}{T(z, eV, eV)} \cdot \frac{\partial T(z, E, eV)}{\partial V} dE}{\frac{1}{V}\int_0^{eV} \rho_t(E-eV) \cdot \rho_s(E) \cdot \frac{T(z, E, eV)}{T(z, eV, eV)} dE} \tag{3.2}$$

とすると，分子の 2 項目および分母は $T(z, E, eV)/T(z, eV, eV)$ の比として表され，T の高次の効果が近似的にキャンセルされ軽減される[29]．実際には，こうした式が近似的に局所状態密度を与える値として用いられている．

探針を特定の場所に固定して電圧-電流曲線を求めれば，電子状態密度を原子レベルの分解能で直接分光することが可能となる．スペクトル形状から電子自己エネルギーを検討したり，近藤効果の詳細な解析など，適用範囲は非常に広い．探針を走査させてトンネル分光の空間分布を測定する手法を**走査トンネル分光法** (scanning tunneling spectroscopy ; **STS**) とよぶ．

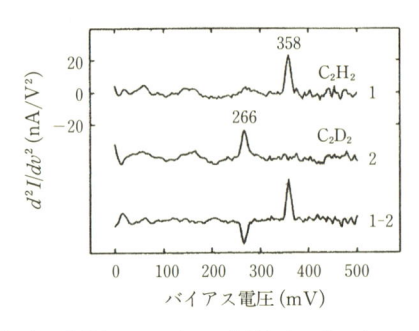

図 3.9 Cu 上に吸着したアセチレン分子からのトンネルスペクトル[31]

(ii) **非弾性トンネル分光法**: 通常，トンネル電子はエネルギーを失わずにトンネルギャップを通過するとして解析されるが，例えばギャップ内に分子が存在する場合，トンネル電子は分子振動などと相互作用してエネルギーの変化を伴うことがある．先のトンネル分光法を用いて非弾性トンネルの過程を解析すると，例えば，試料表面に吸着した分子の特定の振動モードの情報を得ることが可能になる．この方法を**非弾性トンネル分光法** (inelastic electron tunneling spectroscopy ; **IETS**) とよび，不均一幅以下の分解能で，分子どうしの相互作用など，環境の影響に関する情報を得ることができる．

図 3.9 は，低温 STM (8 K) を用いて得られた，Cu 上に吸着したアセチレン分子に対するトンネル分光の結果である[31]．アセチレン分子の水素を重水素に置き換えることにより C-H, C-D の振動モードの差が分解されている．

振動分光もトンネル電流を用いるから，原子レベルの空間分解能をもつ．さらに非弾性トンネルの空間分布を解析すると，励起過程の対称性から試料分子の吸着構造などを特定・解析することができる[32,33]．また，探針先端に分子を吸着させて修飾すると分解能が非常に向上するとともに，無修飾の探針では得られない情報が得られることも明らかになってきた[34]．図 3.10 (a) は CO 分子 (a〜c) と O_2 分子 (e〜g) を裸の探針 (a, e)，CO 修飾探針 (b, f)，C_2H_4 修飾探針 (c, g) で観察した像で，対応する分光の結果を図 3.10 (b) に示してある．

化学修飾した探針では，基板の Ag の原子構造が観察されるとともに，裸の探針ではみられない空間分布や振動モード (CO の 7 mV, O_2 の 26 mV) が観察されている．振動モードに対応するバイアスで空間分布を測定すれば，単一分子内を対象として非弾性トンネル機構の詳細を解析することが可能になる．

3.1 ナノスケールの電子物性

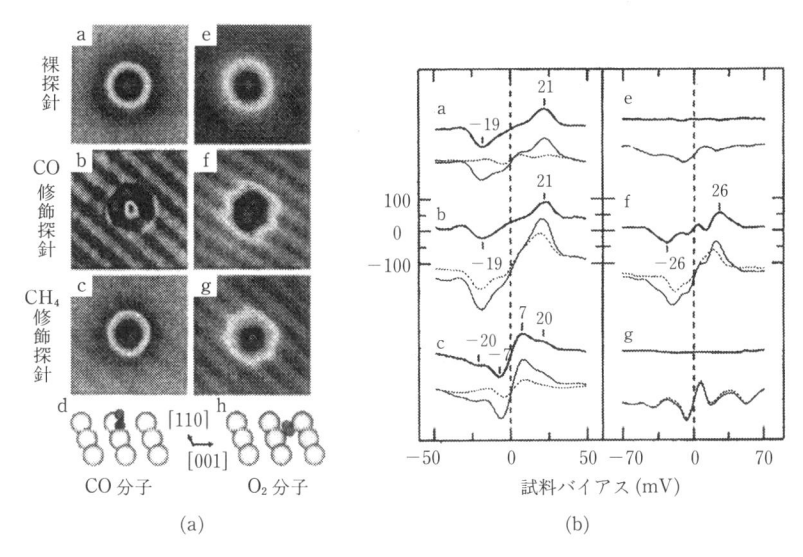

図 3.10 化学修飾探針の STM 像と分光特性[34]

また，金属表面に酸化膜を作製して基板とすることにより，非弾性トンネルによる単一分子からの発光も観察され，吸着の仕方により発光スペクトルに変化が見られることなどが確認されており，選択的な局所励起が可能であるだけに，今後の展開が期待される[174]．

(iii) 探針誘起バンド湾曲： STM では，試料と探針の間に印加した電圧（バイアス電圧）と測定されるトンネル電流の関係により，試料表面の電子構造の解析が行われる．したがって，バイアス電圧が実際の電子状態密度のエネルギーに対応するかどうかは，非常に重要な点である．ここでは，(1) 局所仕事関数（トンネル障壁）(3.1.3項)，(2) I-V 曲線への影響を考えてみよう[35]．

図 3.11(a) は n 型半導体に金属の探針を近づけた一般的な STM 測定系の模式図である．両者の仕事関数の差 $\Delta\phi = \phi - (\chi + \phi_n)$ により，トンネルギャップおよび半導体表面内に電場が生じている．表面準位による電荷が大きな影響を及ぼさない場合，ポアソン方程式を解けば，外部電圧 V の下での表面ポテンシャル V_d は，$V_d(z, V) = \Delta\phi\{[1 + (z/z_0)^2 + V/\Delta\phi]^{1/2} - z/z_0\}^2$ と求まる．ここで，$z_0 = 1/\varepsilon W(\Delta\phi)$ （ε は真空に対する半導体の誘電率），$W(\Delta\phi)$ はゼロバイアス，$z=0$ のときの空乏層幅である．温度 T における MIS 構造（金属-絶

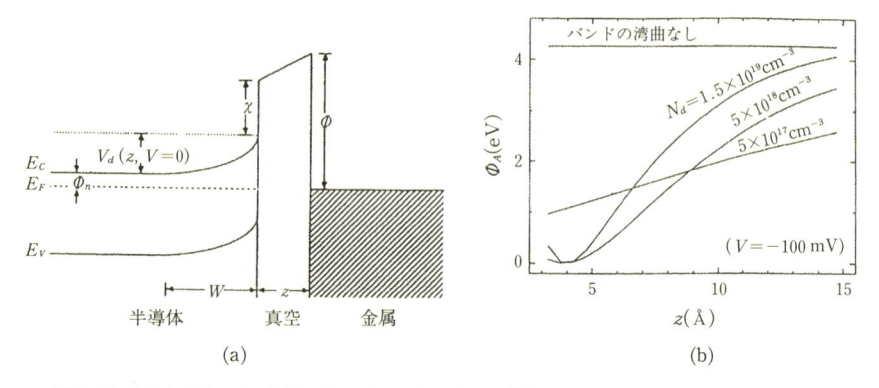

図 3.11 (a) 半導体試料-金属探針の電子状態模式図, (b) 探針-試料間距離と見かけの仕事関数の変化[35]

縁体-半導体構造)の電流特性は,
$$I = I_s \cdot \exp(-q[V_d(z, V) - V]/kT)[\exp(-qV/kT) - 1] \quad (3.3)$$
$I_s \propto T^2 \exp(-\phi_n/kT) \exp(-A<\phi_A>^{1/2} z)$ より, 電流の距離依存性は,
$$\frac{d \ln I}{dz} = -A<\phi_A>^{1/2} - \frac{q}{kT} \frac{dV_d(z, V)}{dz} \quad (3.4)$$
と表される. ここで, 探針-試料間の距離 z が大きくなると $V_d(z, V)$ は小さくなるから $dV_d(z, V)/dz < 0$. したがって式 (3.4) より, ピニングされていない半導体表面 $(dV_d(z, V)/dz \neq 0)$ では, 見かけの仕事関数 ϕ_A は小さく測定されることになる. 図 3.11(b) に Au/n-Si(111) 系の, 順バイアス $T=300$ K, 異なるドープ量の ϕ_A の距離依存性の計算結果を示す. バンド湾曲の効果がない場合 $(dV_d(z, V)/dz = 0)$ の結果も合わせて示してある.

一方, I-V 曲線を求める場合, バイアス電圧を印加して電流変化が測定されるが, 電場を遮蔽するのに十分な電荷が存在しない場合, これまで述べてきたように, 電場は試料内部にも浸み込み, 新たにバンドの湾曲が誘起される. この場合, 印加されたバイアス電圧は, トンネルギャップと試料内部に分割されるため, 試料表面の電子状態密度のエネルギーには対応しない. 低ドープの試料や低温での測定では, 見かけ上, 非常に大きなバンドギャップが観察されることになり注意が必要である. 実際, 光照射を行うと, 光キャリヤーが生成されてバンド構造の湾曲が緩和され, こうした機構の存在が確認される (3.3.1 項参照). 磁場を印加し準位が分裂する様子も観察されている[177].

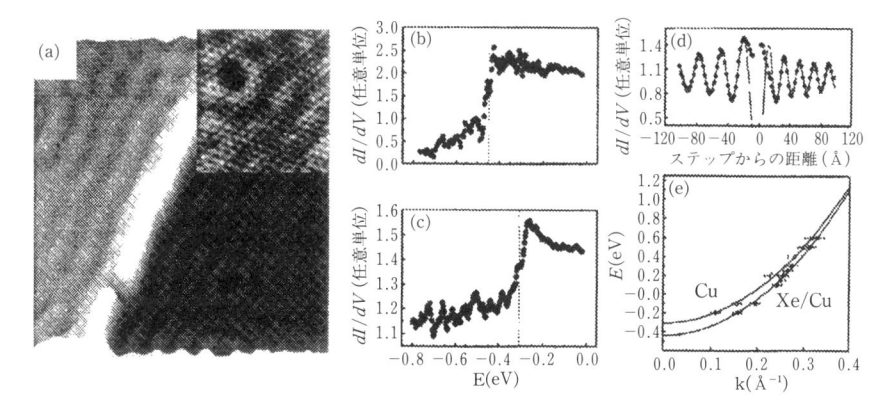

図 3.12 Xe/Cu の STM 像 (a), Cu 面 (b) と Xe 吸着面 (c) のスペクトル, (d) ステップ両端での電荷密度の振動の様子, (e) Cu 面 (左上曲線), Xe 吸着面 (右下曲線) での分散関係[38]

2) 定在波・分散関係　第1章で述べたように, STM は「実空間で原子を観察できる顕微鏡」として知られているが, 3.1.2項1) でみてきたように, 実際に観察しているのは試料表面のフェルミ準位近傍の電子状態である. 多くの場合, 電子状態密度は原子の位置で高いため, STM 像は原子像を表すが, 低次元伝導体の電荷密度波 (charge density wave; CDW)[36] や, 超伝導体の表面[37], 散乱体の存在する Cu, Au や Si, InAs, GaAs などの表面[38~42] では, 電子波が表面の原子構造とは異なる分布で観察される. こうした電子構造を解析することにより, 量子力学的な電子の波の性質を視覚的にとらえることができるとともに, 表面の電子状態に関する多くの情報を得ることが可能になる. 欠陥や吸着・不純物原子, ステップなどの散乱体により生じる現象は局所的なもので, 他の手法で定量的に解析することは困難である.

図 3.12 (a) は, 5 K において Cu(111) 表面に Xe ガスを〜0.7 ML 吸着させた表面の STM 像である. 左側が Xe の吸着領域右側が Cu の領域で, 両者で定在波がみられる. 挿入図は, 原子像と定在波が両方観察されているものを示している. 定在波は, Cu の表面準位の電子によるもので, Xe 2 層の吸着領域では観察されない.

図の像において, $h(r)$ を r における STM 像の高さとして, 自己相関 $G(\Delta r) = \int h(r')h(r'+\Delta r)dr'$ から, Cu, Xe 吸着表面における2つの定在波の周期が求まるが, Xe 領域の方が 15% 長くなっている.

分光測定による解析結果を図(b)〜(e)に示す．(b),(c)はそれぞれCu, Xe吸着面のdI/dVスペクトルである．Cu表面には，フェルミ準位の下〜440 meVに表面準位がみられるが，Xeの吸着により〜130 meVシフトしている．また，Xeの吸着により立ち上がりの幅は広くなっており，寿命が短くなっていることを示している．

有効質量m^*をもつ電子がステップによる1次元の障壁で散乱された場合，LDOS ρ_sは，$L_0=m^*/(\pi h^2)$，ステップからの距離をx，反射率をrとすると，ベッセル関数を用いて$\rho_s=L_0[1-rJ_0(2k_0x)]$と表される．(d)は$E=-200$ meVでのdI/dVの値をステップの両側(0の左側がXe吸着領域，右側がCu領域)の波のフィッティングの例で，異なるエネルギーに対して同様の解析から得られる結果をまとめたのが図3.12(e)の分散関係になる(Cu(●)，Xe吸着(○)面で得られた結果)．STS(走査トンネル分光法)から得られる分散関係はフェルミ準位近傍に限られるが，光電子分光と異なり，占有準位，非占有準位の両方の情報を得ることができる．

図3.12(e)から，分散関係の〜130 meVのシフトが確認される．有効質量は放物線状のバンド構造を考えると，ほとんど変化しておらず[〜0.40 m, 〜0.42 m]，Xe吸着による表面準位の分散関係が変調され，dI/dV像の定在波の変化となって現れたことがわかる．

こうした表面電子状態の変調は，低次元系電荷移動錯体表面のCDWでも表面特有の電荷密度の変化の結果として観察されているが[36]，表面の2次元的な表面準位を制御する可能性を示唆する．実際，Au, Cu表面にPdを吸着させて，表面準位の変調を行う試みが行われ，期待通りの結果が理論計算とあわせて示されている[39]．その他，STSを利用して，金属の伝導電子と表面に吸着させた磁性不純物原子-不対電子スピンの相互作用による近藤効果の解析などが進められている[43]．

3) 電子緩和寿命

(i) 分散関係の解析： 3.1.2項2)で述べた定在波の減衰を解析すると，電子散乱による緩和長L_ϕに関する情報が得られる[44]．図3.13(a)はCu(111)面の直線的なステップにおける定在波のdI/dV像である．ステップからの距離をxとしてバルクからの寄与をρ_bとすると，電荷密度は減衰長を考慮して，

$$\rho_s(E,x) \sim \rho_b + L_0[1-r(k_E)e^{-2(x/L_\phi)}J_0(2k_Ex)] \tag{3.5}$$

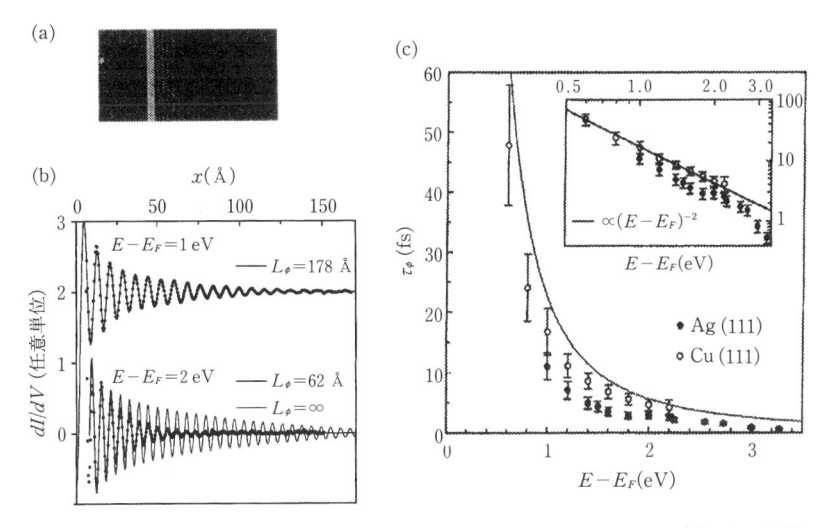

図 3.13 ステップ端における定在波の STM 像 (a), 定在波のフィッティング (b), 寿命 (c)[44]

となり, それぞれの場所 x から式 (2.1) に従い, 探針との間でトンネル遷移する.

バイアス電圧 V を変調して dI/dV の値を求めていることを考慮して, 理論的な式を求め, 定在波の減衰の様子をフィッティングしたのが図 3.13(b) である. それぞれ, $E-E_F$ (E_F: フェルミ準位)=1 eV, 2 eV のエネルギー状態の減衰の様子で, 2 eV の方には, $L_\phi=\infty$ (非弾性散乱がない) 場合の理論式もあわせて示してある (振幅が大きく, ゆるやかな減衰振動の方). Ag(111), Cu(111) 表面に対して同様のフィッティングを異なる電圧に対して行い, 分散関係を描かせて一致することを確認し, 寿命 $\tau_\phi=L_\phi/v$ ($v=\hbar k_{ev}/m^*$: 群速度) を $E-E_F$ に対してプロットしたのが図 3.13(c) である. 緩和の主な原因が電子-フォノン相互作用の場合はエネルギーによらず, 5 K で 79 fs 程度と測定値に比べて長いはずであり, 3 次元の場合に予測されている $\tau\sim\lambda(E-E_F)^{-2}$ とよく対応することから, 主な効果は 3 次元系の電子-電子間相互作用によると考えられている.

マニピュレーション技術を用いて Ag(111) 表面に 51 個の Ag 原子を並べて一辺~25 nm の三角形をつくり, 量子柵構造の中の定在波に対しても解析が行われている. この場合は, Ag の柵内で, 電荷密度分布の 2 次元的な計算値と実験値の差を最小にするようにフィッティングが行われ, 上記過程と同様のエ

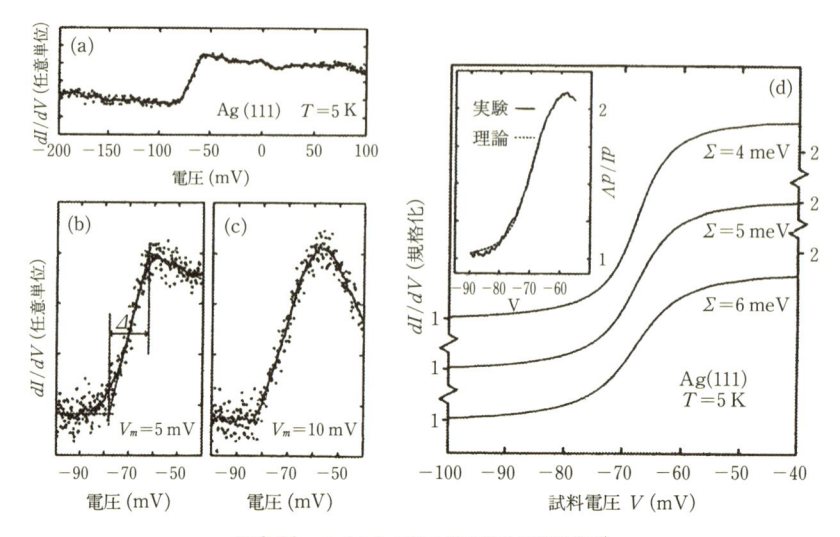

図 3.14 スペクトル幅の実験値と理論計算[46]

ネルギー依存性が得られている[45]．

（ii）スペクトル広がりの解析： 光電子分光で得られるスペクトルのローレンツ幅 Γ は，ホールの寿命などと関係づけられて解析される．しかし，理論計算との差は小さくなく（実験～20 meV，理論～5 meV），原因は，欠陥など不完全な表面状態によるものとされている．STM では表面の状態を確認しながらの実験が可能で，こうした表面構造の影響を受けない，より正確な値が求まると期待される．

図 3.14 (a) は，5 K で得られた Ag(111) 面の表面準位の dI/dV スペクトルで，(b), (c) は，それぞれバイアスの変調を 230 Hz，$V_m=5$ meV および 10 meV として測定したときの立ち上がり部分の拡大図である．また図 (d) は，自己エネルギー Σ に対してトンネル過程の詳細を理論的に計算して求めた dI/dV 曲線である．実験により得られたスペクトルの幅 Δ と比較することにより，フィッティングのパラメーターとして $\Sigma=4.9\pm0.6$ meV $(=\Gamma/2)$，$\tau=67\pm8$ fs が求まる．これまで求められている光電子分光などの結果に比べて，理論計算から得られる寿命に近い値が得られている[46]．

4） ナノ構造の解析

（i）1 次元・分子系： カーボンナノチューブはグラフェン（グラファイト

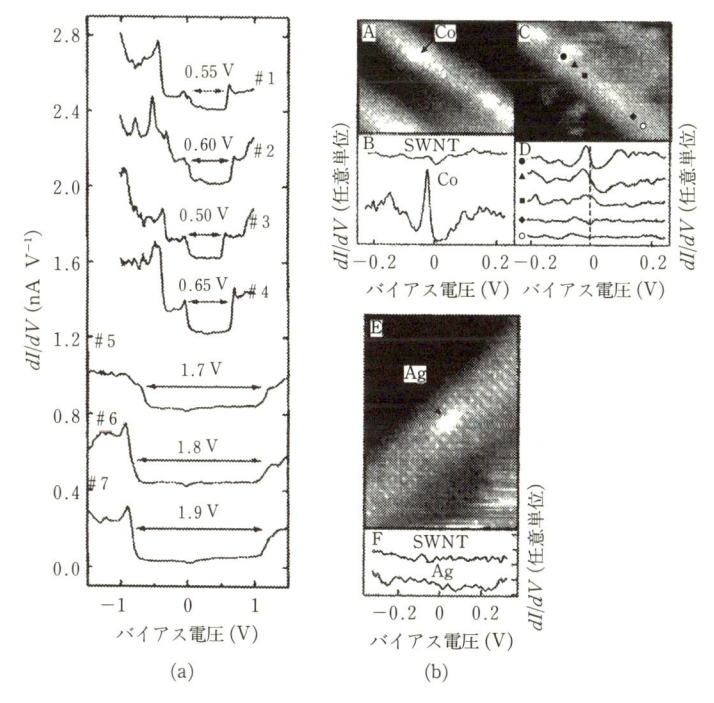

図 3.15 (a) カーボンナノチューブの分光スペクトル[47], (b) Co (A〜D) および Ag (E, F) 微粒子を吸着させたときのSTM像とスペクトル[48]

状の構造をもつ1枚のシート）を筒状に巻いた構造をもち，1次元的な性質をはじめとして多くの興味深い特性を示すことから，1991年に発見されて以来，今日まで多くの研究の対象になっている．しかし，これら特性を理解し，利用するためには，詳細な電子構造の解析が必要である．

チューブ円周に沿った原子の結合の幾何学的な特徴から，アームチェアー型，ジグザグ型，カイラル型とよばれる構造になる．チューブに垂直な面内では，波数 k は量子化される．一方，チューブ方向にはグラフェンの π バンドの分散を基本とした連続的な分散をもつため，1次元バンドの集まりのような構造になる．グラフェンの π 結合，反結合バンドが接する K 点を1次元バンドが横切るとき金属的になる．

図 3.15 (a) は，いくつかの試料についてトンネル分光測定した結果をまとめたものである[47]．0.5〜0.6 eV 程度のギャップは半導体的な性質とよく一致

する．1.7～2.0 eV のギャップ状のバイアス電圧の部分には，小さいけれど有限な状態密度が存在するとして，金属的な性質をもつ場合とよく一致する．図のスペクトルのゼロバイアスに対する非対称性は，ナノチューブ，Au(111) 基板の仕事関数がそれぞれ ～4.5 eV，～5.3 eV であることによって，Au(111) 基板との間で電荷移動が生じ，フェルミエネルギーが荷電子帯側にシフトしたことによるものと理解されている．大きなギャップをもつ方がシフト量が少なく，金属的な状態密度の存在を裏付けている．カーボンナノチューブの1次元的な伝導特性を反映して，バンドの立ち上がり部分にファン・ホーベ(Van Hove)特異点による鋭い立ち上がりがみられている．欠陥のまわりの定在波から分散関係を求めると，$|E(k)| \propto |k - k_F|$ (k_F はフェルミ波数)として直線的な関係が得られ，理論とよく一致する[48]．定在波強度の減衰 $\exp(-2x/l_\phi)$ から求めたコヒーレント長 l_ϕ は 1.89 ± 0.27 nm と光学測定などから得られた値より短くなっているが，Au 基板の k_F が大きく，非金属基板に比べて強い電子散乱の影響などが現れているものと考えられている．

図3.15(b) は単層カーボンナノチューブ(single walled carbon nanotube, SWNT) に Co の微粒子を吸着させたときの STM 像 (A, C) とスペクトル (B, D) である[48]．Co の真上で $V = 0$ のところに準位が現れ，Co からの距離とともに減衰する．一方，Ag 微粒子の場合には準位は現れないことから，Co の

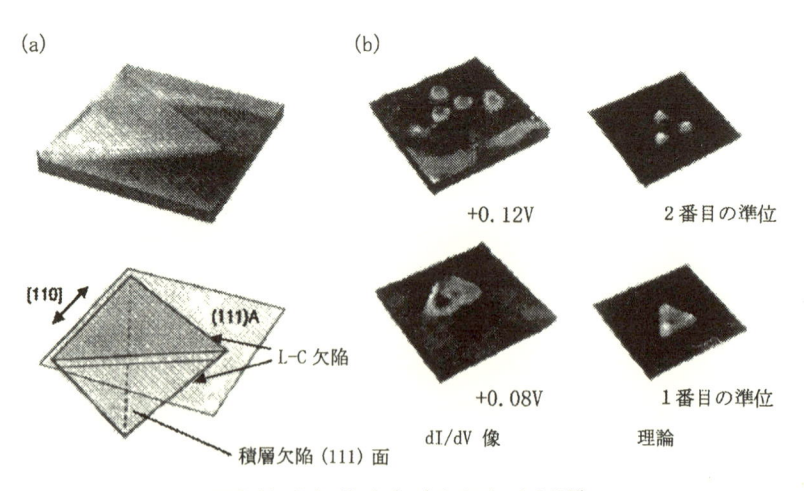

図 3.16 InAs/GaAs(111) A 表面の定在波[50]

場合の結果は，近藤効果による共鳴準位と考えられる．

　カーボンナノチューブは，内部にフラーレンなどを取り込んで，豆ざや(pea-pod)のような構造を形成するが，上に述べた電子状態が構造の歪によって変調されることが，dI/dV 測定により示されている[49]．

　こうした単一分子内電子構造の解析は基礎的にも応用上も非常に重要である．

（ii）ゼロ次元・半導体構造[50~52]： GaAs(111)A 表面に InAs を成長させると，積層欠陥により歪が緩和する過程で，図 3.16 のような四面体構造が形成される．バイアス電圧を変化させて dI/dV 像を観察すると，四面体構造の外でバックグラウンドが増加するが，三角形状の構造の中では，状態密度の構造に対応してバイアス電圧に依存した STM 像が現れる[50]．図 3.16(b) は，試料バイアス 0.08 V（最初のレベル），0.12 V（2 番目のレベル）に対する dI/dV 像（40.2 nm×40.2 nm）で，強結合近似で計算した結果とよく一致する．こうした構造は，テラス上の欠陥周りの振動（2 次元的な電子の散乱）には現れず，ゼロ次元的な構造を反映している．

　その他，InAs/ZnSe（核/殻）構造をもつナノ結晶で，同様に，s, p 的な軌道に対応するスペクトルと dI/dV 像の空間分布が得られ，理論からの予想と一致することが示されている[52]．

（iii）その他： 原子レベルの空間分解能で，meV 以下の分解能のスペクトルを得られる機能は非常に適用範囲が広い．例えば，超伝導材料のコヒーレント長以下のスケールでの振る舞いなどを調べるのにも大きな威力を発揮する．ヴォルテックス構造を直接解析することにより，オーダーパラメーターへのヴォルテックス間相互作用の影響や，ギャップ内準位，波動関数の対称性などが理論と比較されて議論されている[37,53,54]．同様の手法により，近藤効果の解析も進んでいる[43,55~57]．

　これまで述べてきた定在波とは少し異なるが，探針と試料の間に仕事関数以上の電圧を印加した場合，電界放出（真空ギャップ）領域で試料への入射波と反射波の間で電子波の干渉が生じる[58]．この共鳴準位は表面の状態に非常に敏感なため，例えば，表面準位や表面電位の空間分布の情報などを得ることができる[59~61]．また，ダイヤモンドはその絶縁性のため，原子レベルの観察は無理と考えられていたが，第 1 共鳴準位が伝導体の底のすぐ上にあり，120~250 μm の電子拡散長をもつことから，共鳴準位を利用して原子レベルの観察が可

能になっている[62]. ダイマー列に沿っては分解能が出ないことをもとに電子状態の詳細が議論されるなど，新しい可能性が開けている．

3.1.3 局所トンネル障壁

2.1節1)で述べたように，トンネル電流の式を探針-ギャップ間距離 z で微分することにより，$\phi_a = \hbar^2/8m[d(\ln I)/dz]^2 = \hbar^2/8m[1/I \cdot dI/dz]^2$ として，局所的な障壁の高さを測定することが可能になる[63]．距離 z としてオングストロームの単位を用いると，$\phi_a = 0.95[d(\ln I)/dz]^2 = 0.95[1/I \cdot dI/dz]^2$ として，ϕ_a が eV の単位で求まる．理想的な場合，ϕ_a は試料表面の仕事関数を与えるが，実際には，探針の構造やバイアス電圧による障壁の変化など，複雑なトンネル過程が影響を及ぼす．また，障壁自体も鏡像ポテンシャルによって $\phi_a = \phi_\infty - a/z$ と変化するが，2次のオーダーでの影響しか与えないので通常は無視できる．正確には，$G = I/V$ を用いて，$\phi_a = \hbar^2/8m[d(\ln G)/dz]^2 = \hbar^2/8m[d(\ln I)/dz - d(\ln V)/dz]^2$ となる．探針-試料間の距離 z が 1 nm より小さくなると，両者の波動関数が重なることにより障壁は大きく変化する．まず，局所的に障壁の穴やチャンネルが生じて弾道的な電子の移動が起こり始めることが期待される．しかし実験的には，障壁が破壊された後も，電流は指数関数的な距離依存性を示す結果も得られている．これは，探針直下の狭いチャンネルの領域に電子を閉じ込めることによるエネルギーの増加が障壁として働くとして理解されている．

さらに，探針-試料の距離を近づけた場合，理論的には障壁は破壊するが，実験的には障壁が存在するような距離依存性も得られている．理由として，(1) 回路系の抵抗により実効的なバイアス依存性が異なる，(2) 探針が試料との相互作用により変形を受ける，という2つの効果が考えられている．(2)の場合，実際の距離を r とすると，$\phi^* = \hbar^2/8m[d(\ln I)/dr]^2 = \phi_a(dz/dr)^2$ となる．これは，探針-試料間の相互作用が引力であるか斥力であるかによるため，材質に依存することになる．実際は探針の汚れも影響する．

障壁は印加電圧によっても変化する．遷移確率式(2.2) $T = \exp[-2z\sqrt{2m}/\hbar^2((\phi_t+\phi_s)/2+eV/2-E)^{1/2}]$ において，$\phi_a = (\phi_t+\phi_s)/2-|eV/2|$ と近似すると，ϕ はバイアス電圧に線形に依存して減少する．この依存性は，理論，実験両面から確認されている．実質的には，距離依存性の効果の方が大きく，バイ

アス依存性はトンネル電流の変化にそれほど影響を及ぼさない．もしバイアス依存性の影響が大きければ，STSの解析は非常に複雑になるところであった．MIS (金属-絶縁体-半導体) 構造の場合の距離に対する探針効果は3.1.2項1) のところでふれている．

実験的には，ピエゾ素子のz方向に変調電圧を印加して探針を振動させ，対応するトンネル電流の変調をロックインアンプで取り出す．変調電圧は，回路のカットオフよりも小さい~2 kHz程度，0.02 nm程度の振幅となるように印加する．探針が試料表面に対して垂直でなくθだけ傾いていると，実効的な探針-試料間の距離は$z \cdot \cos\theta$となる．

ϕ_aの2次元的な分布を**障壁像** (barrier-height 像; **BH像**) とよび，電子構造の情報を与える．また，ϕ_aを用いてSi基板に吸着させた単一分子の容量が求められている[64]．

3.1.4 局所容量計測

1) 容量顕微鏡 図3.17 (a)は**走査容量顕微鏡** (scanning capacitance microscopy; **SCM**) の概略図である．例えば，導電性のAFM探針を用いて試料との間の距離を制御し，半導体や酸化試料の間に印加する試料バイアスを変調して，空乏層領域の変化などに伴う容量の変化dC/dVを測定することにより，ドーパントの分布や電荷の捕獲などに関する情報が得られる[65,66]．空間分解能は~20 nm，容量センサーは発振器，共振器，検波回路からなり，探針-

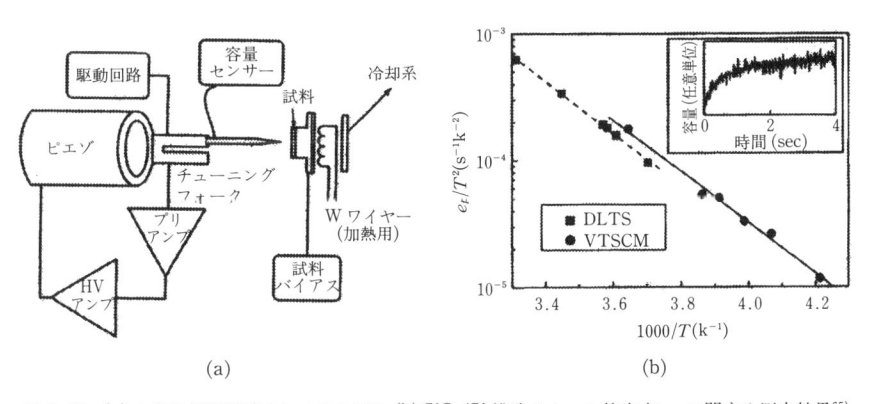

図3.17 (a) 走査容量顕微鏡のシステム図と(b) SiO_2/Si構造のホール放出率e_pに関する測定結果[65]

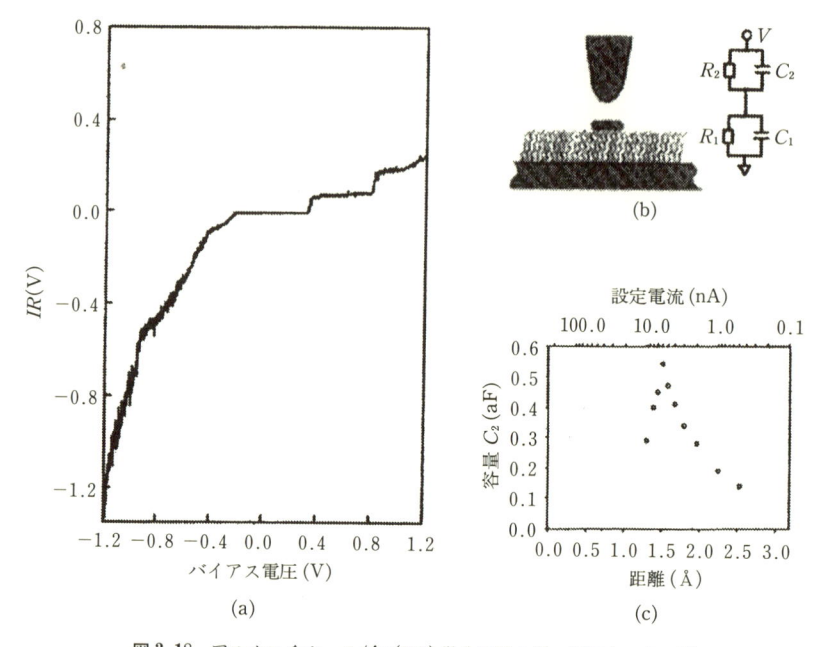

図 3.18 アルカンチオール/Au(111) 単分子膜の単一電子トンネル[70]

試料間の静電容量の変化を系の共振周波数の変化として測定するもので，$\sim 10^{-21}$F の感度をもつ[67]．

図 3.17 (b) は，SiO_2/Si 構造をもつ試料の容量を，温度可変 SCM と DLTS (deep level transient spectroscopy) とよばれるマクロな方法で測定した結果を解析したものである．挿入図は SCM により測定した容量の時間変化で，指数関数でフィッティングして放出率を求め，アレニウスプロット (Arrhenius plot) を得ている．図から求めたエネルギー準位と捕獲断面積は，それぞれ 0.40 eV, 6.3×10^{-17}cm^2 (SCM)，0.41 eV, 3.7×10^{-17}cm^2 (DLTS) と両者でよく一致している[65]．こうした方法で半導体界面の転位などに関する情報を得ることも可能である[68,69]．

2) 単一電子トンネル　図 3.18 (a) は Au(111) 面にアルカンチオール ($CH_3(CH_2)_9SH$) 単分子膜をつくり，その上にサイズ〜2 nm の金粒子を蒸着させた構造 ((b) に模式図) の電流–電圧 (I-V) 曲線 (5 K) である[70]．STM 探針–金粒子–Au 基板の間で二重障壁トンネル接合ができており，階段状の I-V 曲

線は，この間を単一電子がトンネルする際のクーロンブロッケードとよばれる現象によるものである．詳細は省くが，電流がゼロ（ゼロコンダクタンス）である部分のギャップの幅 V_{CB} はトンネル接合部の容量に関係する（接合部が1つなら，$V_{CB}=e/C$，e は電子の電荷）．したがって，V_{CB} を解析することにより，系の容量に関する情報を得ることができる．探針-試料間の距離 d を変えて I-V 曲線を測定し容量変化を求めた結果を図3.18(c)に示す．V_{CB} には，大きい方の容量が影響を及ぼす．そこで，探針を近づけていくと，ある距離から探針-金粒子間の容量 C_2 が主になり，距離が小さくなるとともに上昇する．しかし，$C\sim 1/d$ である古典的な容量の式の予測とは異なり，ある距離から C_2 は減少を始める．完全な機構の説明は得られておらず，こうした現象の理解は，ナノスケールの素子開発などにおける重要な課題となる．

3.1.5 ケルビン法と関連技術

探針と試料を含めた構造は，2つの極板を向き合わせたコンデンサーと同様の構造をもつ．そこで，探針-試料間の距離や電圧を変調して対応する変位電流や静電的な力の変化を測定することにより，局所的な接触電位差や蓄積される電荷の空間分布およびその時間変化の情報を得ることが可能になる[71~80]．**ケルビン** (Kelvin) **法**として知られてきた手法がさまざまな形で展開されているが，測定の対象となるのはトンネル電流ではなく，分解能は原子レベルとはならずに探針の形状に依存する．

1) 変位電流の解析 探針-試料間の容量を C，電位差を V とすると，蓄積される電荷 Q は，$Q=CV$ であるから，トンネル電流が無視できる領域まで距離を離すと，測定にかかる電流は $I=dQ/dt$ と表される．電位差 V は，接触電位差と印加電圧の和になる．

例えば，探針-試料間の距離 z を ω で微小に変化（$z=z_0+\Delta z\sin\omega t$）させることを考える．このとき，測定される電流も変調を受け，

$$\begin{aligned}I&=\frac{dQ}{dt}\\&=V\frac{dC}{dt}=V\frac{dC}{dz}\cdot\frac{dz}{dt}\\&=\Delta z V\frac{dC}{dz}\omega\cos\omega t\end{aligned} \tag{3.5}$$

となる．したがって，電圧を印加して$\cos\omega t$ 成分をゼロになるようにすれば，その電圧の値が接触電位差の値になる．変位電流の電圧依存性から局所電荷に関する情報を得ることも行われている[77]．

2) 静電気力の解析法　AFM を利用して，静電気力を測定する**静電気力顕微鏡**(electrostatic force microscope; **EFM**)から，接触電位差，電荷，容量の空間分布を求めることも可能である．表面電荷や誘電電荷が存在しないとき，静電的な力は静電エネルギー $U=-1/2 CV^2$ から，

$$F_{es}=-\frac{\partial U}{\partial z}=\frac{1}{2}V^2\frac{\partial C}{\partial z} \tag{3.6}$$

と表される．探針-試料間のポテンシャルを ω で $V(t)=V_{dc}+V_{ac}\sin(\omega t)$ と変調することを考えると，

$$\begin{aligned}F_{es}&=1/2\,V^2(\partial C/\partial z)=1/2[V_{dc}+V_{ac}\sin(\omega t)]^2(\partial C/\partial z)\\&=1/2(V_{dc}^2+1/2\cdot V_{ac}^2)(\partial C/\partial z)\\&\quad+(\partial C/\partial z)V_{dc}V_{ac}\sin(\omega t)\\&\quad-1/4\cdot(\partial C/\partial z)V_{ac}^2\cos(2\omega t)\end{aligned} \tag{3.7}$$

となる．ロックインアンプ(位相敏感検出)を用いて，$\omega, 2\omega$ の項をモニターしながら探針-試料間の電圧を変化させ，ω 成分を最小にするときの電圧が接触電位差となる[73,78]．また，2ω の振動成分の 2 次元的な分布を測定すれば，$\delta C/\delta z$ の空間分布を求めることができる．

解析例を示す[72]．図 3.19 は，SiO_2/Si 表面に ± 10 V，60 秒間電圧を加えることにより界面に捕獲された電荷が消滅していく様子を EFM で観察した像である．明るい領域に正孔，暗い領域に電子が捕獲されており，(a)が注入後 25 分，(b)が 74 分後の像で，(c)の断面を見ると明らかな変化がみられる．(d)は，$+10$ V で 10 秒間電圧を加え，ホールを捕獲させた後，一定の場所で(例えば(a)の直線 A に沿って)走査を繰り返し，時間変化を追った結果である．最大値の 25％，59％，75％の等高線が示してある．(e)は，(d)の，I (0)，II (50)，III (256)，IV (512) 秒の断面で，時間とともに領域の高さが低くなり，分布が広がっていく様子がわかる．この様子を，電界の影響でのドリフト電流を取り込み拡散方程式を用いて電荷分布の変化をシミュレーションすると，フィッティングの変数として拡散係数 $D=0.7\times 10^{-12}\mathrm{cm}^2/\mathrm{s}$，総電荷 9.5×10^{10} $\mathrm{e/cm}^2$ が求まる．

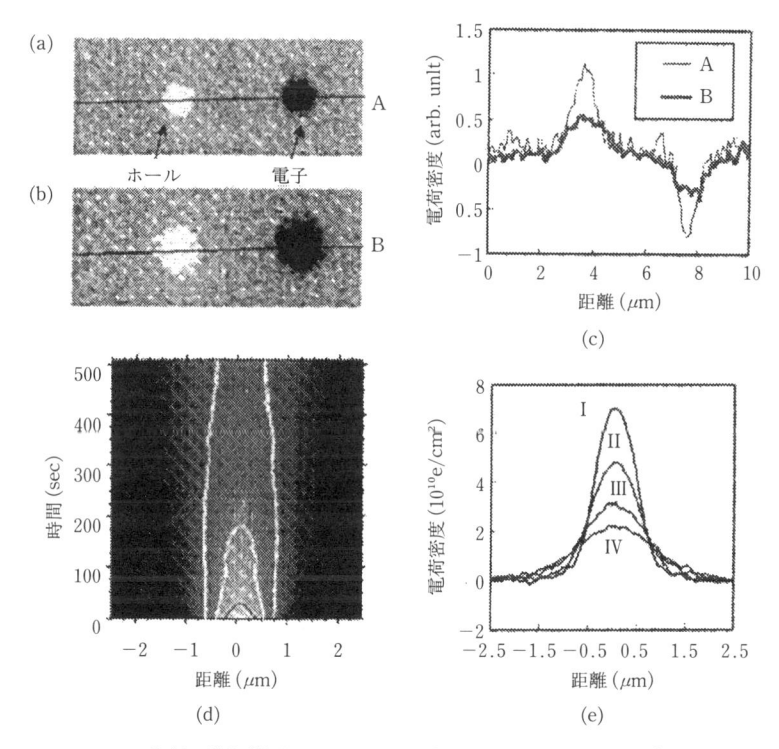

図 3.19 SiO$_2$/Si 表面に捕獲された電荷の消滅過程の観察結果[72]

最近,静電気力検出に基づいた測定方法ではあるが,距離と電圧の両者の変調を考慮し,3ω 成分を扱うことにより,ドーパントの種類や濃度に関する情報を得る容量原子間力顕微鏡 (scanning capacitance force microscope; SCFM) の試みも進められている[79].また,光誘起の効果なども調べられている[80].こうした手法を詳しく比較検討することにより[81],新たな展開も可能かも知れない.いずれの場合も,対象が微細になるにつれ,表面電荷や探針の影響などを正しく考慮することがより重要になる.

3.1.6 弾道電子の測定

1) 電流検出 半導体-金属界面の障壁や酸化膜内での電荷の振る舞い,局所構造による電荷の散乱・捕獲,共鳴準位のナノスケール伝導への影響などの情報を得ることは,基礎的にも応用上も大切である.**弾道電子顕微鏡** (bal-

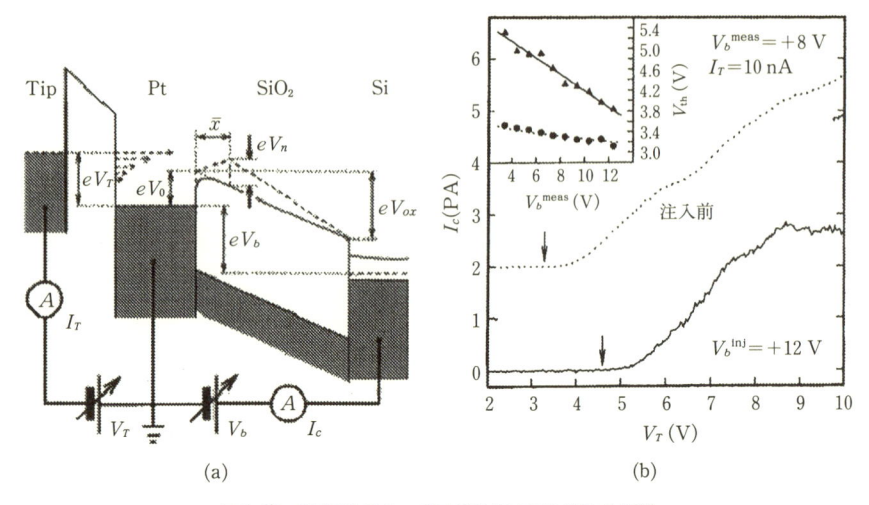

図 3.20 BEEM 測定の電子構造模式図と測定結果[82]

listic electron emission microscope；**BEEM**）は，こうした試料内部の構造を解析する手段を与える[82,83]．

以下は，SiO_2 熱酸化膜上に Pt を蒸着させた MOS（金属-酸化物-半導体）構造に電子注入を行ったことで生じる電荷の捕獲を調べた例である．図 3.20(a) は BEEM の測定原理を示した模式図である．Pt-Si，Pt-探針の間の電圧を V_b，V_T，それぞれの回路を流れる電流を I_c，I_T とすると，I_c を V_T，I_T，V_b の関数として測定する．SiO 中の実線は電子注入がないとき，点線が電子注入により酸化膜中 $\bar{x}$ の位置に電荷 n が捕獲されて電位 V_n が加わった状態を表している．図 3.20(b) は BEEM の測定グラフである．$I_T \sim 10\,\text{nA}$，$V_b = 8\,\text{V}$ の条件で $(I_c$-$V_T)$ 測定を行っている．V_T が Pt-SiO_2 間の障壁の高さより大きければ電子の一部は Si 基板に達し，I_c として測定される．点線は電子注入前，実線は $V_T = 5.4\,\text{V}$，$V_b = V_b^{\text{inj}} = 12\,\text{V}$ として電子を注入した後のスペクトルで，V_T のしきい値が 3.3 V から 4.6 V に変化している．図 3.20(b) の挿入図は電荷 n が捕獲されているとして V_T のしきい値 V_{th} と V_{ox} の間の関係を理論的に求め，実験と比較した結果である（●：注入前，▲：注入後）．フィッティングの変数として 12 V で注入した場合，$V_0 \cong 3.8\,\text{V}$，$\bar{x} \cong 3.9\,\text{nm}$，$n \cong 1.3 \times 10^{13}\,\text{cm}^{-2}$ という結果が得られる．注入領域（50 nm×50 nm）を考えると，

3.1 ナノスケールの電子物性

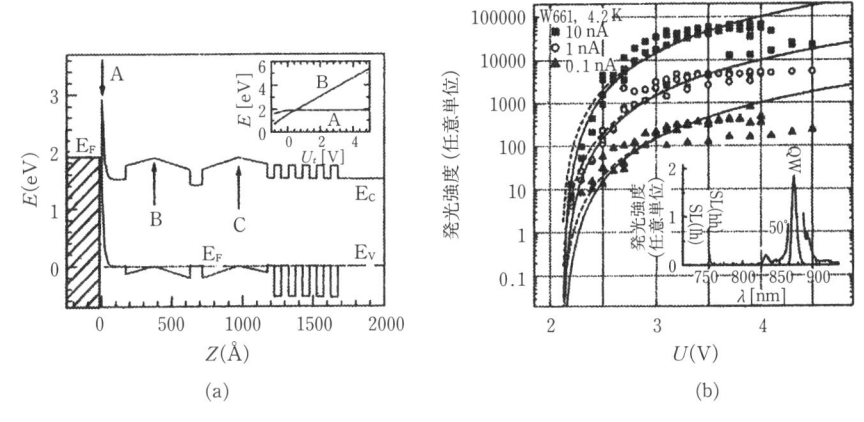

図 3.21 BEEM 発光に用いた試料の模式図と測定結果[84]

~100個程度の電荷の捕獲が確認できることになる．

CoSi$_2$/Si(111) の系では，界面の点欠陥 BEEM 像が ~1 nm 程度の高分解能で得られている．バンド構造をもとに k ベクトルの整合性が議論され，注入キャリヤーが広がらずに収束する過程の存在が説明されている[83]．

2) 発光検出 弾道電子の相補的な解析法として，途中で捕獲された電子の発光過程を調べること (optical detection of bllistic electrons ; **ODBE**) も内部のより詳細な情報を与える．図 3.21 (a) は GaAs 表面に GaAs/AlAs-5 nm/5 nm 超格子 (SL, 25 周期)，Al$_{0.25}$Ga$_{0.75}$As 障壁 (45 nm)，In$_x$Ga$_{1-x}$As 量子井戸 (QW)，Al$_{0.25}$Ga$_{0.75}$As 障壁 (45 nm)，GaAs (17 nm) キャップ構造を成長させ，バイアス電圧 U_t=1.9 V を印加した状態のバンド構造の模式図である．電子が QW にとらえられるように両障壁中 QW から 25 nm のところ(図中 B, C)に Be の δ ドープを行い，バンド構造を変調してある．

図 3.21 (b) は，この構造に電子を注入したときの発光スペクトルと，QW からの発光強度のトンネル電流 (0.1, 1, 10 nA)，および，バイアス ($U(V)$) に対する依存性である．点線は従来の BEEM スペクトルを解析する理論式，実線は電子が散乱される過程 (Γ_s : 散乱率) を取り込んで，深さ依存性を含む理論式から得られる値を示している．フィッティングの変数として Γ_s が得られ，0.1 eV のエネルギーをもつ電子の平均自由行程が 15 nm (4.2 K)，9 nm (77 K) と求められている．スペクトル中には SL からの発光もみられるが，測定

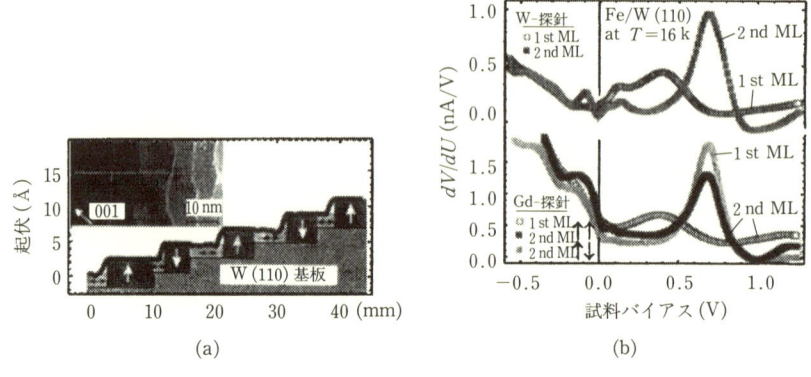

図 3.22 (a) Fe/W(110) 吸着構造の STM 像と断面の模式図，(b) Gd および W 探針によるスペクトル[86]

の対象を選択することで異なる情報を得ることができる[84]．

3.1.7 局所磁性計測

1) スピン偏極 スピン偏極 STM (spin polarized STM; SP-STM) の開発で，ナノスケール構造の磁性を原子レベルで解析することが可能になった[85,86]．

W(110) 面上に Fe を 1 ML より少し多目に蒸着すると，2 層目はステップ端にワイヤー状に吸着する (図 3.22 (a))．1 ML と 2 ML の部分で，スピンの並びは，図中に示される構造をもつ．図 3.22 (b) は，裸の W 探針と Gd でコーティングした W 探針を用いて，1 ML と 2 ML の部分で STS をとった結果である．図からわかるように，W 探針では両者に差がないが，Gd/W 探針では差が現れる．例えば 0.68 V において，dI/dV の値は，1 ML の部分で 1.3 nA/V，2 ML の部分で 1.8 nA/V となっている．したがって，dI/dV 像を観察すると，設定電圧により表面のドメイン構造が明暗となって画像化される．ワイヤーに沿ってドメイン境界の様子を観察することにより，磁壁の幅が 〜0.5 nm と原子スケールで求まっている．

こうして，トンネル電流の大きさが試料と探針のスピン偏極の状態に依存することを利用するとスピンの構造が解析できることになる．反強磁性材料 (Cr) を用いることにより，探針からの磁場の影響が除かれ，表面の磁性構造をより正しく解析できることも確認されている．

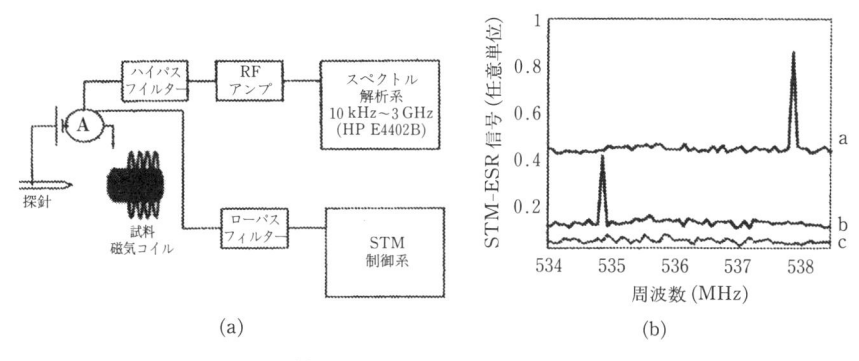

図 3.23 (a) ESR-STM のシステムと (b) 測定結果[87]

2) **スピン共鳴 SPM**　試料表面に局在したスピンが存在する場合，磁場 B を印加すると，STM のトンネル電流の大きさがラーモア振動数 (Larmor frequency: $\nu_L = g\mu_B B/h$，g 因子，μ_B：ボーア磁子) で変調される．図 3.23(a) は装置の模式図である．トンネル電流を 2 つに分けて，通常の STM 測定回路とは別に，rf (radio frequency) 増幅回路を加え，後者の回路で変調信号を取り出す仕組みになっている[87,88]．磁場を変化させ，スペクトル分析器でトンネル電流の変調周波数を解析する．

図 3.23(b) は，[α, γ-bisdiphenylene β-phenylallyl (BDPA)] 分子をイソプロパノールに溶かし，HOPG (highly oriented phyrolytic graphite) 上に滴下・乾燥して作製した試料の孤立分子に対し，190 G 印加して試料の異なる場所で得られたスペクトルである．分子の存在しない裸の HOPG の場所 (c) では，信号がみられないが，分子のある場所 (a, b) では〜535，〜538 MHz の位置に信号が現れている．両信号の差は，表面で分子が異なる状態にあるか，表面形状により磁場が変化しているためとされている．印加磁場と測定される周波数は比例関係を示し，g 因子として 2±0.1 という値が得られている．この手法を**電子スピン共鳴 STM (ESR-STM)** とよぶ．

また，テコの先に磁性体の粒子を取り付け，試料表面に沿ってテコを往復運動させることによって試料内のスピンを変調し，それに伴う共鳴周波数の変化から二次元のスピン密度を解析するフーリエ変換-磁気共鳴力顕微鏡 (Fourier-transform magnetic resonance force microscopy; FT-MRFM) が提案されている[175]．原子スケールでスピンを制御する方法としても興味深い．

3.2 ナノスケールの力学物性

単一分子の弾性や相互作用の大きさを直接測定することが可能になり，例えば，巨視的な2つの剛体の間の凝着力，引き離し力がミクロなレベルで検討されるようになった．

3.2.1 力学測定の基礎

1) フォース曲線と凝着力 図3.24のように，原子間力顕微鏡(AFM)のテコ(カンチレバー)を試料に垂直方向に移動させて，テコ先端に取り付けられている探針と試料の間に働く力と両者の間の距離の関係を示したものを**フォース曲線**とよぶ．実際には，テコは相互作用により湾曲するため，補正がなければテコを駆動するピエゾ素子の変化量と力の関係を示したものになる．図に示されているように，探針を試料に近づけていくと，(A)の位置で力を感じて探針は試料に引き寄せられテコは湾曲する．その後，探針が試料に近づくにつれテコは自然な状態に戻り，斥力領域になるに伴い，逆方向に湾曲することになる(B)．ある位置からテコを下げていくと，平衡点を通過した後，凝着力のため探針-試料間には張力が働く．張力が一定の力に達すると，付着面がはがれて引き離される(C)．分子などでは，一度ではなく，徐々に結合が切れていくが，そのあたりの詳細は3.2.2項で扱う．また，(A)，(C)における急激な変化については3.2.1項5)で述べる．

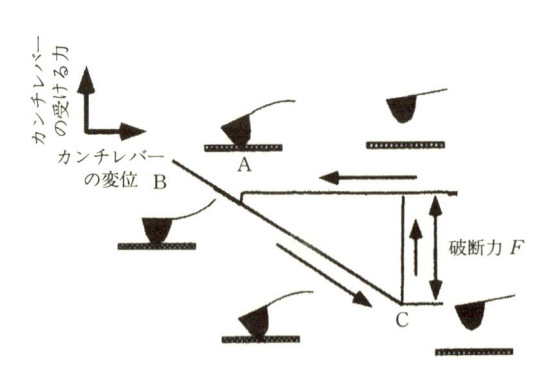

図 3.24 フォース曲線と対応する状況の模式図

3.2 ナノスケールの力学物性

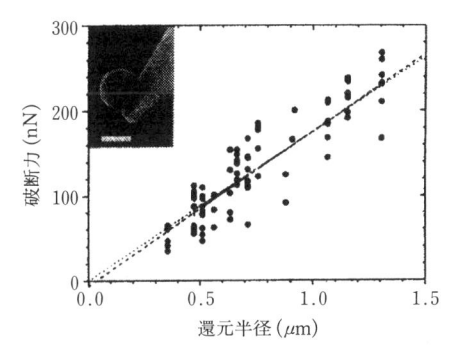

図 3.25 2つの球状のシリカの間の破断力と還元半径の関係[89]

2つの球状のシリカ(半径0.5～2.5μm)の間に働く力の破断力をAFMにより測定する例をみてみよう[89]．図3.25挿入図にSEM(走査電子顕微鏡)写真を示してあるように，半径 R_1 のシリカ(SiO_2)をAFMのテコに接着し，ガラスの滑り台の上につけてあるもう一方のシリカ(半径 R_2)と接触させ，ガラス台を引き離すことで，破断時の凝着力を測定する．図のグラフは得られた結果で，還元半径 $R = R_1 R_2/(R_1+R_2)$ と引き離し力の間に比例関係がみられる．

2つの剛体球の凝着力の解析に用いられるJKR(Johnson-Kendall-Roberts)理論では[90]，引き離し力 F_{JKR} は，γ を有効表面エネルギーとして，$F_{JKR} = 3\pi\gamma R$ と表される．JKR理論は，大きくて柔らかく，高い表面エネルギーに適用されるが，小さくて堅い粒子の場合を扱ったDMT(Derjaguin-Muller-Toprov)理論では[91]，$F_{DMT} = 4\pi\gamma R$ と少し大きめの値になる．

得られた結果は，連続体のモデルであるJKR，DMT理論とよい一致をみせ，この領域で両理論が成立することを示している．グラフの傾き F/R ～0.176 N/mから，表面エネルギーとして γ ～0.0186 J/m^2 (JKR)，～0.0140 J/m^2 (DMT) が求まる．

分子レベルの構造に対しても，例えばホスト–ゲスト系の1つであるシクロデキストリン分子(グルコース数分子からなる環状分子)の包摂錯体をグラファイト上に滴下・乾燥させ試料として用いると，包摂されるゲストの種類により凝着力が異なるという結果が得られる．それぞれの系では，STMで観察した配列構造も異なっている[92]．分子間相互作用に対応して凝着力が変化しているものと思われ，分子レベルでもこうした手法の有用性が示されている．

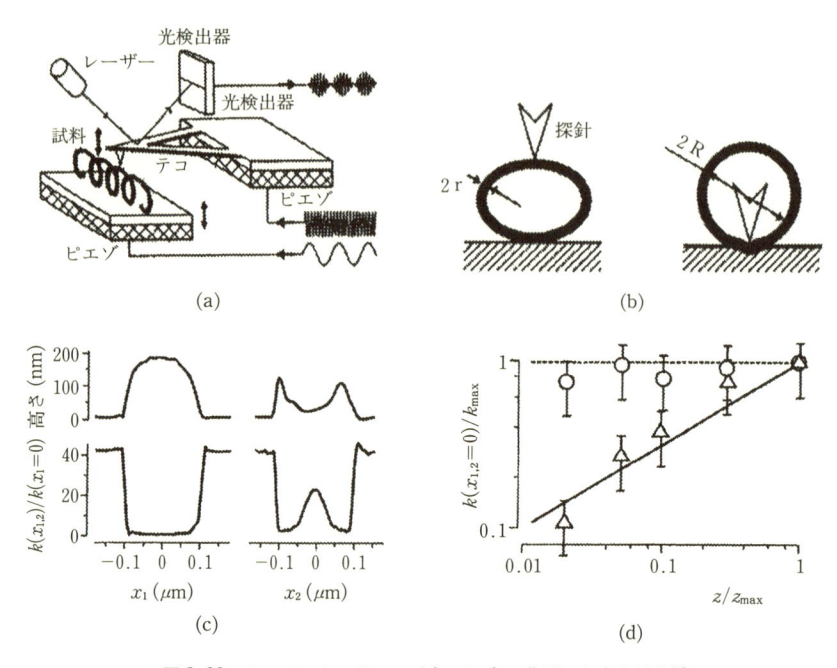

図 3.26　カーボンナノチューブ（コイル）の曲げバネ定数測定[93]

2) 曲げ・バネ定数　らせん構造をもつカーボンナノチューブを例として，らせんを歪ませるときの力をタッピングモードで測定する方法について述べる[93]．図 3.26 (a) に示すように，酸化シリコン上にコイル状のカーボンナノチューブを付着させる．チューブの直径は 20〜30 nm，らせんの直径が 200〜600 nm の構造をもつ．カンチレバーを共振周波数 ($f=98$ kHz) で 0.2〜5 nm 振動させておき，振動の中心位置を 8〜11 kHz で 1〜2 nm 振り，そのときのカンチレバーの振幅の変化を測定する．模式図が図 3.26 (b) に示してあるように，らせんの上側と基板に接触した下側で測定した AFM の断面と，得られたスティフネスの測定結果が，それぞれ (c) に示してある．

らせんの上側のバネ定数は，$k(x_1)=[2\pi EI/(4-\pi)R^3][1-(x_1/\pi R)^2]^{-2}$ と与えられ，E, $I=\pi r^4/4$ は，それぞれヤング率，慣性モーメントである．実験結果との一致はよい．またヘルツモデルによると，基板，探針のヤング率の方が小さいとして，探針-試料間の有効バネ定数は $k_e(x_2=0)=[2E_{Si}/(1-\nu_{Si}^2)](r_e z)^{1/2}$ と表される．$\nu_{Si}^2=0.217$, $E_{Si}=166$ Gpa とすると，接触部の有効半径は r_e

~10 nm と妥当な値になり，距離 z 依存性は (d) に示すようにらせんの下側で実験結果とよく一致する．らせんの上側では z 依存性はない．ナノスケールの材料を用いて構造を作製する際，重要な情報が得られることになる[178,179)]．

3) **摩擦力・せん断力**　摩擦力が表面の構造とどう関連するかといった問題が，MoS_2 試料表面をテコが滑る様子を対象として，実験と理論により詳細に調べられている[94)]．こうした解析は，基礎的にも応用上も非常に重要であるが，通常のテコの構造では走査の方向により摩擦力によるたわみのバネ定数が異なり，また，特にテコの軸方向の摩擦力は縦方向の力と区別することが困難で，注意が必要である．図 3.27 (a) はこうした問題を取り除くために開発された**せん断力顕微鏡** (shear force microscope；SFM) の模式図である[95)]．4分割状の圧電素子に光ファイバーが探針として取り付けられている．図の $(+x, +y), (-x, +y)$ 方向に駆動することによって探針を 90 度異なる方向に走査することが可能で，それぞれの信号を $(-x, -y), (+x, -y)$ 方向の組の圧電素子を利用して取り出す．図 3.27 (b) は，基板との並びで 2 つのドメインが存在するポリジアセチレンの LB 単分子膜を試料として，測定を行った結果である．走査の向きに依存して，2 つのドメインの明るさが異なって観察されており，下地との配向による異方性を反映して異なる摩擦力を生じることが示されている．

次に，探針-試料の距離の制御に STM の原理 (トンネル電流) が用いられている例を示す．図 3.28 (a) は，Si(100)−2×1 構造と W(001) 探針先端表面と

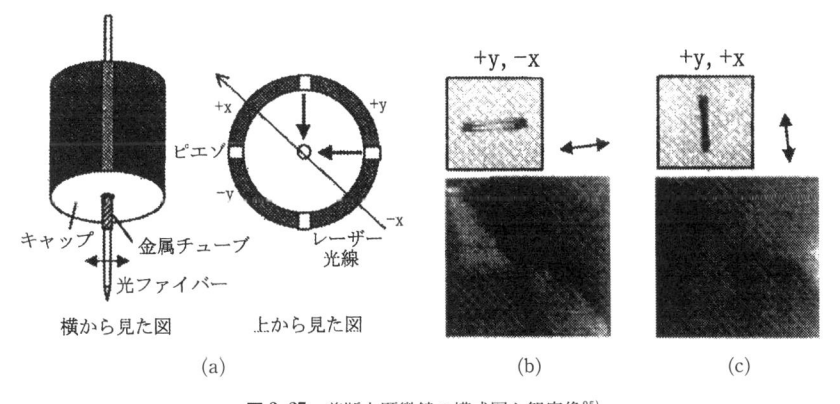

図 3.27　剪断力顕微鏡の模式図と観察像[95)]

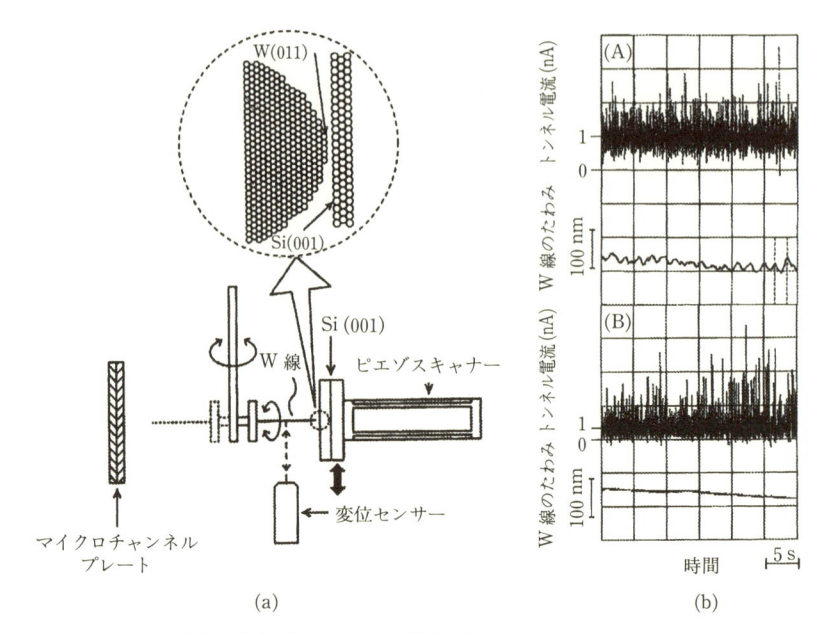

図 3.28 Si(100)-2×1 表面と W(001) 探針先端の摩擦力測定[96]

の摩擦力を測定した実験装置の模式図である[96]．両表面は，W の [11-1] 方向と Si の [010] 方向を合わせると格子整合が実現され，他の向きでは不整合になる．こうした表面間の摩擦力では，格子不整合の場合，結合力が特に弱い場合でなくても，摩擦力が非常に小さい超潤滑を示すといわれている．FIM（電界イオン顕微鏡）でW探針先端の構造を，また LEED（低速電子線回折）で Si 表面の構造を確認し，両者の相対的な向きを決める．設定電流 1 nA で試料にバイアス電圧 -100 mV を印加して，バネ定数 1.5 N/m の探針を，0.5 Hz で 100 nm 繰り返し往復させ，摩擦力を測定した結果が (b) である．両表面の向きが格子整合する場合，(a) にみられるように，探針の運動につれ 8×10^{-8}N の信号が得られているが，不整合の場合は 3×10^{-9}N の感度では観察されない．この結果から，超潤滑という概念が存在すると結論されている．

一方，Au(111) 表面と金でコートした探針の間では，非接触の摩擦力（ファンデルワールス摩擦）が測定されている．振動振幅の減衰や振動スペクトルの解析から摩擦力を求め，距離依存性，温度依存性などを解析して，試料表面に電荷のゆらぎが存在することが確認されている[97]．また，同様に，SFM を用

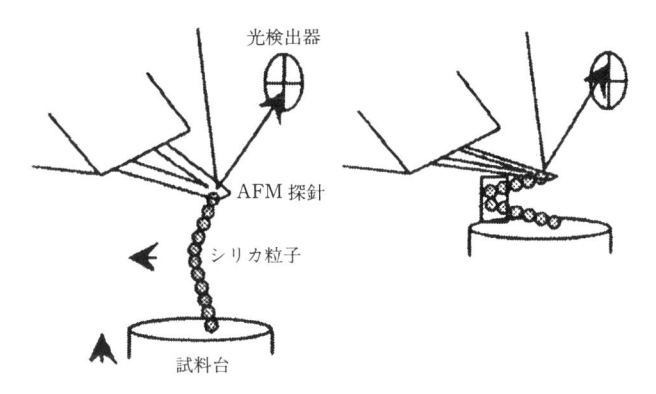

図 3.29 シリカ粒子転がり摩擦測定の模式図[89]

いた高分子薄膜のガラス転移温度での振る舞いの解析[98]の他，カーボンナノチューブを利用して，局所領域の摩擦を測定したり，電流をあわせて取り込む実験も進められている[99,100]．

4) 転がり摩擦 摩擦には，もう1つ，転がり摩擦力が存在する．3.2.1項1)で付着力を測定した例としてあげている球状の2つのシリカ粒子の間の転がり摩擦力をみてみる[89]．

球状の2つの物体の間の転がり摩擦力は，$F_r = 6\pi\gamma\xi$ と表される．ここで，γ は表面エネルギー，ξ は臨界転がり変位の大きさを表す量で，小さな極限では隣り合う原子間距離（$0.2\,\mathrm{nm} \leq \xi$）となる．一方，最大長は，接触領域の半径で，粒子の半径を $1\,\mu\mathrm{m}$ とし，さらに 3.2.1 項1) で得られた表面エネルギーの値 $\gamma = 0.0014\,\mathrm{J/m^2}$ を用いると，$\xi \leq 14\,\mathrm{nm}$ となる．したがって，力としては，$5 \times 10^{-11} < F < 4 \times 10^{-9}\,\mathrm{N}$ の範囲で得られることが期待される．

図 3.29 に示すように，半径 $0.475\,\mu\mathrm{m}$ のシリカ（SiO_2）の球が5個から20個連なった1次元の数珠状の構造をもつ材料の両端をエポキシ樹脂でそれぞれ顕微鏡のスライドガラスと AFM 探針に吸着させ，探針を上下に移動させて角度を変化させることにより，転がり摩擦力が測定される．実験から得られた転がり摩擦力は $F_r \sim 8.5 \times 10^{-10}\,\mathrm{N}$ で予想の範囲内に存在し，$\gamma = 0.0014\,\mathrm{J/m^2}$ を用いると上記式から $\xi = 3.2\,\mathrm{nm}$ となる．

5) 探針の磁場制御 テコの先端に小さな磁石を取り付け，外部磁場によってテコのたわみを制御する手法について述べる．1) で述べたフォース曲

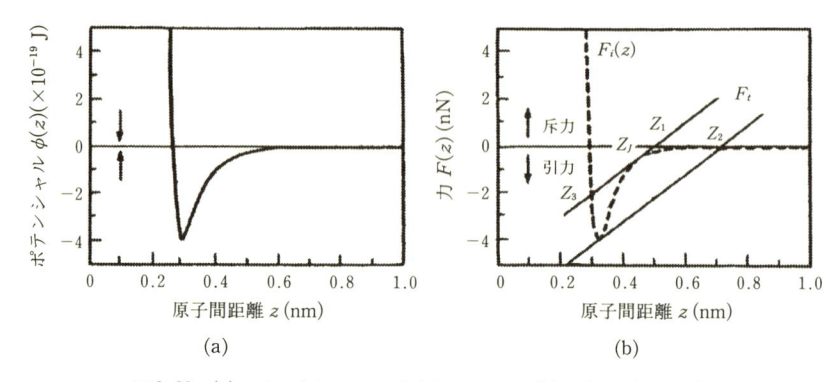

図 3.30 (a) レナードジョーンズポテンシャル, (b) スナップイン現象

線を測定する際, 力を制御して探針と試料との相互作用による急激な変化を避けたり, 力測定の感度を高める周波数変調検出 (2.3 節 3)) のための駆動力などに用いられる. ここでは, 前者について詳細を述べる.

探針-試料間に図 3.30 (a) に示すレナード-ジョーンズポテンシャル $\phi(z) = 4\varepsilon[(\sigma/Z)^{12} - (\sigma/Z)^6]$ がはたらくとする. 探針-試料間の相互作用により両者に働く力は, $F_i = -d\phi/dz$ として表され, 図 3.30 (b) のような距離依存性を示す. ここで, バネ定数 k のテコを試料表面に近づけると, テコは試料からの引力を受けて試料側にたわみ, たわみによる力 F_t が試料からの引力とつり合うことになる. たわみのないときの探針先端位置を Z_0, たわんでつり合っている先端の位置を Z' とすると, つり合いの関係は $F_i = F_t = k(Z_0 - Z')$ より, Z' は F_i と傾き k, x 軸との交点 Z_0 の直線の交点となる. 探針を試料に近づける操作は, 傾き k の直線 F_t を左側に移動させる (Z_0 の値が小さくなる) ことによって表される.

そこで, いま直線 F_t が F_i に接する $Z_0 = Z_1$ の距離まで近づいたとき ($Z' = Z_J$), さらに少しでも探針を進めると, 探針先端は図中 $Z' = Z_S$ までたわんで F_i とつり合うことになる. したがって, ここで探針が急激に試料側に引き込まれるスナップイン, もしくはジャンプインとよばれる現象が生じる. さらに探針を近づけていくと, $F_i = 0$ のところで探針のたわみはゼロとなり, その後, テコは試料から離れる側にたわんで斥力となる. こうした現象は, 同様の過程を逆にして探針を離していく際にも生じ, 図中 $Z_0 = Z_2$ で引力の大きなところでつり合った後, 探針は試料から急激に引き離される. これをスナップア

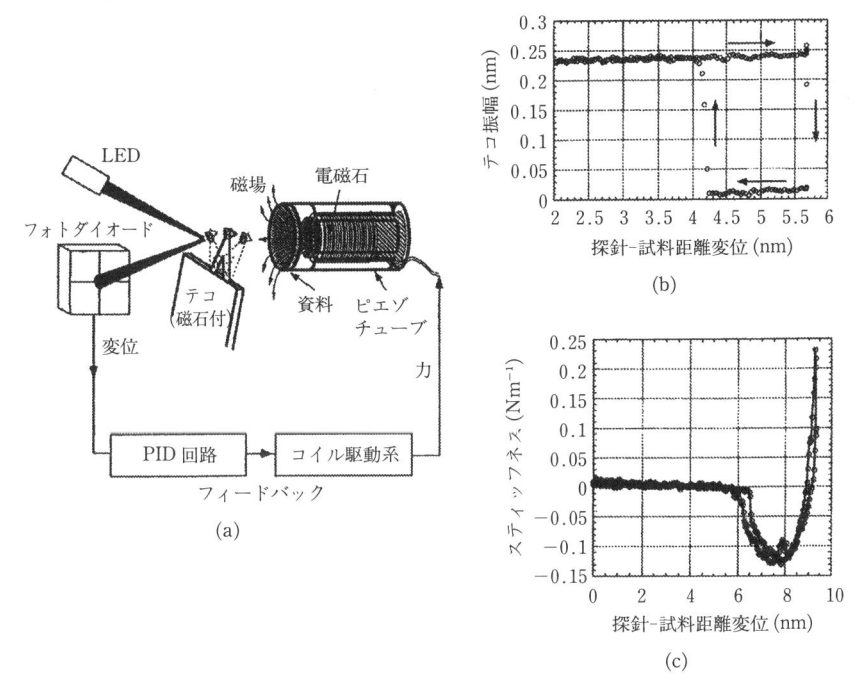

図3.31 磁場制御測定系の模式図(a)と測定結果((b)通常,(c)制御の場合)[100,101]

ウト,またはジャンプアウトとよぶ.

　これらの変化があると,変化領域でのポテンシャルの評価ができず,連続した力の解析が困難になる.そこで,外部から探針に力を加え,これら困難を取り除く方法が考えられた.図3.31に模式図を示す.探針に磁石を固定し,図のソレノイドにより探針のたわみをうち消すように磁場を印加して,探針が力ゼロのたわみ具合に固定されるようにフィードバックをかけ,磁場の強さを探針-試料間の力として測定する方法である[100,101].Si探針とSi試料に対し,(b)通常の方法,(c)磁場制御の場合の結果をフォース曲線(実際は微分形で$\partial F/\partial x$)を示してある.非常になめらかで,これを積分することにより,正しい力,エネルギー曲線を得ることができる.CFM(3.2.2項)を用いた単一分子間相互作用の測定などにも応用されている[102].

　一方,外部磁場を共振振動の駆動力に用いれば周波数変調検出により感度の高い力測定が可能になる.

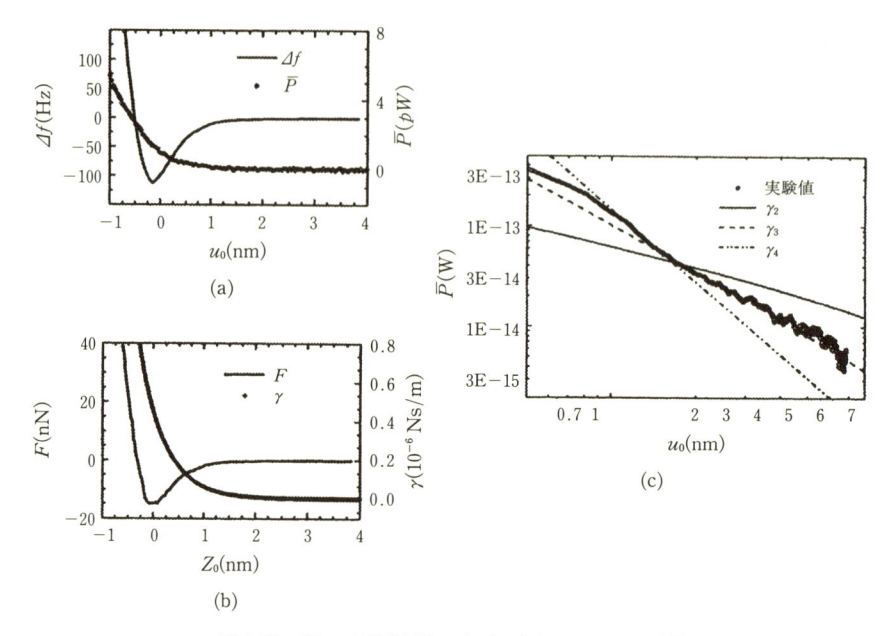

図 3.32 Al の AFM 探針と Au(111) 表面の相互作用[103]

6) エネルギー散逸　探針からのエネルギーの散逸を調べることは，例えば，真空中であれば探針直下で探針との相互作用による試料表面の物理現象を，溶液中であれば溶液との相互作用を解析する上で非常に重要な情報を与える．テコの振動は，2.3 節 3) で述べたように運動方程式 $m \cdot dz^2/dt^2 + 2m\gamma dz/dt + kz = F(z+z_0) + kA\cos(\omega t)$ と表され，エネルギー散逸を含む過程が解析される[103,104]．

図 3.32(a)，(b) は，超高真空 ($p \ll 2\times10^{-10}$ mbar) 中で，Al の AFM 探針と Au(111) 表面の相互作用を調べた結果である．2.3 節 3) で述べたように，まず静電気力を評価し，接触電位差などの影響を取り除いた状態で測定を行う．実験から得られる周波数シフトの他，力 F と減衰係数 γ，散逸エネルギー P，のグラフが図示してある．まず探針-試料間相互作用 F は，これをフィッティングのパラメーターとし，すべての z_0 に対して周波数シフト Δf が実験値と等しくなるようにして値を決める．P は，詳細は省くが実験で得られるテコの振幅，周波数の変化から計算により求めた値である[103]．さらに，エネルギーの散逸を $-\gamma dz/dt$ の項に繰り込み，$P(z)$ から γ を求める．

図 3.32 (c) は，P の実験値を両対数でプロットしたもので，傾き -2, -3, -4 の直線を $\gamma_2, \gamma_3, \gamma_4$ としてあわせて示してある．1.5～7 nm の距離では γ_3 がよい一致を示し，傾きと切片から $\gamma = \gamma_0 \cdot z^{-3}$, $\gamma_0 \sim 8.0 \times 10^{-35}$ Nsm^2 となるが，長距離にわたる相互作用の原因はよくわかってはいない．この相互作用を P から差し引くことにより短距離力が得られる．それぞれの相互作用についての詳細な機構を解析することは今後の課題であるが，SPM 技術の進展により，こうして，局所領域のエネルギー散逸を議論することが可能になった．

3.2.2 単一原子-分子間相互作用の測定

1) 化学力顕微鏡　通常，AFM で力を測定すると，探針と試料との間の相互作用を測定することになるが，化学修飾した探針を用いることにより，探針上の分子と基板上に吸着させた分子との間の分子間相互作用を直接検出することが可能になる．対象とする分子を直接固定できない場合でも，例えば図 3.33 に示すように，探針，基板を修飾した分子 (ビオチン) を用いて，その間を結合させる分子 (アビジン) との結合力を測定することも可能である．化学的な力を測定することから，**化学力顕微鏡** (chemical force microscope; **CFM**) とよばれている．磁場制御 (3.2.1 項 5)) を用いるなど工夫が考えられるが，ここでは基本的な考えを説明する．

(ⅰ) ヒストグラム法：　探針を試料と接触させ，探針と基板上の分子を結合させた後，引き離すことにより分子結合の破断力を測定する．実験的には，AFM のフォース曲線 (図 3.34 (a) A) を測定することになる．結合している分子は 1 つとは限らないが，数個の分子が結合し解離する過程を考えると，測定された力は階段状に変化し，破断の最後に測定にかかる力の大きさ F_{ad} は，単一分子間の相互作用の整数倍になるはずである (図 3.34 (a) B)．そこで，測定される力の大きさをヒストグラムにすると，周期構造が現れ，その間隔が単一の力になると考えられる[105]．

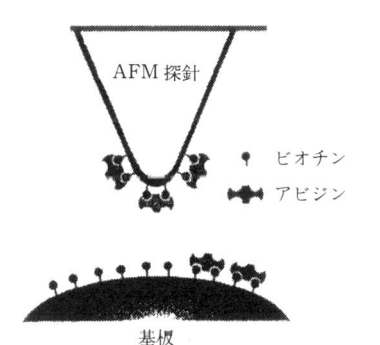

図 3.33　化学力顕微鏡の模式図[105]

アビジン-ビオチン間相互作用について測

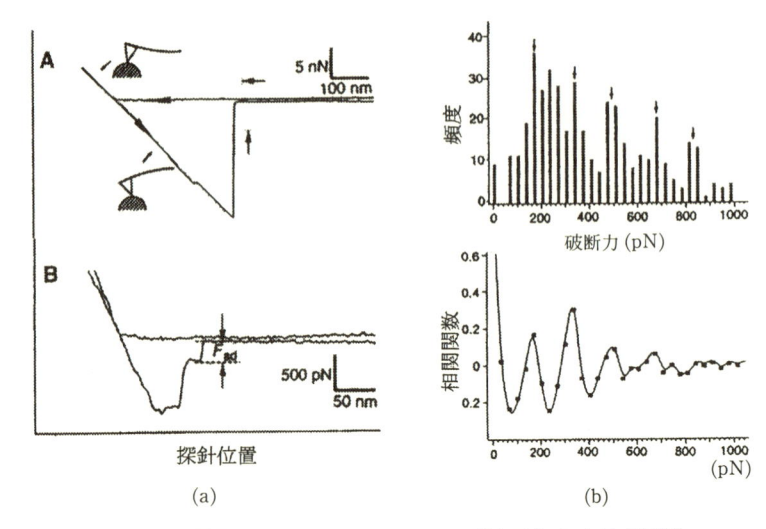

図 3.34 CFM の模式図とアビジン-ビオチン間相互作用の測定結果[105]

定された結果を図 3.34 (b) に示す．力のヒストグラムとその相関関数である．実際，単一分子間力の整数倍にあたる周期構造が確認され，160 ± 20 pN という値が得られる．分子間の相互作用の中でも，例えばレセプター-リガンド，抗原-抗体間の単一の力に関する知見を得ることは，分子化学，生命科学において非常に重要な課題であるが，こうした測定により単一分子レベルでの解析が可能になる．

この方法で周期構造を得るには，ヒストグラムのビンサイズを単一分子の破断力に比べて十分に小さくし，また，十分な数の測定回数が必要である．破断力のばらつきが大きければ，測定は困難となり，次に述べるポアソン法により解析が行われる．

(ii) ポアソン法：(i)と同様に，AFM を用いて，結合している分子を引き離すことを考える．図 3.35 (a) のように，探針の先端にある分子と基板上の分子の一部が結合していて，探針を引き離すことにより切断され，力として測定される．

1つの結合を切断するのに必要な力を F_s，測定領域にある分子の総数を N_{tot}，分子が結合する確率を p，一度の測定で切断される結合数を N_{ob}，測定にかかる力を F_{ob} とすると，F_{ob} の期待値は，$\langle F_{ob} \rangle = \langle N_{ob} \rangle \cdot F_s = N_{tot} \cdot p \cdot F_s$ と

図 3.35 (a)の図中:
- AFM探針
- 基板

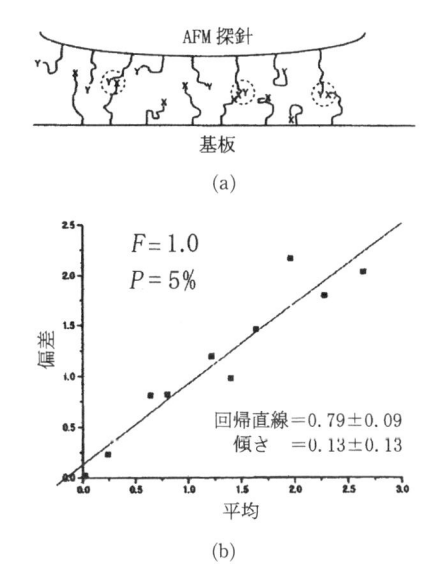

(b) グラフ中:
- $F = 1.0$
- $P = 5\%$
- 回帰直線 $= 0.79 \pm 0.09$
- 傾き $= 0.13 \pm 0.13$
- 縦軸:偏差, 横軸:平均

図 3.35　ポアソン法の測定模式図と解析結果[106]

なる.この測定を多数回繰り返すとき,測定される力 $N(F_{ob})$ の分布は二項分布として表される.このとき,平均:$N_{ob} \cdot p \cdot F_s$,偏差:$N_{ob} \cdot p(1-p) \cdot F_s^2$ となるから,図 3.35(b)のように,測定値に対して偏差を平均の関数としてプロットすると,傾きから $(1-p) \cdot F_s$ が求まることになる.もし結合の確率 p が小さければ,傾きは F_s となるが,このとき分布はポアソン分布であり,結合に関与する分子の数の分布の平均値を μ_b,偏差を σ_b とすると,$\mu_b = \sigma_b^2$.また,実測された力の平均値 μ_{ob} は,$\mu_{ob} = \mu_b \cdot F_s$ となる.一方,力の分散 σ_f は $\sigma_f^2 = \sigma_b^2 \cdot F_s^2$ であるから,$\sigma_f^2/\mu_{ob} = (\sigma_b^2 \cdot F_s^2)/(\mu_b \cdot F_s) = F_s$ となって,分布を解析することにより単一の場合の力が直接求まることになる[106].

2) 動力学的な力の測定　生体材料における単一分子レベルでの分子間相互作用の解析は,分子認識や,タンパク質などの構造形成,酵素反応など,非常に興味深い系として研究の対象になっている.しかし,多くの場合,共有結合のような強い力ではなく,水素結合や疎水性相互作用,ファンデルワールス相互作用などの弱い力が重要な力となる.それは,生体内では,単に結合するだけではなく,それが結合と解離を繰り返すことが機能にとって重要な役割を担うからである.基本的には,化学力顕微鏡で分子間力の結合が壊れる強さを測定するが,熱的な擾乱の影響などを含め,実際は結合状態の寿命を取り込んだ,より詳細な解析が必要となる.動力学的な過程の解析を含む方法は **DFS**(dynamic force spectroscopy)とよぶ.DFSを用いると,結合ポテンシャルの幅や深さなど,分子間相互作用の詳細な過程の解析が可能となる[107].

図 3.36(a)に解析の対象となる分子間相互作用ポテンシャルの模式図を示す.以前は,こうしたポテンシャルをもとにして温度ゼロにおける破断力が議論されていたが,実際は,上に述べたように熱的に励起され結合が破断する動

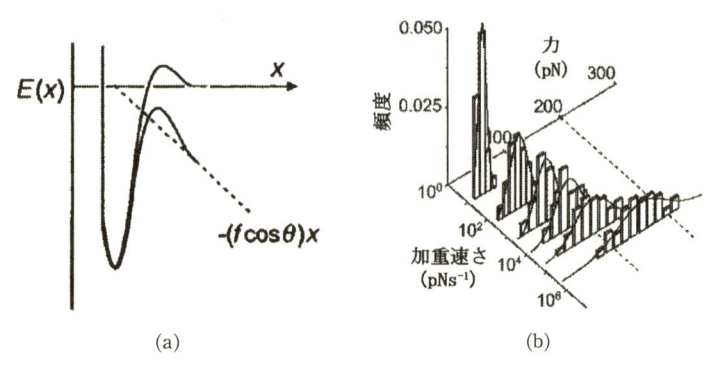

図 3.36 (a) 分子間相互作用ポテンシャル, (b) 破断力分布の加重速さ依存性[107]

的な過程の詳細を調べなくてはならない.

力の測定において, 障壁の高さは付加される力によって変化する. 遷移状態 x_{ts} の熱平均値 $x_β=\langle x_{ts}\cos θ\rangle$ における有効な活性化エネルギーは, プローブからの力 f を用いて $E_b(f)=E_b(0)-fx_β$ と表され, 解離する速さは拡散時間を t_D として $K_-=(1/t_D)\exp[-E_b(f)/k_BT]$ となる. 力を加える速さ v を変化させると, あるポテンシャルの状態に滞在する時間が変化し, その状態で解離する割合が変化することによって, 異なる値のピークをもつ力の分布曲線が得られる(図3.36(b)). 計算の詳細は省くが, レート方程式を解析することにより, 力分布のピーク値と v の対数値($\log_e v$)は直線関係をもつことが示され, グラフの傾きや切片の値から $k_BT/x_β$ や E_b/k_BT を求めることが可能になる. DNA の二重鎖を引き離す場合のように, 多重結合をもつ場合は話が少し複雑になるが[108], こうした取り扱いによりマクロに求められてきた物理量を見直すことは, 非常に大切である[109~116].

3) 探針のブラウン運動 これまでの話は, ピエゾ素子による制御とテコのたわみを考慮すれば, 正確に探針-試料間の距離を変化させることを前提としている. しかし, 実際には探針先端の位置は熱的にゆらいでおり(ブラウン運動), こうした効果を取り入れて, 測定されるポテンシャルから正しいポテンシャルを求め直したり, 新しい情報を得ようとする試みなどがある[117~119]. ここでは, CFM 測定において, ブラウン運動を解析することにより, 分子を固定するための分子鎖の影響が非常に重要となることを説明する[120]. 試料は, 環状構造をもつシクロデキストリン(CyD)分子とフェロセン分子でホスト-ゲ

3.2 ナノスケールの力学物性

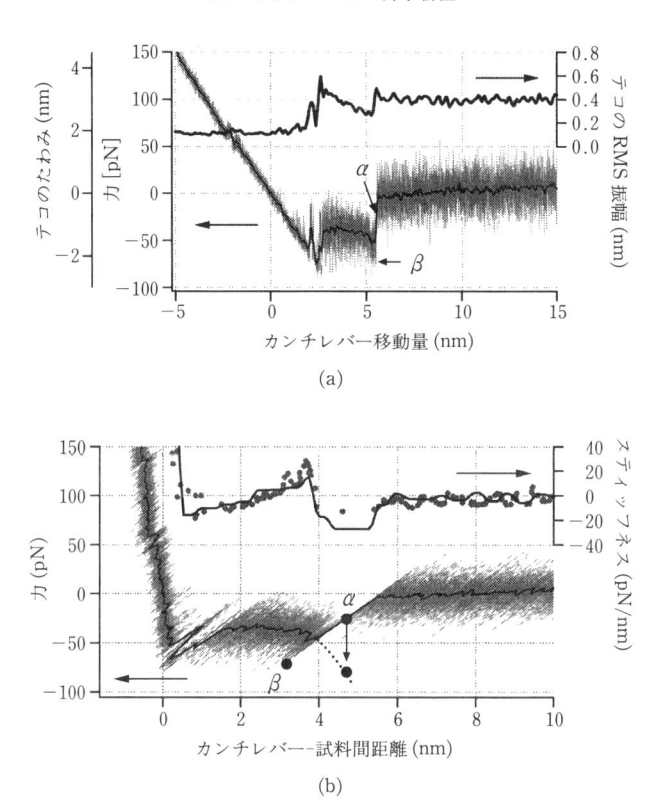

図 3.37 高速測定によるフォース曲線

スト相互作用をする分子としてよく知られている．それぞれをリポアミドとウンデカンチオールを用いて，マイカに金を蒸着して作製した金基板上と Au コートした AFM 探針に化学修飾し[121]，CyD-フェロセン分子間に働く包摂分子間相互作用を測定する．

通常，市販の装置では，バンド幅は〜数百 Hz 程度で信号はならされてしまうが，100 kHz の高速測定系を組み込むことにより，図 3.37 (a) に示すように，実際のテコの振動の様子を観察することが可能になる．濃い細い線が 250 Hz による測定結果，細かい振動により幅が広くなっている方が高速測定の結果である．図 3.37 (b) は，テコのたわみを考慮して横軸をテコ-試料間の距離に直したものである．

図3.37(a)では，一見，β においてテコは最も湾曲しており，最も大きな正しい力を与えるようにみえる．しかし，実際に分子間相互作用を与えるのは分子鎖の張力である．(b)でわかるように，分子鎖は α 点で最も伸びており，この距離における値(図中矢印)が正しい分子間力を与えることになる．

分子鎖の影響を少し詳細に考えてみよう．エネルギー等分配則により，バネ定数 k_0 のテコの振幅 x から $1/2 \cdot k_0 \langle x^2 \rangle = 1/2 \cdot k_B T$ が得られるから，ブラウン運動の振幅は $\Delta x = \langle x^2 \rangle^{1/2} = (k_B T/k_0)^{1/2}$, $\Delta f = k_0 \Delta x = (k_0 k_B T)^{1/2}$ として求まる．したがって，テコのバネ定数が小さいほど力測定におけるノイズレベルは下がることになる．しかし，実際は分子を固定するための分子鎖が存在するため，その有効スティッフネス k を組み込む必要がある．したがって，上記式は k_0 を $k_0 + k$ で置き換えて，それぞれ $\Delta x = \langle x^2 \rangle^{1/2} = (k_B T/(k_0+k))^{1/2}$, $\Delta f = k \Delta x = (k^2 k_B T/(k_0+k))^{1/2}$ となる．これらの式をみると，上記考察とは逆に，大きなバネ定数のテコを用い，その分，分子鎖のバネ定数を下げる(例えば，長い分子鎖を用いる)ことによって，低ノイズレベルの観察が可能であることがわかる．DFSでは，加重速さ一定となるよう注意が必要である．

微小な力を測定する方法としては，他に，**細胞膜を利用した顕微鏡** (biomembrane force probe; **BFP**)や**光ピンセット** (laser optical tweezers; **LOT**)などの手法が存在するが[107,122~126]，これらは小さなバネ定数をもつことを特徴としている．したがって，上記考察をもとにすると，微小力測定においては固いテコの小さな変位を測定可能なAFMの方が有効であることが示唆される．

3.3 ナノスケールの光物性

光により誘起される現象の情報をSPMの信号として局所領域から取り出したり，光に関わる現象を局所的に誘起して応答を測定することになる．

3.3.1 光励起SPM

光励起によりSTMのトンネル電流が変調されることが示されて以来，非線形光学などの分野への応用をはじめとし，光とSPMを組み合わせて物性研究に適用する試みが進められている[127,128]．

3.3 ナノスケールの光物性

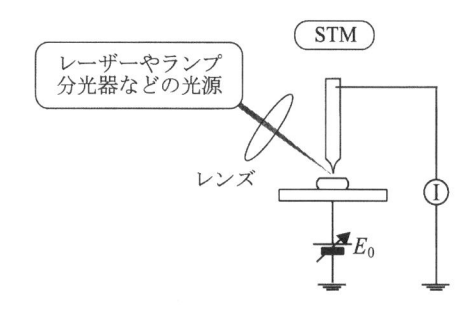

図 3.38 光励起 STM の模式図

1) 測定法と問題点　光励起 SPM では，探針-試料部に外部から変調した光を導入し，トンネル電流や力の変化を読みとることになる．図 3.38 は光学系を含む光励起 STM 装置の一般的な模式図である．感度を高くするため，通常，光をチョッパーでオン・オフし，同期した信号を位相敏感(ロックイン)検出により測定する．しかし，光強度が強い場合，探針や試料の熱膨張により信号が影響を受ける．特に STM の場合，トンネル電流は探針-試料間の距離に指数関数的に依存するため影響が大きい．探針-試料間の距離の変化を積極的に利用，制御する場合は別として，物性を評価する際，熱膨張の問題は重要である．

まず，熱膨張の時間スケールであるが，図 3.39 (a) は，試料バイアスが 1 V，設定電流 0.1 nA の状態で，YAG：Nd+3 レーザー光 (6.4 μJ, 20 ns, 10 kHz) のパルスを加えた後のトンネル電流の過渡応答を示したものである[129]．生データとともに理論的に回路の影響を取り除いた信号が描かれている．探針は W，試料は Si(100) 表面 (p-type, B-dope, 100 Ωcm) で，200 回の応答を平均化したものである．応答は 100 μs のオーダーで生じている．ピークに達するまでの遅れ 18μs は探針の一部が照射されてからの熱拡散による．試料としてマイカ上に蒸着された金を用いた場合は，パルス幅 7 ns の励起により，ms のオーダーの応答特性が測定されている．

図 3.39 (b) は，励起光の周波数に対する応答である[130]．W 探針を用いて，金，HOPG，マイカ上に 100 nm の金を蒸着した試料を対象とした場合の，トンネル電流の励起光の周波数依存性を示してある．周波数が増すとともにトンネル電流変化が減少するのは，光照射時間の短縮と高繰り返しにより熱膨張の

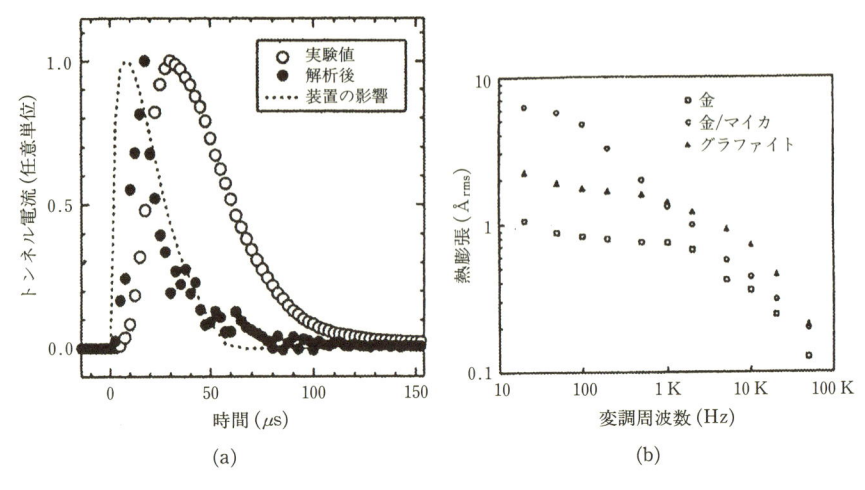

図 3.39 光照射による熱膨張の影響
(a) 過渡応答と (b) 周波数応答[129,130]

大きさが定常的な値になっていくためである.

　角周波数 ω で変調された光を吸収するときの探針の熱膨張を拡散方程式を用いて解析した結果,熱擾乱による探針-試料間の距離の変化 δL は,変調の角周波数を ω,入射強度を P として,$\delta L \propto P \cdot \exp(i\omega t) \cdot F(\omega/\omega_0)$ となることが示されている.ここで,$F(\omega/\omega_0)$ は周波数応答特性,$\omega_0 = 2D/\sigma^2$ は,光のスポット径 σ,拡散定数 D から決まるカットオフ周波数である.100 μm のスポット径の場合,ω_0 は,HOPG で 46 kHz,0.3 mm の厚みの金薄膜で,4 kHz 程度である.この差は,それぞれの試料の熱拡散係数に依存する.またトンネル電流の変化 δI は,設定トンネル電流 It,トンネル電流の空間的な減衰定数を β として,近似的に $\delta I = -2\beta \delta L It$ と表される.トンネルバイアスが 0.5 V 以下の領域では,実験との一致はよい[131].

　カットオフ周波数の存在や,探針の延びとレーザー強度の間の関係は,光励起による他の効果を熱膨張の影響から区別して解析できる可能性があることを示しており,実際,すでに局所的な光誘起の興味深い実験が進められている.

2) 電子構造の解析

　(ⅰ) フォトボルテージ: 半導体表面でギャップ内準位が存在する場合,光照射により,過剰キャリヤーの生成に伴う **表面光起電力** (surface

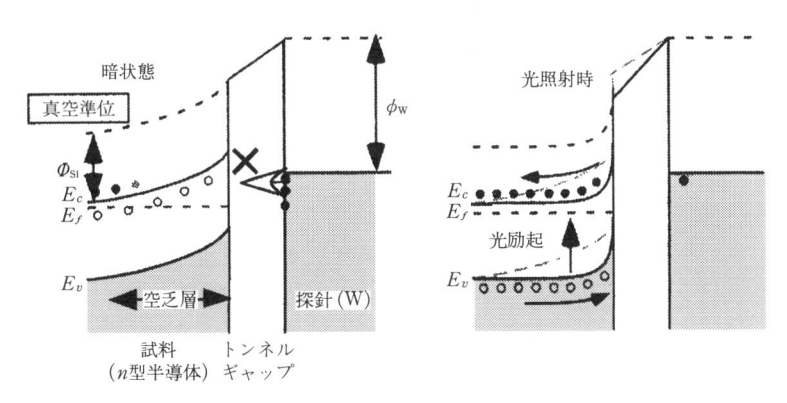

図 3.40 フォトボルテージの原理図

photovoltage；SPV) が現れる[128,132]．1次元 MIS 構造のエネルギーバンドを図 3.40 に示す．半導体のキャリヤー密度が小さい場合，試料と探針の間にかけられたバイアス電圧による電界は，真空ギャップのみならず，半導体中にも浸透し，半導体表面近傍のバンドは，探針の電界により湾曲する（バンド湾曲，バンドベンディング）．結果として，実効的なトンネル電圧は減少し，さらに表面近傍に形成される空乏層によりトンネル障壁の幅・高さが増大するためトンネル電流は流れにくくなる．この状態に光を照射すると，半導体表面近傍に生成するフォトキャリヤーにより，バンドベンディングが緩和され，トンネル電流が流れやすくなる．バンドベンディングの大きさは，キャリヤー密度に強く依存するから，光照射によるバンドベンディング緩和量を空間的に測定することにより，仕事関数や局在準位などの情報に加え，局所的なキャリヤー密度分布や再結合速度などの情報を得ることが可能となる[132~136]．

一般に，一点の電圧に対する SPV が解析されているが，ここでは，一度に I-V 曲線のすべての電圧に対する SPV を評価する例（光変調トンネル分光法）を説明する[137]．図 3.41 は測定系の模式図 (a) と，Si(111) 表面において測定した光強度変調トンネル分光の測定例である (b)．光をオン・オフさせながら測定することによって，明状態，暗状態に対応する 2 本の I-V 曲線を得る．2 本のカーブの横軸方向のずれの大きさからその電圧におけるバンド構造の変調が得られる．電圧ゼロの値におけるシフト量は表面光起電力とよばれ，通常議論されてきたキャリヤーの光励起によるバンド湾曲の緩和値である．図にみ

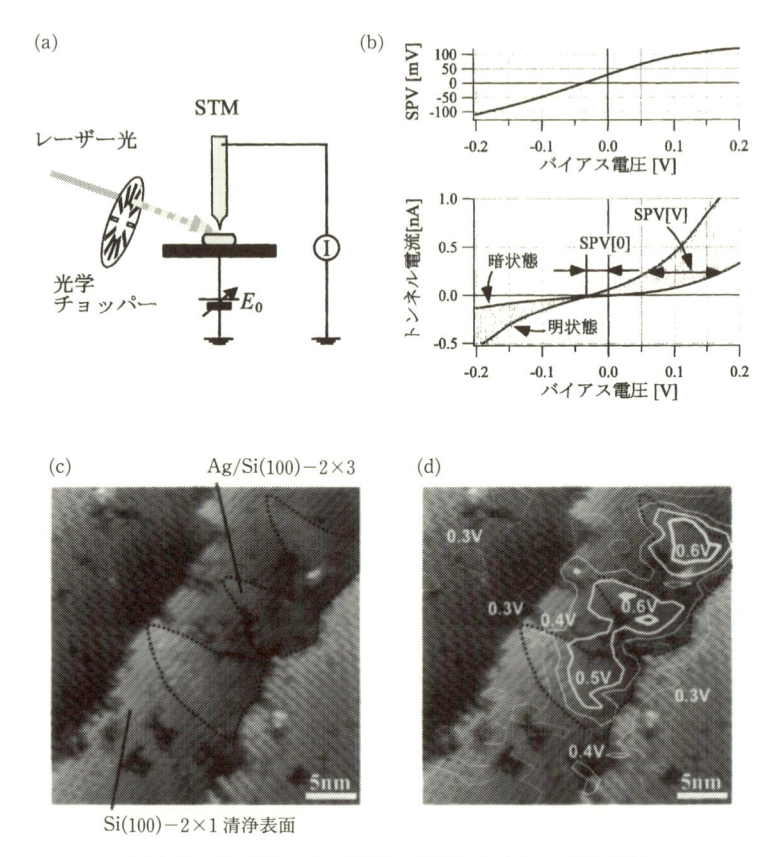

図 3.41 光変調トンネル分光法の原理と Ag/Si の実験結果[137]

られるように,実際のバンドの緩和量はバイアス電圧に依存するため,プローブ顕微鏡,試料表面を含めた電子構造のより詳細な解析が必要不可欠であることが示された.図 3.41 (c) は Ag/Si(100) 表面の STM 像で,明るく観測される部分が Ag のドメインが形成されている部分,それ以外は Si(100) 清浄表面が観測されている.図 3.41 (d) は,(c) と同じ領域において得られた特定バイアスにおける緩和量の空間マッピング像である.ナノスケールの表面構造に対応して,光変調構造に差が生じている様子を示した結果で,変調構造はやはりバイアス電圧依存性を示す.こうした局所電子構造の解析は,半導体だけでなく,分子まで含めたナノスケールでの電子デバイス開発においても非常に重要

3.3 ナノスケールの光物性

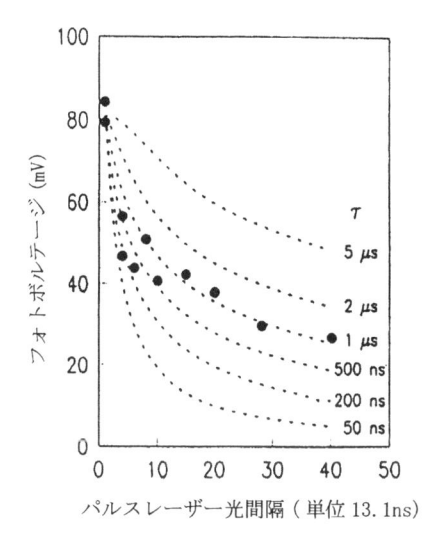

図 3.42 励起レーザーパルス列の間隔とフォトボルテージ強度の関係[138]

な役割を担うことになる．ただし，光励起されたキャリヤーのトンネルがバンドの湾曲や緩和に影響を及ぼすことが，まず，表面準位のないWSe$_2$表面で解析され[176]，続いて，Si(111)−7×7，Si(100)表面でも確認されており[137]，測定には探針-試料間の距離や照射光量について十分な注意が必要である．

(ⅱ) キャリヤー寿命の測定：SPVの過渡応答を解析すると，キャリヤーの再結合速度などの情報を得ることが可能になる．照射するレーザーパルス列の間隔を変化させると，キャリヤーの生成と再結合のつり合いでフォトボルテージの値が変化する．図3.42は，1 ps幅のNd3+：YAGレーザーのパルス列を間引くことにより，パルス列の時間間隔を得たときのSPVの変化である[138]．再結合の寿命τをパラメーターとして計算した理論値があわせて示してある．両者の比較から，$\tau \sim 1\,\mu s$と求まる．ただし，ここでは，変位電流の変化がSPVに比例するとして，測定は変位電流を用いている．したがって，空間分解能は探針からの電解の広がりに依存するため原子レベルではない．原子スケールの時間分解測定には，他の方法が必要になる(3.3.1項3))．

(ⅲ) その他： 光励起とトンネル分光を組み合わせることにより，電子伝達タンパク質の活性中心の酸化還元ポテンシャルと緩和エネルギーを求める方法が理論的に提案されている[139]．探針-試料-基板の系で，光照射により活性中心の電子が励起(励起準位：E_E)された後，もとの準位が外部からの電子により埋まると，励起された電子は探針か基板にトンネルする．このとき，トンネルする前に必ず分子の構造緩和が生じ，それに伴い，エネルギー準位も下がる(緩和準位：E_R)．ここで，探針-試料間にバイアスを印加していくと，探針，基板のフェルミ準位をE_F^t, E_F^sとして($T=0$)，$E_F^s < E_R < E_F^t < E_E$では

探針から基板に, $E_F^t < E_R < E_F^s < E_E$ のときには逆に基板から探針にトンネル電流が流れる．したがって, I-V 曲線の立ち上がりから E_R, E_E が求まることになる．

結晶に電場を印加し，反射・吸収スペクトルの変化を測定し，電子構造を解析する方法を電場変調分光法とよぶ．フォトボルテージは，半導体表面の電場の変化でもあるから，光照射により試料表面内部の電場に変調をかけて，例えばトンネル電流の変化を測定すれば，同様の効果を測定することが可能になる．さらに，2つの励起光を用い，一方の波長を変化させて，他方の光で変調を行うことにより，バンド間遷移などの情報も得られる．こうした方法で，低温成長 GaAs の局所的なバンド構造や，局所歪の解析などが行われている[140]．また，光吸収に伴う局所的な熱膨張による歪の効果を利用して，GaAs の単一欠陥 (EL2) が特定されたという報告もある．

表面の電荷を調べる方法としては，他に容量顕微鏡などがあるが，少し異なる方法として**単電子トランジスター顕微鏡** (single-electron transistor microscope) がある．円錐状の探針 (直径 ～100 nm：分解能に影響) の先端を平坦にし，Al 薄膜を蒸着して円錐の壁の部分をピンセット状の2つの電極構造 (ソースとドレイン) にする．蒸着膜を酸化させた後，同じく Al 薄膜を先の平坦な部分に蒸着させると，先端の部分とソースおよびドレインの間に，酸化膜を通して2つのトンネル接合 (単電子トンネルの構造) ができる．単電子トンネルは試料との間の電場に敏感に影響を受ける．したがって，探針を試料に近づけて走査することによって，表面微小領域のドーパントや帯電の情報が得られることになる[141]．光学系を組み合わせることにより，光照射の影響なども調べられている．

3) 高速時間分解 STM　　SPM は非常に高い空間分解能を有し，特に STM ではトンネル電流をプローブとすることから原子スケールの分解能が実現されるが，時間分解能は 100 kHz 程度と，それほど高くない．一方，超短パルスレーザーの分野では，最近では数フェムト秒領域の測定が可能となり，化学反応などの解析が進められているが，空間分解能は一般的に波長により制限を受ける．そこで，STM の開発以来，超短パルスレーザーを STM と組み合わせて表面の高速なダイナミックスを追う方法が考えられてきた[142～151]．

歴史的には，大きく分けて，(i) パルス光を STM の測定回路のオン・オフ

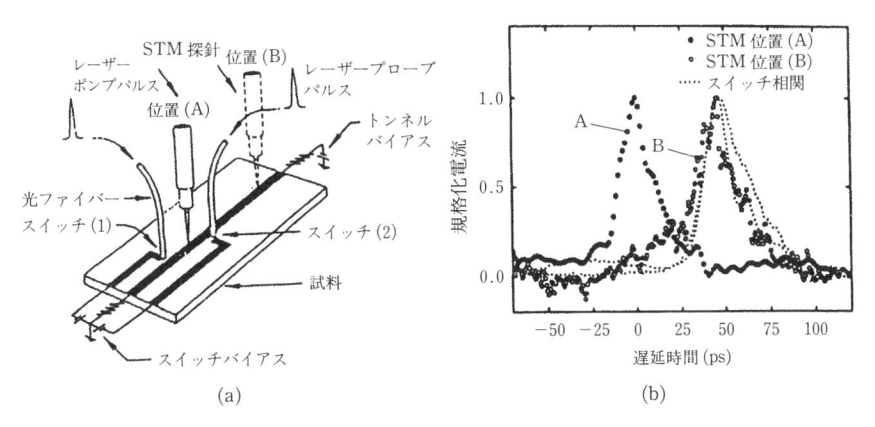

図 3.43 高速ゲート法測定系の模式図と測定結果[144]

に用いることにより実現を図る方法(高速ゲート法)と,(ⅱ)探針直下に光励起を行い,試料の時間応答を直接取り込む方法(2パルス励起変調法)の2つの道が模索されてきた.

(ⅰ) 高速ゲート法: ポンプ光を入射した後,STMの測定のスイッチを高速に制御して光応答を調べる方法を**高速ゲート法**とよぶ.時間制御は,STM系のパラメーターをレーザーで変調することにより行われ,光伝導や探針-試料間距離の変調をスイッチとして,サブピコ秒領域の分解能をもつ測定が実現されている[142~147].図3.43(a)はJM-STM (junction mixing STM)とよばれる方法を用いたシステムの例である.GaAs上に作製した金の250 μm幅の直線状の伝導領域と30 μmのギャップをもつ2つのスイッチからなっている.2.8 ps, 610 nm, 250 pJ, 76 MHzのレーザー光を用い,2つのスイッチの間の遅延時間を変化させて電流を取り込む.図3.43(a)のA,B2カ所における応答を測定した結果が(b)に示してある.Bの場合,両スイッチの間隔(5 mm)を8 ps/mmで信号が伝わる時間差がピークまでの遅延時間として現れており,装置の正常な動作を示している.しかし,この測定法では,変位電流の影響が大きいことが理論的に示されている.また,こうした問題が除去されても,psオーダーの時間分解が限界となる.

(ⅱ) 2パルス励起変調法: パルスレーザー光とSTMとを組み合わせる方法はいくつか考えられるが,真の極限時空間分解能を得るためには,光学的

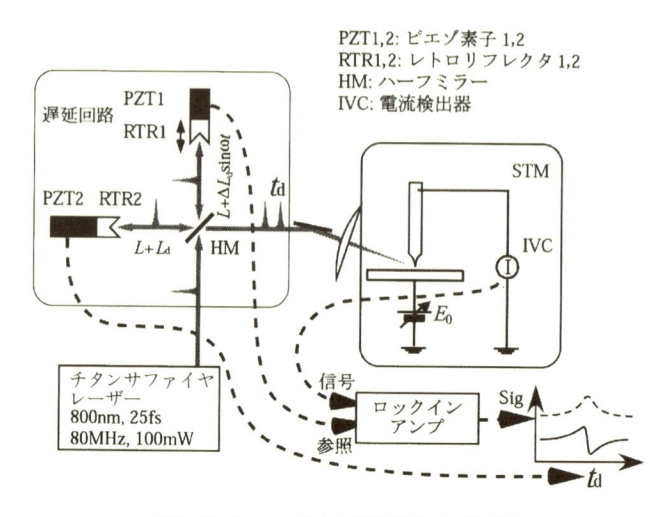

図 3.44 2 パルス励起変調法測定系の模式図

なポンプ-プローブ測定と同様に 2 つのパルスの時間間隔 t_d を制御することで時間分解能を実現し，一方，STM と同様にトンネル電流 I_t をプローブ信号として空間分解能を実現することが必須である．すなわち，トンネル接合部に直接 2 つの光パルスを入射し，パルス間の時間間隔 t_d に依存して変化するトンネル電流 I_t を測定する．このとき t_d に対する時間分解能はパルス幅（<5 fs）のみにより制限され，空間分解能はトンネル電流密度の広がり（<0.1 nm）のみに依存する．したがって，両手法の長所を最大限に利用できる[148~151]．

通常は，励起光パルスをチョッパーによりオン・オフする周波数，あるいはレーザーパルスの繰り返し周波数のいずれかに同期して位相敏感（ロックイン）検出を行うことで 2 パルス光照射時の電流値 $I_t(t_d)$ と励起光オフ時の電流値 I_d の差 $I_{\text{diff}} = I_t(t_d) - I_d$ を測定し，この I_{diff} の t_d 依存性 $I_{\text{diff}}(t_d)$ を求める．ところが，光の強度に変調を加える手法では，光強度が変化する際に探針の熱膨張の影響で，トンネルギャップが変化することによる影響が支配的となる[127]．そこで，光の強度でなく，2 パルス間の時間間隔に周期的な微小変調 Δt_d を加え，これに同期した信号を位相敏感検出することで，光強度が非常に大きいときでも安定にトンネル電流が測定できるよう工夫がなされた[150]．

図 3.44 に装置の概略を示す．光源としてパルス幅 100 fs，波長 800 nm，繰

3.3 ナノスケールの光物性

り返し周波数 80 MHz のチタンサファイヤレーザー光に対してプリズム対によりチャープ補償を行い，25 fs 程度のパルスが励起光として用いられている．パルスは干渉計型遅延回路により連続する 2 パルスとされ，STM の探針直下に集光される．光遅延回路は一方の光路長に振動数 ～100 Hz で微小遅延 Δt_d 変調を加えられるようになっており，位相敏感検出器（ロックインアンプ）はレーザー照射下のトンネル電流からこの変調に同期した成分を検出する．このときのトンネル電流は，

$$I_t(t_d+\Delta t_d \sin\omega t) = I_t(t_d) + \Delta t_d \cdot \sin\omega t \cdot \frac{dI}{dt_d} + 0(\Delta t_d^2) \tag{3.8}$$

のように展開することができ，位相敏感検出により得られる信号は $\sin\omega t$ の係数に相当する．すなわち，従来の方法で得られる $I_{\text{diff}}(t_d)$ の微係数が得られることになる．トンネルギャップに入射する 2 つのパルスの光強度が等しいとき，$I_{\text{diff}}(t_d)$ が仮に図中点線グラフで示すような変化をする場合，位相敏感検出器からの出力は実線グラフのようになる．得られた微分信号は数値的に積分することで，実際の $I_{\text{diff}}(t_d)$，あるいはその減衰時間が求まる．

この手法では，① 2 つの光パルス間隔を制御することで光パルスのパルス幅と同程度の時間分解能を実現し，②トンネル電流を検出することで STM の空間分解能（～0.1 nm）をそのまま継承する，という従来と同様の利点のほかに，③高繰り返し周波数 (80 MHz) レーザーの出力を光強度に変調を加えず用いることで，探針の熱膨張によるトンネル電流変化を極限まで除去しつつ，時間分解信号を精度よく検出することが可能であるという特徴をもつ．

図 3.45 (a) は時間分解能を確かめるため，高抵抗（キャリヤー濃度 $2.7\times10^{15}\text{cm}^{-3}$）の n 型 GaAs(100) を試料に実験を行った結果である．光未照射時，試料バイアスを正にすると表面にショットキー障壁が形成され，電流は流れない（破線）．十分な濃度の光キャリヤーが注入されると，障壁の高さ，幅ともに減少し，電流が流れる（実線）．すなわち，トンネル電流は探針直下の実効的な光強度に依存して変化する．一方，2 つのパルスの時間間隔 t_d をゼロの付近で変化させると，2 つのパルスの干渉により，実効的な光強度が光電場の振動周期 (2.68 fs) ごとに変化する．干渉は 2 つのパルスが同時に強度をもつ間，つまり t_d がパルス幅と同程度になるまで続き，それ以上では現れない．探針を試料上に止め，t_d を変化させると，この光強度変化がトンネル電流変

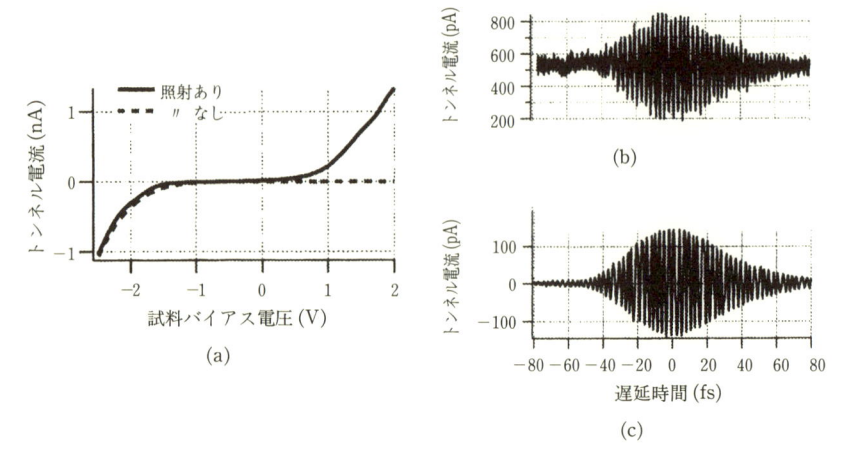

図 3.45 2パルス励起変調法による測定結果[150]

化として検出される(図3.45(b):試料バイアス +2.5 V). この結果から, パルス間隔 t_d を 1 fs 程度の精度で制御可能であり, 装置の時間分解能が実効的なパルス幅 ~30 fs にのみ制限されることが確かめられる. (c)は, 同じ条件で, t_d に振幅 $\Delta t_d = 0.5$ fs, 周波数 400 Hz の微小変調を与え, 位相敏感検出(検出時定数 10 ms) した信号を 2 パルス間の遅延時間 $t_d^{(0)}$ に対してプロットしたものである. 予想通り, 上のグラフの微分波形が得られ, 時間間隔微小変調による FTR-STM (femtosecond timeresolved-STM) が正常に動作している(実際の実験においては $t_d^{(0)}$, Δt_d はパルス幅よりも十分大きな値として, ここでみた干渉の効果に影響されないよう, 留意する必要がある).

この他, 2つのビームを異なる周波数でチョッピングして差周波数で位相敏感検出を行うと, 個々の周波数はプリアンプの帯域を超えても信号を取り出すことができ, 熱の影響も押さえることが可能になる[151].

半導体ナノ構造中の光キャリヤーの減衰過程や, 光機能分子の励起・緩和過程などについて, 実時間・実空間領域での解析が可能になることが期待される. また, 光を用いたポンププローブ法では, 光の反射率の変化を測定するが, STMではトンネル電流を測定するため, 空間分解能に加えて, 光測定とは異なる情報を得ることも可能で, より深い解析を行えることになる.

3.3 ナノスケールの光物性

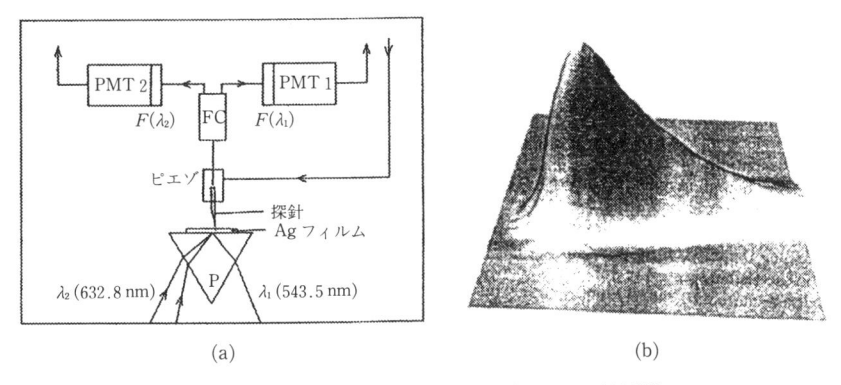

図 3.46 銀薄膜のプラズモン観察の測定系と実験結果[152]

3.3.2 表面プラズモンの直接観察[152~158]

図 3.46(a) は，プリズム上に Ag の薄膜を作成し，表面プラズモンを測定した装置の模式図である．制御用 ($\lambda_1 = 543.5$ nm) と測定用 ($\lambda_2 = 632.8$ nm) の 2 つの波長の光が背面から照射され，エバネッセント光強度が測定される．銀がない場合，構造のないガウス分布の像が得られるが，銀を蒸着させた面では，なだらかに減衰する山脈状の構造（減衰長 13.2 μm）がみられ（図 3.46(b)），プラズモンの伝搬の様子に対応している．理論計算から得られる減衰長 24.3 μm に比べて値が小さいのは，プリズムの側のモードを励起しているためと考えられている[152]．

またトンネル発光では，Au(110) 表面の 2×1 構造とよばれる表面構造を用い，Au の原子列の並びの上と間の谷の部分で，発光強度が注入電子のエネルギーに依存する様子が異なることから，表面プラズモンが原子レベルで局在することが示されている[153]．

これら，定常的な測定の他，図 3.46(a) と同様な系で，SNOM の替わりに STM 探針を置き，励起光を ~100 fs のパルスレーザー光によるポンプ・プローブ法として時間分解測定を行った結果，探針の存在がプラズモンのコヒーレンス領域に影響を与えることが，~200 fs の分解能で観察されている[154]．

3.3.3 エキシトンの拡散

有機材料の中のエキシトンの拡散は，有機材料を利用する多くの素子開発に

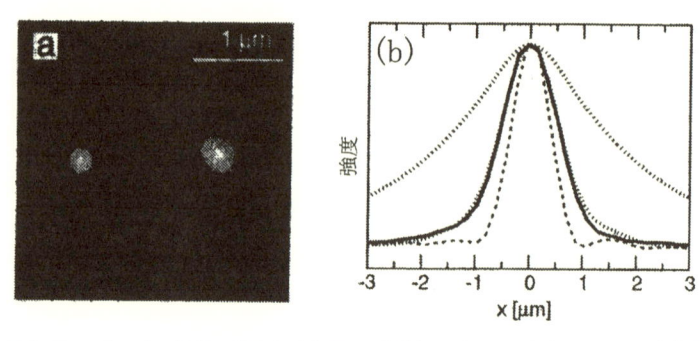

図 3.47 エキシトン拡散の様子を示す STM 像 (a) と断面の理論計算との比較 (b)[159]

おいて重要である．シングレット・エキシトン (SE) の 1 次元拡散長 L_D は，SE の寿命 τ_S，拡散長 D_S を用いて $L_D=(D_S\tau_S)^{1/2}$ と表される．図 3.47 は PPEI 薄膜を SNOM を用いて～50 nm 径の HeNe レーザー (633 nm) で励起し，光学顕微鏡と CCD カメラを用いて観察した結果である．左側が，HeNe レーザーの透過光，右側が 680 nm の蛍光の像である．膜厚 600 nm の試料からの観察結果の断面を図 3.47 (b) に示してある．破線は HeNe，太線が蛍光の断面である．エキシトンの濃度分布について，寿命，拡散定数，励起光の分布，吸収率などを含めた拡散方程式を解くことにより実験と比較が可能になる．図中，2 つの点線で描いた分布は，$L_D=0.5$ μm (ほぼ太線に重なったもの)，$L_D=2.5$ μm (最も外側のもの) としたときの理論値である．図からわかるように，$L_D=0.5$ μm の場合，分布は実験値と非常によく一致し，拡散長として $D_S=$ ～7 cm²/s ($\tau_S=350$ ps) が得られる[159]．

3.3.4 レーザー周波数混合

トンネル接合部と同様の構造をもつデバイスである金属-絶縁体-金属 (MIM) ダイオードでは，レーザー光と絡めて超高速応答が実現され，周波数混合などが確認されている．STM の場合も，赤外領域の光に対しては，探針がアンテナとしてカップリングすることが考えられることから，I-V 曲線の非線形性を利用して，MIM と同様の仕組みで周波数混合などの超高速応答測定の試みがなされてきた．実際，2 台の CO_2 レーザーを組み合わせた 9 GHz での応答測定が実現され，整流された直流成分による像の他に，I-V 曲線の

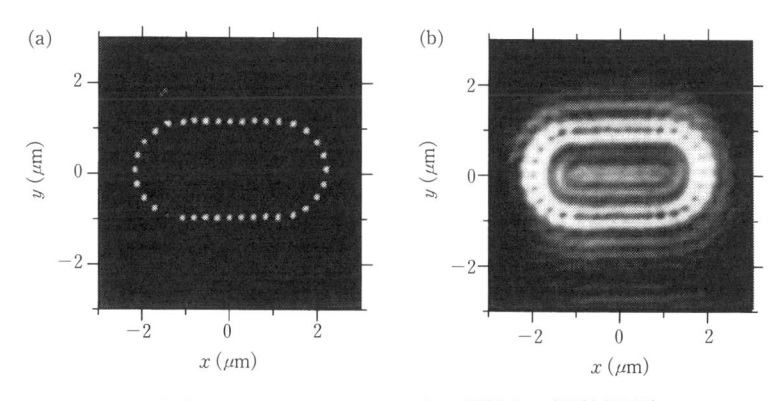

図3.48 銀のナノ粒子を並べた構造のAFM像とSNOM像[161]

2回微分に比例するグラファイトの原子像を得ることにも成功しており，表面における非線形光学現象と関連づけた解析も行われている．また，混合信号をフィードバックに用いると，外部からバイアスを与える必要がなく，例えば，絶縁物の観察なども可能になることが期待される[160]．

3.3.5 光局所状態密度の観察

SNOMを用いると，光学的な状態密度の情報を波長以下の分解能で得ることが可能になる．図3.48は，銀のナノ粒子(100 nm×100 nm×50 nm)をITO(スズ添加酸化インジウム膜)の上に並べて形成した4 μm×2 μmの柵のAFM像と，SNOMにより観察された光の干渉パターンである．励起光は，λ=543，594 nmであるが，波長以下の干渉縞が観察されている[161]．

3.3.6 光・SPMによる加工

STMの走査中に光励起をあわせて用いることにより，単一原子・分子の吸着，脱離など，表面の構造を原子・分子スケールで制御する試みがなされている．

例えば，trimethylaluminum (TMA) 環境中で，STM探針とHOPGの間に色素レーザー(440 nm，18 ns)を集光して(100 MW/cm^2)照射すると，探針直下の1 nm程度の領域へのみTMAが沈着する．また，Si(100)上にClを吸着させ，試料バイアス+2 V，It=0.01 nAで走査する途中でYAG：Nd

+3 レーザー (532 nm, 8 ns, ~8 μJ, 250 μm) をパルス照射することにより，Cl が脱離する．その他，Nd : YAG レーザー ($10\sim20$ MW/cm^2) で探針を直接加熱し，探針材料を試料表面に 10 nm 程度の構造を形成したり，Si(111) 表面の原子を特定波長の光で励起して抜きとったり，下地そのものを加工したりすることも多く試みられている[127]．

探針にバイアスをかけて，表面構造を制御することは多く行われ，表面に細線構造を形成したり，加工した表面の物性を調べることがなされているが，光と組み合わせることにより，選択性のある，より迅速な加工が可能になるものと期待される．SNOM を用いることによってより微細な領域を加工することが可能で，こうした技術の開発が盛んに試みられている[162]．

3.3.7 そ の 他

ナノスケールでの科学・技術の進歩により，個々の分子やナノ粒子，量子ドットなどの量子構造の光物性の解析に加えて，機能分子や作製された微細構造，また基板の量子過程を含めた構造の間での相互作用や，光誘起による量子素過程の解析・制御が非常に重要な課題となっている[163~174,180]．しかし，研究はまだ端緒についたばかりであり，SPM と光を組み合わせた研究は今後の展開が最も期待される分野の 1 つである．

4

マニピュレーション

4.1 微小構造の形成・制御

　STMは，トンネル電流を流すため，探針-試料間にバイアス電圧をかけて観察を行うが，探針-試料間は，1 nm程度と非常に接近しており，トンネル電流は，探針真下の非常に狭い領域を通じて流れるため，電場や電流密度は非常に大きな値になる．通常，半導体などでは，～1 V，～100 pA程度のバイアス電圧を用いて観察するが，有機材料や吸着系が対象の場合は，バイアス電圧を～10 mV程度に押さえたり，トンネル電流を～pA程度に押さえる工夫がされる．これは，バイアス電圧や，トンネル電流による試料の変化を押さえ，安定な状態で観察するためである．したがって，逆に高い電圧をかけたり，大きなトンネル電流を流すことによって，試料表面の状態を意識的に変化させることができる．また，横方向の力の制御も可能になり (2.3節参照)，AFMによる操作も可能である．探針の位置は，ピエゾ素子 (電圧を付加することにより伸び縮みする素子) を用いて高精度で制御できるため，条件をうまく選べば，目的に応じて，対象とする原子・分子を選択的に抜き取ったり，場所を移動させたり，極限レベルでの操作 (原子操作) が可能となる．

　メゾスコピック系の物理が注目され，ナノスケールでの量子伝導の解析など，理論的にも進展が著しい．理論との比較からも，対象とする微細構造を自由に加工・創製できることの意義は大きく，基礎的にも，応用的にも，"原子操作"技術の果たす役割は非常に重要である．

　1) 原子・分子操作　原子を並べてつくった囲いの中で，電子波の散乱による定在波が**STM**により観察されたことがよく知られているが，楕円状の囲いの場合，一方の焦点に磁性原子を置くと，その周りだけでなく，他方の焦点

の位置に影響が現れたり[1]，その他 Au の原子を1つ，2つと一列に並べるにつれ，分散関係が変化する様子など[2]，興味深い現象が，原子操作の技術を用いることにより調べられている．

　原子・分子操作は，通常，熱拡散を押さえるために，極低温という条件下で行われることが多いが，原子・分子を誘導するガイドレールを導入すると室温でも安定した操作が可能になる．例えば，Cu の上に吸着させた C_{60} の操作では，Cu 基板のステップがガイドレールに使われて，室温で安定な算盤状の構造が作製された．また，ロタキサン構造(ドーナツ状の構造の分子を細長い分子で串刺しにしたネックレス状の構造をもつ超分子)を対象とし，STM 探針を用いて個々の分子玉を軸の分子に沿って安定に操作できることが示されている．ロタキサン構造をもつ超分子の場合は，分子の軸が存在し，また金属基板を必要としないことから，常温，大気中での安定した操作が実現される[3]．こ

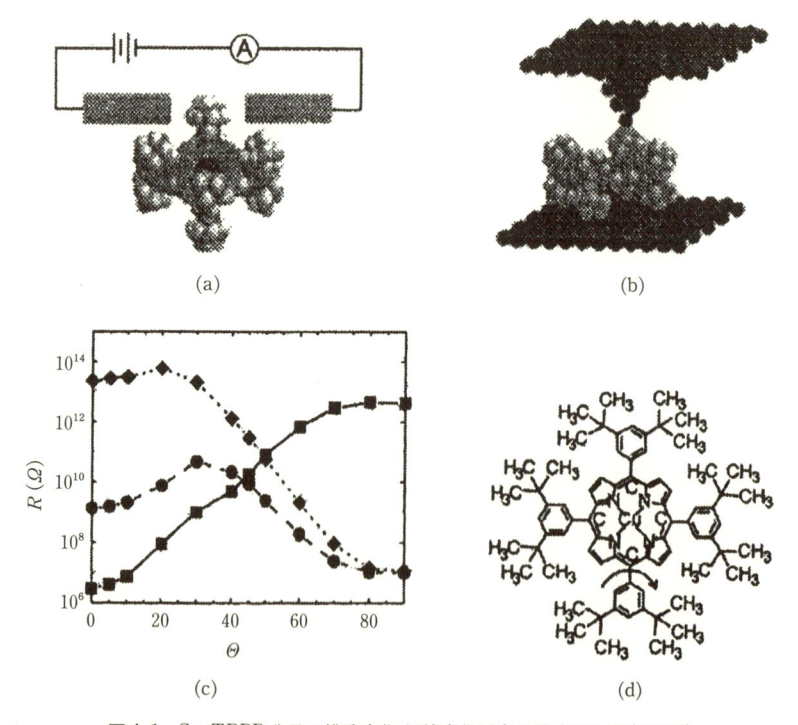

図 4.1　Cu-TBPP 分子の構造変化・抵抗変化測定の模式図と測定結果[7]

うした分子の中には，光で要素分子の配向や高分子の高次構造を操作できる可能性をもつものも多く存在し[4,5]，分子操作を利用して，基礎的な機構の解明・制御とあわせて分子内構造と機能の関係を詳細に解析することが重要となる．

加える摂動を大きくすると，原子間の結合状態を制御することも可能になる．例えば，特定の原子の上に探針を固定し，高バイアス電圧を印加することにより原子を抜き取り，構造の物性を調べたり，原子を抜き取った場所に選択的に異なる原子を吸着させて新しい人工的なナノスケールの構造を作製することが行われている．

AFMを用いた例では，例えば探針に -10 Vの電圧を印加して操作することにより，GaAs表面に幅30 nm，高さ4 nmの酸化膜の細線が形成された構造で，クーロンブロッケードや共鳴トンネルなどが確認されている．単電子デバイスなど，ナノスケールの電子デバイス開発において，表面に局所的に酸化膜などの絶縁膜を形成する技術は共通の基盤として重要である[6]．

2） 分子の電子構造操作 — 分子スイッチ　Cu-TBPP分子(Cu-tetra-3, 5 di-terbutyl-phenyl porphyrin)は図4.1の構造をもつが，この1つの足をSTMの探針を用いて回転させると，抵抗が大きく変化する．実際に，探針を分子の上に設定し，探針-分子間の距離を変化させて電流の変化を求めた結果が図に示してある[7]．また，最近，自己組織化膜中に埋め込んだアゾベンゼン分子のシス-トランス転移が光励起で制御可能で，対応するトンネル電流の変化も確認されたり，酸化還元による分子伝導の変化が示されている[8~10]．こうした機構を利用することにより，分子の特性をより深く理解できるとともに，ナノスケールのスイッチを実現する可能性が開けるものと期待される．

4.2 分子素過程の解析と制御

1） 化学反応の制御　STM探針からトンネル電子やパルス電圧を用いて，固体表面に吸着させた分子の反応を制御することが可能となっている．

$$2 C_6H_5I + 2 Cu = C_{12}H_{10} + 2 CuI$$

の反応で，$C_{12}H_{10}$ が形成される．この過程は，(1) C_6H_5I が C_6H_5 とIに解離する，(2) C_6H_5 が拡散して他の C_6H_5 と出会う，(3) 反応を起こして，$C_{12}H_{10}$ を生成する，といった3段階で生じる．これらの反応は，Cuの表面で，(1)の

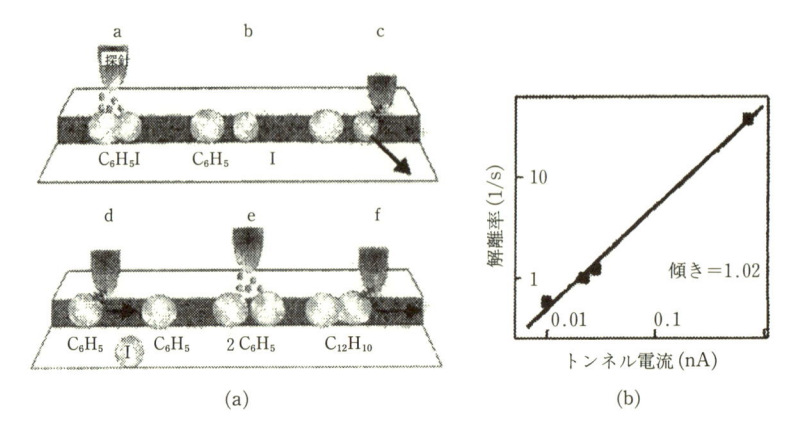

図 4.2 $2\,C_6H_5I+2\,Cu=C_{12}H_{10}+2\,CuI$ 反応制御の模式図(a)と解離速度の電流依存性(b)[11]

過程が～180 K, (3) の過程が多層では ～210 K, 1 層以下では ～300 K で進むとされている．ここでは，この反応を 20 K において，STM を用いて制御した結果を紹介する．分子は Cu 基板のステップ位置に吸着し，C_6H_5I は π 結合で，C_6H_5 となるとステップの Cu 原子と σ 結合を形成する（σC-Cu）．

制御の流れを図 4.2(a) に示す．(a)→(b)：解離，(c)：I 原子を除く，(d)：2 つの C_6H_5 分子を近づける，(e)：トンネル電流により反応させる，(f)：$C_{12}H_{10}$ が形成されたことを確認する．

安定した像を得る際は，0.53 nA, 70 mV で走査し，その後，対象とする分子の直上に探針を移動させて，分子の反応，操作を行う．1.5 V の電圧でトンネル電流を 0.01, 0.02, 0.03, 0.6 nA としたときの解離速度を図 4.2(b) に示してある．図にみられるように，両者は比例関係を示し，C-I 結合の解離は単一の電子による励起で生じていることがわかる．C-H, C-C 結合の解離は，2～3 倍のエネルギーを必要とするため，この電圧では生じない．

探針で 2 つの C_6H_5 分子を近づけた際，分子間距離は 0.39 ± 0.01 nm で，まだ σC-Cu 結合が残ったままである．そこで，500 mV にして 10 秒間維持し，反応を誘起する．これにより，分子間距離は 0.44 ± 0.005 nm となり，$C_{12}H_{10}$ の 2 つのリング間距離に近い値になる．反応は 0.5 eV のしきい値をもつが，この値は水素を解離するエネルギーには及ばず，σC-Cu 結合した分子の回転モードが励起され，隣り合う分子の結合が誘起されたものと解析されてい

る[11]).

こうした反応の前後でIETS（非弾性トンネル分光法）を用いれば，反応前後の分子の同定も可能になる[12]．また，非弾性トンネルの過程を用いれば，特定の振動モードを励起することにより，非常に選択制の高い，通常の熱励起や光励起とは異なる新しい反応過程の制御も可能になると期待され，現在，試みが進められている[12]．

2) 運動モードの制御　続いて，振動モード間の遷移による分子の表面移動の制御例をみてみよう．Pd(110)表面に吸着させたCO分子のC-O結合の高振動伸縮モード（～240 meV）を選択的に励起すると，非調和項による結合によって，～25 meVの横方向の振動モードが励起され，Pd(110)表面のPd列に沿った[1-10]方向にホッピングが誘起される．しきい値は，$C^{12}O^{10}$に対して240〜235 meV，ホッピング率は注入電流量に比例しており，多電子過程ではなく，1電子過程である（1回のホッピングに必要な電子は=5.4×10^{10}個）．Pd上のCOの拡散に対する障壁は～189 meVであるが，それより小さい障壁しかもたないCu(110)上（～97 meV）ではモード間の遷移確率が小さく，同様のホッピングは生じない[13]．

C_2H_2/Cu(100)では，回転運動が誘起されることが観察されている[14]．こうした機構の詳細を明らかにすることによって，基礎的な理解が深まるとともに，単一分子を選択的に精度よく自由に操作する道が開けるものと期待される．

5

その他の技術

　STMの開発当初から，複数の探針を同時に用いることにより，より多くの情報を取り込む可能性や，新しいマニピュレーション技術の開発が考えられてきた[1,2]．例えば，1つの探針で摂動を加え，もう1つの探針で信号をとることにより，系の局所的な応答を動的にとらえることが可能になると期待される．実際，すでに，2本の探針を用いて試料表面の2点間の電流を測定し，表面コンダクタンスへのステップの影響などが解析されている[1]．また，高密度の情報を扱う素子開発には複数探針の制御が不可欠であるが，こうした探針を精密に効率よく作製する研究も進んでいる[3]．

　複数探針ではないが，導電性のカーボンナノチューブを探針先端に取り付け，ナノスケールのピンセット，測定器として操作することが実現されている[4,5]．ピンセットは電圧(0～8.5 V)で開閉を制御し，導電性であるため，

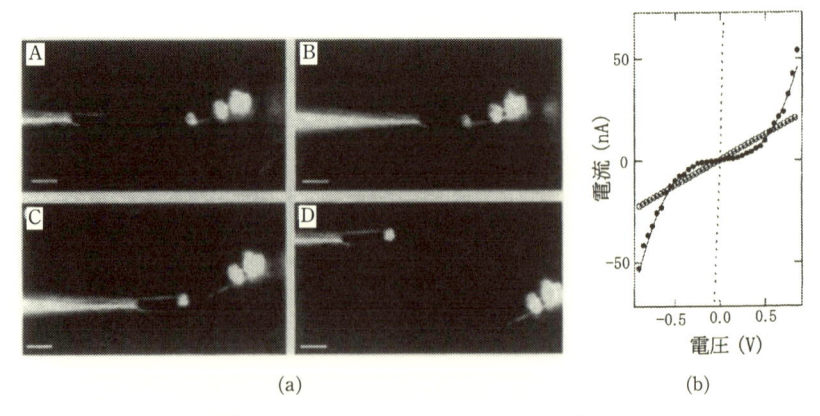

図5.1　ナノピンセットの操作図と電流測定結果[4]

5. その他の技術

I-V 特性を解析することも可能である．図 5.1(a) は，ナノピンセットを用いて，~500 nm 径のポリスチレンのナノ粒子をつまんで取り上げているところであり，(b) は β-SiC と GaAs ナノワイヤーをつまんで測定した I-V 曲線である．β-SiC は，抵抗 39 MΩ のオーミックな特性を (○)，GaAs ワイヤーは非線形な特性 (●) を示している．

一方，AFM のテコは非常に感度の高い力のセンサーであり，テコ表面への分子の吸着により変化する共振振動数を求めれば，テコ上に吸着した分子の質量を測定することが可能になる．また，テコを化学修飾すれば，特定の分子を選択的に吸着させることが可能で，認識が可能なセンサーとして働くことになる[6,7]．図 5.2 は測定の原理図で，異なる分子を修飾した 2 つのテコにより，異なる分子が認識して吸着される様子を示している．実際に，実験的にこうした動作が確認されている．

非弾性トンネル分光 (3.1.2 項 1)) を用いると，原子種の同定が可能であるが，まだ対象が限られている．こうして力の分解能が上がれば，試料表面においても，単一原子・分子レベルでの種類の同定や，さらには酵素分子などで，反応活性の度合いまでを含めた観察・議論が可能になるかもしれない[8~10]．

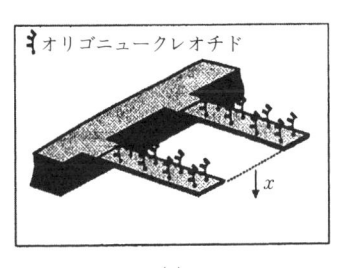

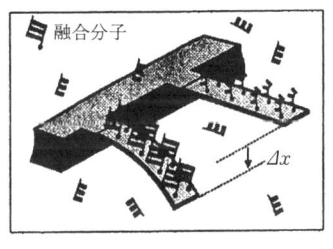

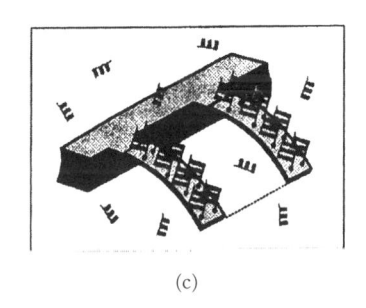

図 5.2 分子認識マルチレバー[6]

その他，CFM (化学力顕微鏡) のところでも少し述べたが，例えば，カーボンナノチューブを探針として，その先端に単一分子を化学修飾し，対象の分子構造や電子状態を，力や酸化還元反応 (redox probe microscope; RPB) で解析・制御したり，探針をペンにして，インクをつけて文字を書く (dip pen nanolithography; DPN) ようにしてナノ構造を作製することも試みられている[11~13]．

また，構造・機能制御の例として，探針で刺激を与えることにより，有機薄膜中にドミノ倒しのように一次元の鎖状の構造を作製したり[14]，探針先端の銀クラスターの成長を制御して回路のスイッチをオン・オフするなど[15]，興味深い試みも進められている．

　SPMを対象として先端技術を解説してきたが，いずれの場合も極限のレベルで測定を行うためには，試料の準備をはじめとして多くの周辺技術を必要とする．例えば，単一分子レベルで分子間相互作用を測定するためには，感度の高い，また，高精度の実験をすることが必要であるが，その前に，解析手法の開発とあわせて，単一レベルの分子間結合を可能にする試料の作製が必要となる．そのためには，孤立分子の構造を形成することが可能な，自己組織化によるSAM (self assembled monolayer)の作製技術や分子合成，半導体や金属基板の表面処理，溶媒の調整，といった多くの技術を習得しなくてはならない．光STMの開発では，量子光学の先端技術や光物性の知識を必要とする．

　こうして，ナノスケールでの科学技術の進展は，多くの分野間の垣根を取り去り，異種分野間の融合や新分野の創製を可能にするものと期待されるが，さらに，これまでの歴史を振り返れば明らかなように，新しい実験技術の開拓と科学の展開は表裏一体で織りなされてきた．

　SPMを核とした極限計測・制御技術を高め，深めることで新たなブレークスルーが訪れ，より高く深いレベルで科学が展開するとともに，女神が，自然の神秘を覆うベールをいくらかでも持ち上げ，微笑んでくれることを願ってやまない．

［重川秀実］

参 考 文 献

第2章

1) J. Tersoff and D. R. Hamann : *Phys. Rev. Lett.* **50** (1983) 1998 ; *Phys. Rev.* B **31** (1985) 805.
2) Y. Kuk and P. J. Silverman : *Rev. Sci. Instrum.* **60** (1989) 165.
3) 塚田 捷：走査プローブ顕微鏡，西川 治編（丸善，1998）pp. 131-140.
4) Y. Maeda, T. Matsumoto, H. Tanaka and T. Kawai : *Jpn. J. Appl. Phys.* **38** (1999) L1211.
5) S. Morita *et al.* : *Phys. Rev. Lett.* **86** (2001) 4334 ; **83** (1999) 5023.
6) F. Giessibl *et al.* : *Science* **289** (2000) 422.
7) Y. Uehara, T. Fujita and S. Ushioda : *Phys. Rev. Lett.* **83** (1999) 2445.
8) G. Poirier : *Phys. Rev. Lett.* **86** (2001) 83.
9) W. Ho *et al.* : *Science* **299** (2003) 542.
10) 大津元一ほか：応用物理 **65** (1996) 2 ; 近接場光の基礎（オーム社，2003）.
11) 斎木敏治，成田貴人：応用物理 **70** (2001) 653.
12) K. Karrai, R. Grober : *Appl. Phys. Lett.* **66** (1995) 1842.
13) K. Nakajima *et al.* : *Jpn. J. Appl. Phys.* **42** (2002) in press.
14) J. Michaells *et al.* : *Nature* **405** (2000) 325.
15) R. Uma *et al.* : *Optical Review* **3** (1996) 463 ; *Jpn. J. Appl. Phys.* **38** (1999) 6713.
16) T. Ando *et al.* : *Jpn. J. Appl. Phys.* **41** (2001) 4851.
17) M. Viani *et al.* : *J. Appl. Phys.* **86** (1999) 2258.
18) H. Kawashima *et al.* : *Appl. Phys. Lett.* **77** (2000) 1283.
19) T. R. Albrecht, P. Grutter, D. Horne and D. Rugar : *J. Appl. Phys.* **69** (1991) 668.
20) Y. Martin *et al.* : *J. Appl. Phys.* **61** (1987) 4723.
21) F. J. Giessible *et al.* : *Appl. Phys. Lett.* **78** (2001) 123 ; *Phys. Rev.* B **61** (2000) 9968.
22) H. Hölscher *et al.* : *Phys. Rev. Lett.* **83** (1990) 4780 ; *Phys. Rev.* B **61** (2000) 12678.
23) M. Gauthier, N. Sasaki and M. Tsukada : *Phys. Rev.* B **64** (2001) 085409.
24) M. Guggisberg *et al.* : *Phys. Rev.* B **61** (2000) 11151.
25) F. J. Giessibl : *Appl. Phys. Lett.* **76** (2000) 1470.
26) M. Kageshima *et al.* : *Appl. Surf. Sci.* **7695** (2002) 1.
27) M. Kageshima *et al.* : *Jpn. J. Appl. Phys.* **38** (1999) 3958.
28) B. W. Chui *et al.* : *Appl. Phys. Lett.* **72** (1998) 1388.
29) R. A. Buser, J. Brugger and N. F. de Rooij : *Ultramicroscopy* **42-44** (1992) 1476.
30) T. Zijlstra *et al.* : *Sensors and Actuators* **84** (2000) 18.
31) A. R. Burns and R. W. Carpick : *Appl. Phys. Lett.* **78** (2001) 317.
32) 森田清三：走査型プローブ顕微鏡，西川 治編（丸善，1988）p. 165.

33) D. Smith : *Rev. Sci. Instrum.* **66** (1995) 3191.
34) B. S. Swatzentruber *et al.* : *Phys. Rev. Lett.* **76** (1996) 459.
35) X. Qin, B. S. Swatzentruber and M. G. Lagally : *Phys. Rev. Lett.* **85** (2000) 3660.
36) Sato *et al.* : *J. Vac. Sci. Technol.* A **18** (2000) 960.

第3章
1) A. Yazdani, D. Eigler and N. Lang : *Science* **272** (1996) 1921.
2) H. Ohnishi, Y. Kondo and K. Takayanagi : *Nature* **395** (1998) 780.
3) S. Vieira *et al.* : *Phys. Rev. Lett.* **87** (2001) 026101 ; **88** (2002) 246801.
4) S. Legoas *et al.* : *Phys. Rev. Lett.* **88** (2002) 076105.
5) H. Sim : *Phys. Rev. Lett.* **87** (2001) 096803.
6) C. Joachim *et al.* : *Nature* **408** (2000) 541 ; *Chem. Phys. Lett.* **265** (1997) 353 ; *Phys. Rev.* B **56** (1997) 4722 ; *Phys. Rev.* **57** (1998) 1820.
7) J. Shön *et al.* : *Nature* **413** (2001) 713 ; *Science* **294** (2001) 2138.
8) M. Ventra *et al.* : *Appl. Phys. Lett.* **76** (2000) 3448.
9) Y. Xue *et al.* : *J. Chem. Phys.* **115** (2001) 4292.
10) J. Tour *et al.* : *Appl. Phys. Lett.* **77** (2000) 1224 ; **78** (2001) 3735.
11) C. Lieber *et al.* : *Nature* **415** (2002) 617 ; **399** (1999) 48.
12) A. Harada : *Acc. Chem. Res.* **34** (2001) 456.
13) R. Metzger *et al.* : *J. Am. chem. Soc.* **119** (1997) 10455.
14) E. Emberly and G. Kirczenow : *Phys. Rev.* B **62** (2000) 10451.
15) W. Han *et al.* : *J. Phys. Chem.* B **101** (1997) 10719.
16) C. Dekker *et al.* : *Nature* **393** (1998) 49 ; **402** (1999) 273.
17) R. Martel *et al.* : *Appl. Phys. Lett.* **73** (1998) 2447.
18) J. Park *et al.* : *Nature* **417** (2002) 722.
19) R. Rinald *et al.* : *Appl. Phys. Lett.* **82** (2003) 472.
20) J. Reichert : *Phys. Rev. Lett.* **88** (2002) 176804.
21) J. Heurich *et al.* : *Phys. Rev. Lett.* **88** (2002) 256803.
22) J. Janata and M. Josowicz : *Nature Materials* **2** (2003) 19.
23) K. Tsukagoshi *et al.* : *Nature* **401** (1999) 572.
24) X. Cui *et al.* : *Science* **19** (2001) 571.
25) V. J. Lnglais *et al.* : *Phys. Rev. Lett.* **83** (1999) 2809.
26) N. J. Tao : *Phys. Rev. Lett.* **76** (1996) 4066.
27) C. Joachim *et al.* : *Phys. Rev. Lett.* **74** (1995) 2102.
28) M. Ishida, T. Mori and H. Shigekawa : *Phys. Rev.* B **18** (2001) 153405.
29) R. Feenstra, J. Stroscio and A. Fein : *Surf. Sci.* **181** (1987) 295.
30) Y. Kuk and P. J. Silverman : *Rev. Sci. Instrum.* **60** (1989) 165.
31) B. C. Stipe, M. A. Rezaei and W. Ho : *Science* **279** (1998) 1907.
32) J. Hahn, H. Lee and W. Ho : *Phys. Rev. Lett.* **85** (2000) 1914.
33) N. Lorente *et al.* : *Phys. Rev. Lett.* **86** (2001) 2593 ; **85** (2000) 2997.
34) J. R. Hahn and W. Ho : *Phys. Rev. Lett.* **87** (2001) 196102.
35) M. Weimer, J. Kramar and J. Baldeschwieler : *Phys. Rev.* B **39** (1989) 5572.
36) M. Ishida, T. Mori and H. Shigekawa : *Phys. Rev. Lett.* **83** (1999) 596.

37) S. Pan et al.: *Phys. Rev. Lett.* **85** (2000) 1536.
38) J. Park et al.: *Phys, Rev.* B **62** (2000) 16341.
39) T. Suzuki et al.: *Phys. Rev.* B **64** (2001) 081403.
40) H. W. Yeom et al.: *Phys. Rev. Lett.* **82** (1999) 4898.
41) A. Kanisawa et al.: *Phys. Rev. Lett.* **86** (2001) 3384.
42) M. van der Wielen et al.: *Phys. Rev. Lett.* **76** (1996) 1075.
43) G. Fiete et al.: *Phys. Rev. Lett.* **86** (2001) 2392.
44) L. Burgi, O. Jeandupeux, H. Brune and K. Kern: *Phys. Rev. Lett.* **82** (1999) 4516.
45) K. F. Braun and K. H. Rieder: *Phys. Rev. Lett.* **88** (2002) 096801.
46) J. Li et al.: *Phys. Rev. Lett.* **81** (1998) 4464.
47) J. Wildöer, L. Venema, A. Rnzler, R. smalley and C. Dekker: *Nature* **391** (1998) 59.
48) C. Lieber et al.: *Phys. Rev. Lett.* **88** (2002) 066804 ; *Science* **290** (2000) 1549 ; *Annu. Rev. Phys. Chem.* **53** (2002) 201.
49) J. Lee et al.: *Nature* **415** (2002) 1005.
50) K. Knisawa et al.: *Phys. Rev. Lett.* **87** (2001) 196804.
51) B. G. Randidier et al.: *Phys. Rev. Lett.* **85** (2000) 1068.
52) O. Millo et al.: *Nature* **400** (1999) 542 ; *Phys. Rev. Lett.* **86** (2001) 5751.
53) A. Yazdani et al.: *Phys. Rev. Lett.* **83** (1999) 176.
54) M. Kugler et al.: *Phys. Rev. Lett.* **86** (2001) 4911.
55) M. Plihal and J. Gadzuk: *Phys. Rev.* B **63** (2001) 085404.
56) M. Knorr et al.: *Phys. Rev. Lett.* **88** (2002) 096804.
57) O. Ujsaghy et al.: *Phys. Rev. Lett.* **85** (2000) 2557.
58) R. Becker et al.: *Phys. Rev. Lett.* **55** (1985) 987.
59) R. Becker et al.: *Phys. Rev. Lett.* **55** (1985) 2032.
60) A. J. Caamaño et al.: *Surf. Sci.* **426** (1999) L420.
61) Y. Suganuma and M. Tomitori: *Surf. Sci.* **438** (1999) 311.
62) K. Bobrov et al.: *Nature* **413** (2001) 616.
63) A. Sakai (p. 143), Y. Hasegawa (p. 167): "*Advanced in Scanning Probe Microscopy*" (Springer-Verlag, 1999) ; T. Sakurai, Y. Watanabe, M. Sasaki et al.: *Phys. Rev.* B **61** (2000) 15653.
64) R. Akiyama, T. Matsumoto and T. Kawai: *Phys. Rev.* B **62** (2000) 2034.
65) C. Kim, I. Yoon, Y. Kuk and H. Lim: *Appl. Phys. Lett.* **78** (2001) 613.
66) R. Barrett and C. Quate: *J. Appl. Phys.* **70** (1991) 2725.
67) T. Tran, D. Oliver, D. Thomson and G. Bridges: *Rev. Sci. Inst.* **72** (2001) 2618.
68) P. Hansen et al.: *Appl. Phys. Lett.* **72** (1998) 2247.
69) D. Schaadt et al.: *Appl. Phys. Lett.* **78** (2001) 88.
70) J. G. Hou et al.: *Phys. Rev. Lett.* **86** (2001) 5321.
71) M. Nonnenmacher et al.: *Appl. Phys. Lett.* **58** (1991) 2921.
72) Y. Kuk et al.: *Appl. Phys. Lett.* **77** (2000) 106 ; **79** (2001) 2010 ; **71** (1997) 1546 ; **75** (1999) 1760.
73) A. K. Henning et al.: *J. Appl. Phys.* **77** (1995) 1888.
74) T. Takahashi et al.: *Appl. Phys. Lett.* **75** (1999) 510.

75) H. Yokoyama, T. Inoue and J. Itoh : *Appl. Phys. Lett.* **65** (1994) 3143.
76) C. Schönenberger and S. F. Alvarado : *Phys. Rev. Lett.* **65** (1990) 3162.
77) Y. Majima, Y. Oyama and M. Iwamoto : *Phys. Rev.* B **62** (2000) 1971.
78) S. Kitamura *et al.* : *Appl. Phys. Lett.* **72** (1998) 3154.
79) K. Kobayashi *et al.* : Abstract of 9th International colloquium on SPM (応用物理学会, 2001) p. 46.
80) E. Soergel and W. Krieger : *Phys. Rev. Lett.* **83** (1999) 2336.
81) P. Wolf *et al.* : *J. Vac. Sci. Technol.* B **18** (2000) 361.
82) A. Kaczer, *et al.* : *Phys. Rev. Lett.* **77** (1996) 91 ; *Appl. Phys. Lett.* **73** (1998) 1871.
83) T. Meyer, D. Migas, L. Miglio and H. von Kanel : *Phys. Rev. Lett.* **85** (2000) 1520.
84) M. Kemerink *et al.* : *Phys. Rev. Lett.* **86** (2001) 2404.
85) J. C. Slonczewski : *Phys. Rev.* B **39** (1989) 6995.
86) R. Wiesendanger *et al.* : *Phys. Rev. Lett.* **84** (2000) 5212 ; **87** (2001) 127201 ; **88** (2002) 057201 ; **81** (1998) 4256 ; **89** (2002) 237205.
87) C. Durkan and M. E. Welland : *Appl. Phys. Lett.* **80** (2002) 458.
88) Y. Manassen *et al.* : *Phys. Rev.* B **61** (2000) 16223.
89) L. Heim, J. Blum, M. Preuss and H. Butt : *Phys. Rev. Lett.* **83** (1999) 3328.
90) K. Johnson, K. Kendall and A. Roberts : *Proc. R. Soc. London* A **324** (1971) 301.
91) B. Derjaguin, V. Muller and Y. Toprov : *J. Collid Interface Sci.* **53** (1975) 314.
92) S. Yasuda *et al.* : *Jpn. J. Appl. Phys.* **40** (2001) 4419-4422 ; *Jpn. J. Appl. Phys.* **38** (1999) 3888 ; **37** (1998) 3844.
93) A. Voldoin *et al.* : *Phys. Rev. Lett.* **84** (2000) 3342.
94) S. Morita : *Surf. Sci. Report* 23, **1** (1996) 3.
95) A. Burns and R. Carpick : *Appl. Phys. Lett.* **78** (2001) 317.
96) M. Hirano, K. Shinjo, R. Kaneko and Y. Murata : *Phys. Rev. Lett.* **78** (1997) 1448.
97) A. Stipe *et al.* : *Phys. Rev. Lett.* **87** (2001) 096801.
98) S. Ge *et al.* : *Phys. Rev. Lett.* **85** (2000) 2340.
99) M. Ishikawa *et al.* : *Jpn. J. Appl. Phys.* **41** (2002) 4908.
100) S. Javis *et al.* : *J. Phys. Chem.* B **104** (2000) 6091.
101) S. Javis *et al.* : *Nature* **384** (1996) 247 ; *Appl. Phys.* A **66** (1998) S211.
102) P. Ashby *et al.* : *J. Am. Chem. Soc.* **122** (2000) 9467.
103) B. Gotsmann *et al.* : *Phys. Rev Lett.* **86** (2001) 2597 ; *Phys. Rev.* B **60** (1999) 11051.
104) M. Gauthier and M. Tsukada : *Phys. Rev.* B **60** (1999) 11716.
105) E. Florin, V. Moy, H. Gaub : *Science* **264** (1994) 415.
106) F. Stevens *et al.* : *Langmuir* **15** (1999) 207 ; **15** (1999) 1373.
107) E. Evans : *Annu. Rev. Biophys. Biomol. Struct.* **30** (2001) 105 ; *Nature* **397** (1999) 50.
108) S. Cocco *et al.* : *Phys. Rev.* E **65** (2002) 041907.
109) T. Strunz *et al* : *Proc. Natl. Acad. Sci.* USA **96** (1999) 11277.
110) E. Gaub *et al.* : *Science* **276** (1997) 1109 ; *Science* **275** (1997) 1295 ; *J. Mol. Biol.* **286** (1999) 553.
111) E. Galligan *et al.* : *J. Chem. Phys.* **114** (2001) 3208.
112) M. Lantz *et al.*, *Chem. Phys. Lett.* **315** (1999) 61.

113) B. Heymann and H. Grubmuller : *Chem. Phys. Lett.* **303** (1999) 1 ; *Phys. Rev. Lett.* **84** (2000) 6126.
114) H. Schönherr *et al.* : *J. Am. Chem. Soc.* **122** (2000) 4963.
115) P. Williams *et al.* : *J. Chem. Soc.*, Perking Trans. **2** (2000) 5.
116) A. Janshoff *et al.* : *Angew. Chem, Int. Ed.* **39** (2000) 3212.
117) O. Willemsen, L. Kuipers, K. Werf, B. Grooth and J. Greve : *Langmuir* **16** (2000) 4339.
118) H. Ma *et al.* : *Langmuir* **16** (2000) 2254.
119) O. Dudko *et al.* : *Chem. Phys. Lett.* **352** (2002) 499.
120) O. Takeuchi, M. Fujita, S. Yasuda, S. Javis and H. Shigekawa : Abstract of 10th International Colloquium on SPM (応用物理学会, 2002) p. 71.
121) S. Yasuda *et al.* : *Appl. Phys. Lett.* **76** (2000) 643 ; *J. Vac. Sci. Technol.* A **19** (4) (2001) 1266.
122) B. Brown and P. Brown : American Aboratory, Nov. (2001) p. 13.
123) M. Capitanio *et al.* : *Rev. Sci. Instrum.* **73** (2002) 1687.
124) A. Ashkin *et al.* : *Nature* **348** (1990) 346.
125) J. Meiners *et al.* : *Phys. Rev. Lett.* **84** (2000) 5014.
126) T. Yanagida *et al.* : *Nature* **334** (1988) 74 ; *Nature* **415** (2002) 192.
127) 重川秀実：表面科学 **20** (1999) 32.
128) S. Grafatrom : *J. Appl. Phys.* **91** (2002) 1717.
129) I. Lyubinetsky *et al.* : *J. Appl. Phys.* **82** (1997) 4115.
130) S. Grafstrom *et al.* : *J. Vac. Sci. Technol.* B **9** (1991) 568.
131) A. Bragas *et al.* : *J. Appl. Phys.* **82** (1997) 4153.
132) L. Kronik and Y. Shapira : *Surf. Sci. Rep.* **37** (1999) 1.
133) A. Cahill and R. J. Hamers : *Phys. Rev.* B **44** (1991) 1387.
134) R. J. Hamers and K. Markert : *Phys. Rev. Lett.* **64** (1990) 1051.
135) S. Aioni, I. Nevo and G. Hasse : *J. Chem. Phys.* **115** (2001) 1875.
136) H. Yamamoto *et al.* : *Jpn. J. Appl. Phys.* **38** (1999) 3871.
137) O. Takeuchi, S. Yoshida, R. Morita, M. Yamashita and H. Shigekawa : Abstract of 10th International Colloquium on SPM (応用物理学会, 2002) p. 36.
138) R. Hamers, D. Cahill : *J. Vac. Sci. Technol.* B **9** (1991) 514.
139) Y. Hori and H. Sumi : *Chem. Phys. Lett.* **348** (2001) 387.
140) A. Hida *et al.* : *Appl. Phys. Lett.* **78** (2001) 3029, 3190.
141) M. Yoo *et al.* : *Science* **276** (1997) 579.
142) S. Weiss *et al.* : *Phys. Stat. Sol.* (b) **188** (1995) 343.
143) K. Takeuchi and Y. Kasahara : *Appl. Phys. Lett.* **63** (1993) 3548.
144) M. Freeman *et al.* : *Surf. Sci.* **386** (1997) 290.
145) R. Groeneveld and H. Kempen : *Appl. Phys. Lett.* **69** (1996) 2294.
146) J. Hwang *et al.* : *Appl. Phys. Lett.* **69** (1996) 2211.
147) N. Khusnatdinov *et al.* : *Appl. Phys. Lett.* **77** (2000) 4434.
148) V. Gerstner *et al.* : *J. Appl. Phys.* **88** (2000) 4851.
149) M. Feldstein *et al.* : *J. Phys. Chem.* **100** (1996) 4739.

150) O. Takeuchi, R. Morita, M. Yamashita and H. Shigekawa : *Jpn. J. Appl. Phys.* **41** (2002) 4994.
151) M. Merschdorf *et al.* : *Appl. Phys. Lett.* **81** (2002) 286.
152) P. Dawspm, F. Fprme and J. Boudonnet : *Phys. Rev. Lett.* **72** (1994) 2927.
153) Y. Uehara, T. Fujita and S. Ushioda : *Phys. Rev. Lett.* **83** (1999) 2445.
154) U. Keil, T. Ha, J. Jensen and J. Hvam : *Appl. Phys. Lett.* **72** (1998) 3074.
155) J. Krenn *et al* : *Phys. Rev. Lett.* **82** (1999) 2590.
156) J. Watanabe *et al.* : *Phys. Rev.* B **52** (1995) 2860.
157) S. Bozhevolnyi *et al.* : *Phys. Rev. Lett.* **89** (2002) 186801.
158) M. Rucker *et al.* : *J. Appl. Phys.* **72** (1992) 5027.
159) J. McNeill, D. O'Connor and P. Barbara : *J. Chem. Phys.* **112** (2000) 7811.
160) H. Walther *et al.* : *Phys. Rev. Lett.* **66** (1991) 1717 ; *J. Appl. Phys.* **78** (1995) 6477.
161) C. Chicanne *et al.* : *Phys. Rev. Lett.* **88** (2002) 097402.
162) 大津元一，小林　潔：近接場光の基礎（オーム社，2003) pp. 163-173.
163) R. Hillenbrand *et al.* : *Nature* **418** (2002) 159.
164) W. Liang *et al.* : *Nature* **417** (2002) 725.
165) J. Park *et al.* : *Nature* **417** (2002) 722.
166) C. Hettich *et al.* : *Science* **298** (2002) 385.
167) P. Michler *et al.* : *Nature* **406** (2000) 968.
168) G. Credo *et al.* : *Appl. Phys. Lett.* **74** (1999) 1978.
169) D. Gorelik and G. Hasse : *J. Phys. Chem.* **104** (2000) 2575.
170) J. Enderlein : *Phys. Rev. Lett.* **83** (1999) 3804.
171) R. Berndt *et al.* : *Phys. Rev. Lett.* **71** (1993) 3493 ; **74** (1995) 102.
172) A. Downes and M. Welland : *Phys. Rev. Lett.* **81** (1998) 1857 ; **72** (1998) 2671.
173) G. Poiier : *Phys. Rev. Lett.* **86** (2001) 83.
174) W. Ho *et al.* : *Nature* **399** (2003) 542.
175) J. Kempf and J. Marohn : *Phys. Rev. Lett.* **90** (2003) 087601.
176) C. Sommerhalter *et al.* : *J. Vac. Sci. Technol.* B **15** (1997) 1876.
177) R. Wiesendangaer *et al.* : *Phys. Rev.* B **59** (1999) 8043.
178) M. Yu *et al.* : *Phys. Rev. Lett.* **86** (2001) 87
179) A. Kis *et al.* : *Phys. Rev. Lett.* **89** (2002) 248101.
180) S. Wolf *et al.* : *Science* **294** (2001) 1488.

第4章
1) H. Manoharan, C. Lutz and D. Eigler : *Nature* **403** (2000) 512.
2) N. Nilus *et al.* : *Science* **297** (2002) 1853.
3) H. Shigekawa *et al.* : *J. Am. Chem. Soc.* **122** (2000) 5411.
4) A. Harada : *Acc. Chem. Res.* **34** (2001) 456.
5) K. Shinohara *et al.* : *J. Am. Chem. Soc.* **123** (2001) 3619.
6) Y. Okada, Y. Iuchi, M. Kawabe and J. Harris : *Jpn. J. Appl. Phys.* **38** (1999) L160.
7) G. Meyer *et al.* : *Phys. Rev. Lett.* **86** (2001) 672 ; **90** (2003) 066107, 088302.
8) D. Giffins *et al.* : *Nature* **408** (2000) 67.
9) Z. J. Donhauser *et al.* : *Science* **292** (2001) 2303.

10) S. Yasuda *et al.*: Abstract of 10th International Colloquim on SPM (応用物理学会, 2002) p. 88.
11) S. Hla, L. Bartels, G. Meyer and K. Rieder: *Phys. Rev. Lett.* **85** (2000) 2777.
12) Y. Kim *et al.*: *Phys. Rev. Lett.* **89** (2002) 126104.
13) T. Komeda *et al.*: *Science* **295** (2002) 2055.
14) W. Ho *et al.*: *Phys. Rev. Lett.* **81** (1998) 1263 ; *Science* **279** (1998) 1907.

第5章
1) S. Hasegawa and F. Grey: *Surf. Sci.* **500** (2002) 84.
2) 中山知信:計測と制御 **38** (1999) 742.
3) D. Saya *et al.*: Abstract of 9th International Colloquium on SPM, Atagawa (応用物理学会, 2001) p. 57.
4) P. Kim and C. Lieber: Science **286** (1999) 2148.
5) S. Akita and Y. Nakayama: *Jpn. J. Appl. Phys.* **41** (2002) 4242.
6) J. Fritz *et al.*: *Science* **288** (2000) 316.
7) C. Hagleitner: *Nature* **414** (2001) 293.
8) K. Yokoyama, T. Ochi, Y. Sugawara and S. Morita: *Phys. Rev. Lett.* **83** (1999) 5023.
9) A. Sasahara, H. Uetsuka and H. Onishi: *Appl. Phys.* A **72** (2001) S101.
10) M. Radmacher, M. Fritz, H. Hansma and P. Hnsma: *Science* **265** (1994) 1577.
11) C. Lieber *et al.*: *Nature* **394** (1998) 52.
12) D. Diaz *et al.*: *Langmuir* **17** (2001) 5932.
13) B. Weeks *et al.*: *Phys. Rev. Lett.* **88** (2002) 255505.
14) Y. Okawa and M. Aono: *Nature* **409** (2001) 684 ; *J. Chem. Phys.* **115** (2001) 2317.
15) M. Aono *et al.*: *Riken Review* **37** (2001) 7 ; *J. Appl. Phys.* **91** (2002) 10110.

また,本編で扱う事項については以下にあげる図書を参考にするとよい.
1) 西川 治編:走査型プローブ顕微鏡(丸善, 1998)
2) 橋詰富博:表面物性測定 走査プローブ顕微鏡, 実験物理学講座10(丸善, 2001)
3) 青山純志:単一電子トンネリング概論(コロナ社, 2002)
4) 櫛田孝司編:レーザー測定, 実験物理学講座 9(丸善, 2000)
5) 大津元一:ナノフォトニクス(産業図書, 1999)
6) 河津 璋,重川秀実,吉村雅満編:ナノテクノロジーのための走査プローブ顕微鏡, 表面分析技術選書(丸善, 2002)
7) 森田清三編著:原子・分子のナノ力学(丸善, 2003)
8) 大津元一,小林 潔:近接場光の基礎(オーム社, 2003)
9) 村田好正:表面物理学, 朝倉物理学大系 17(朝倉書店, 2003)
10) 川崎恭治:非平衡と相転移(朝倉書店, 2000)
11) 佐々木昭夫:量子効果半導体(電子情報通信学会, 2000)
12) J. N. イスラエルアチヴィリ著,近藤 保,大島広行訳:分子間力と表面力 第2版(朝倉書店, 1998)

索　引

AFM　150
Ag–Cd　102

BCS 超伝導　126, 133
BEEM　194
BFP(biomembrane force probe)　163, 212
BH(barrier-height)像　189
Bi の多形転移　111

CCD　54
CDW　127, 181, 182
CFM　150, 155, 207
CsCl 型構造　100
Cu–Al　102
current 像　149
Cu–Zn　102
Cu–Zn の状態図　102

DFS　209
DLTS　190
DMT 理論　199

EFM　192
ESR　121
ESR–STM　197
EXAFS　118

FIM　154
FM 検出法　162
FTR–STM　222

Ge　123

g 因子　197
g 値　2

HOPG　197

IETS　178, 231

JKR 理論　199

LDOS　154
LOT(laser optical tweezers)　163, 212

MIS 構造　179
ML　174
MOS　194

NaCl 型構造　100
NaCl の状態方程式　115
nc–AFM　155
NMR　121

ODBE　195
OMA(optical multichannel analyzer)　52

Pb の超伝導転移　111

SCM　189
Si　123
SNOM　150, 156, 158, 224, 225, 226
S/N 比(signal noize ratio)　165
SPM　148
SPV　215

244　　　　　　　　索　　引

SQUID　121
STM　148, 227
STM 発光　155
STS　177
SWNT　186

Te　123
topographic 像　149, 153

unsupported area の原理　108

XANES　118
X 線散乱・吸収　118

z ピンチ　28

θ ピンチ　22

ア　行

圧縮強度　103
圧電気　114
圧力　90
圧力媒体　103, 107
圧力マノメーター　115
アナライザー　54
アモルファス Se　123
アレニウスプロット　190

イオン結晶　92
イグナイトロン　18
位相敏感(ロックイン)検出　192, 213
1 次圧力計　104, 114
1 軸応力　112, 128, 135
1 次コイル　22
1 次元分子系　184
1 価金属　124
イメージコンバーターカメラ　25, 55
イメージングプレート　118
インテンシファイアー　54

ヴィネットらの状態方程式　96
ヴェルデ定数　36
ヴォルテックス相互作用　187

ウルツ鉱型構造　100

エキシトニック絶縁体相　125
エキシトン　224
エネルギーの散逸　206
エバネッセント光　156, 223
遠赤外レーザー　67
円筒型　21

オンサーガーの相反定理　44
温度計　122

カ　行

回転運動　231
化学圧力　99, 141
化学修飾した探針　178
化学力顕微鏡　150, 207
ガスケット　108
カスケードサポート　106
傾いた磁場　79
カーボン抵抗　122
カーボンナノチューブ　184, 200
カーボンナノチューブ探針　164
カマリング-オネス　88
還元質量　58
間接測定法　33

希ガス結晶　90
希釈冷凍機　120
技術磁化　5
軌道角運動量　3
ギブスの自由エネルギー　89
ギャップスイッチ　18
キャリヤー寿命　217
吸収　119
吸収係数　68
キュービックアンビル　109
キュリーの法則　4
キュリー-ワイス則　138
キュリー-ワイス定数　138
強磁場　113
凝集エネルギー　91, 92
凝集機構　90

強相関電子系 39
共鳴準位 187
共鳴トンネル 229
共鳴トンネル効果 51
共鳴ポーラロン効果 72
強誘電体 136
局所仕事関数 179
局所状態密度 154
近接場光 156
近接場光学顕微鏡 150

空間分解能 152
クェンチ 13
クネール法 23
クラジウス クラペイロンの式 89
グラファイト 98
クランプ法 112
クローバー回路 17
クロム金属 126
クーロン相互作用 92
クーロンブロッケード 191, 229

蛍光測定 119
ゲージ 8
結晶構造 118
結晶構造転移 97
ケルビン法 191
原子間力顕微鏡 150
原子追跡(アトムフッキング)法 166
検出器 67
現象論的状態方程式 95
原子ワイヤー 170
減衰長 182

高圧容器 103
光学ガラス 119
光学的測定 119
交換効果 94
交換相互作用 3
交換相互作用定数 3
高強度材料 103
格子振動 92
構造相転移 72

高速ゲート法 219
酵素反応 209
降伏応力 107
交流法 121
コンデンサーバンク 17
近藤効果 131, 187
コーンの定理 81
コンピューターシミュレーション 24

サ 行

サイクロイド運動 46
サイクロトロン共鳴 66, 68
再結合速度 217
細胞膜を利用した顕微鏡 212
サイリスター 18
サファイヤ 119
酸化還元ポテンシャル 217
酸化物高温超伝導体 112, 134
3段カスケード方式 22

磁化の測定 35
時間分解スペクトル 56
時間分解能 156
磁気回路 12
磁気グリュナイゼン定数 95, 127
磁気構造 118
磁気相転移 3
磁気測定 121
磁気天秤 121
磁気特性長 8
磁気トンネル効果 50
磁気フォノン共鳴 48
四極子相互作用 94
磁気励起 119
自己相関 181
自己組織化 171
磁性エネルギー 95
自動圧力制御 114
磁場誘起直接-間接転移 76
シフトレジスター 55
弱磁性材料 107
ジャンプアウト 205
ジャンプイン 204

重水素置換　141
自由電子ガスモデル　95
充填率　98
自由度の縮退　133
周波数変調検出法　162
主コンデンサーバンク　25
シュブニコフードハース効果　9, 47
準位クロスオーバー　74
準粒子　133
常磁性体の磁化過程　4
状態方程式　88
状態密度　10
上部臨界磁場　13
障壁像　189
試料振動法　121
試料引き抜き法　121
信号雑音比　165

水晶振動子法　163
水素結合　135, 141
スナップアウト　204
スナップイン　164, 204
スピン　2
スピン共鳴SPM　197
スピン-パイエルス状態　40
スピン-パイエルス転移　128
スピンフリップ転移　7, 39
スピンフロップ転移　5, 37
スピン偏極STM　196
スピン密度波　125
スペクトル広がり　184
スロープ検出法　161

静水圧性　108
静電気力顕微鏡　192
絶縁体-金属転移　129
接触電位差　191, 192
接触モード　159
ゼーマンエネルギー　2
ゼーマン分裂　2
ゼロ次元・半導体構造　187
閃亜鉛鉱型構造　99
せん断力顕微鏡　201

相関効果　94
双極子相互作用　91, 94
走査トンネル顕微鏡　148
走査トンネル分光法　177
走査プローブ顕微鏡　148
走査容量顕微鏡　189

タ　行

耐圧強度　106
第1原理電子状態計算　94
第1種超伝導体　41
帯間磁気光吸収　57
対称ゲージ　8
体積弾性率　90
第2種超伝導体　41
ダイヤモンド　105, 187
ダイヤモンドアンビル　105
高さ一定像　149
多重超伝導相　133
タッピングモード　159
縦磁気抵抗　46
縦波フォノン　124
ターンアラウンド　28
タングステンカーバイド　105
短周期超格子　62, 75
単電子トランジスター顕微鏡　218
弾道電子顕微鏡　193
断熱法　121

秩序磁性体　3
秩序-無秩序型相転移　137, 141
中性子散乱実験　118, 119
中性子星　61
チューニングフォーク　156
超強磁場　20
超交換相互作用　3
超高真空透過電子顕微鏡　169
超高速コンデンサーバンク　31
超潤滑　202
超低温　113
超伝導マグネット　13
超臨界状態　118
直接加圧法　111, 112

索　引

直接-間接型転移　75
直接測定法　33

低移動度物質　69
抵抗極小　131
定在波　181
定常強磁場発生施設　15
定常磁場　12
デバイの特性温度　123
デバイモデル　94
テフロン　108
テフロンセル　109
テラヘルツ・スペクトロスコピー　66
テラヘルツ領域　66
電界イオン顕微鏡　154
電荷移動型絶縁体　131
電界放出　187
電荷密度波　127, 181
電気化学　173
電気抵抗テンソル　44
電気的測定　43
電気伝導率　119
電極素材　108
電子　125
電子間相互作用　80, 94
電子グリュナイゼン定数　95
電子-格子相互作用　94
電子スピン共鳴　66
電子相関　129
電子転移　118
電磁濃縮法　22, 23
電子比熱係数　95
電子輸送　170
伝導度テンソル　44
電流一定像　149, 153

同位元素効果　141, 142
統計力学　90
導電性探針　171
ドーパント　193
ドブロイ波　142
トライボレバー　165
トランジェントレコーダー　33

ドリフト速度　46
トンネル確率　152
トンネルコンダクタンス　176
トンネル障壁　155
トンネル電流　152
トンネル分光法　176

ナ　行

ナノ構造の解析　184
ナノピンセット　223

2価金属　125
2次圧力計　114
2次元励起子　59
二重障壁トンネルダイオード　50

濡れ層　64

熱圧力　93
熱間等方加圧　135
熱収縮　113
熱伝導　120
熱電能　120
熱平衡状態　140
熱膨張の問題　213
熱膨張率　111
熱力学　90
熱力学第三法則　139

ハ　行

配位数　98
パイエルス転移　127
ハイブリッドマグネット　15
パイライト構造　129
パウリの排他原理　91, 129
爆縮法　20
パルス磁場　16, 33
パルスマグネット　16
ハルディンギャップ状態　40
反強磁性　125, 128, 131, 134
反強磁性体　3, 5
半金属-半導体転移　74
反磁性シフト　58

索　引

反対称交換相互作用　3
半導体界面の転位　190
半導体-金属転移　123
バンド構造　94
バンド理論　124, 128, 129
バンド湾曲(バンドベンディング)　180, 215

ピエゾ素子　227
ピエゾ抵抗　114
光遅延回路　221
光テコ方式　159
光反射　119
光ピンセット　163, 212
光ファイバーケーブル　119
光変調トンネル分光法　215
光励起SPM　213
ヒストグラム法　207
ピストンシリンダー装置　105
非接触原子間力顕微鏡　155
非接触モード　159
非弾性トンネル分光法　178, 231
ピックアップコイル　33
ビッター型コイル　14
ビッター型マグネット　14
引張り強度　103
一巻きコイル法　29
比熱測定　121
ヒューム-ロザリーの法則　100
表面光起電力　214
表面プラズモン　223

ファラデー回転　34
ファラデー効果　36
ファラデー配置　53
ファンデルワールス　88
ファンデルワールス力　91
ファン・ホーベ特異点　186
フィードギャップ　26
フィードギャップ補償器　27
フェリ磁性体　3, 6
フェルミエネルギー　94, 102
フェルミ球　100
フェルミ面　123, 128

フォークト配置　53
フォース曲線　198, 205, 207
フォトボルテージ　214
フォトルミネッセンス　59
フォーナー-コルム型コイル　19
フォノンのソフト化　142
副格子　6
副コンデンサーバンク　25
浮遊容量　156
ブラウン運動　210
プラズマジェット　26
フラーレン　174
ブリッジマンアンビル　120
フリーピストンゲージ　104
ブリュアン域　100, 125
ブリュアン関数　4
ブリュアン散乱　119
ブルドン管　114
ブレークダウン効果　48
ブロッホ-グリュナイゼンの関係　123
ブロッホの波動関数　101
分散関係　182
分子解離　135
分子性結晶　90
分子認識　209
分子場　6
分子場近似　6

平板型　21
ベチガール塩　127
ヘビーフェルミオン系　132
ヘルムホルツの自由エネルギー　90
ベローズ型　21
変位型　138, 139, 141
変位型相転移　140

ボーア磁子　2
ポアソン法　208
防護箱　25
放射光光源　118
ポラライザー　54
ポーラロン　72
ポーラロン・サイクロトロン共鳴　71

マ 行

ホール 125
　——の寿命 184
ホール電場 45
ボルン-マイヤー 91
ポンププローブ法 222

マイスナー効果 41
マキシマムエントロピー法 118
巻き線型パルスマグネット 19
マクスウェル応力 18
マチューセンの法則 123
マッシブサポート 106
マーデルング定数 92, 99
マーリガン-バーチ状態方程式 95
マルチアンビル装置 105
マンガニン線 114, 122

ミエ-グリュナイゼンの状態方程式 93
水の状態図 89
密度汎関数理論 94

メガガウス磁場 20
メスバウアー分光 121
メゾスコピック系の電子輸送現象 168

モット-ハバード絶縁体 129, 134
モット-ハバード転移 128
モード・グリュナイゼン定数 93

ヤ 行

有機導体 108, 112
有効質量 182

誘電率 119

容易軸 5
容量原子間力顕微鏡 193
横磁気抵抗 45
横波フォノン 124

ラ 行

ライナー 22

ラマン散乱 119
ラーモア振動数 197
ランダウゲージ 8
ランダウ準位 7

リートベルト法 118
量子井戸 60
量子干渉計 121
量子極限状態 11
量子効果 142
量子細線 63
量子柵構造 183
量子振動現象 47
量子スピン系 40
量子ドット 63, 77
量子ポテンシャル 63, 77
量子ホール効果 48
量子ゆらぎ 141
臨界温度 88
臨界指数 140
臨界状態モデル 41
臨界電流 13

ルーダマン-キッテル-糟谷-芳田（RKKY）
　相互作用 3, 131
ルビースケール 116

励起子 58
　——の波動関数 64
零点振動 92, 93
レセプター-リガンド 208
レドックス中心 174
レナード-ジョーンズポテンシャル 91, 204

六方晶 Se 123
ロタキサン構造 228
ローレンツ幅 184

ワ 行

ワイス型電磁石 13

著者略歴

三浦 登（みうら のぼる）
- 1941年　東京都に生まれる
- 1968年　東京大学大学院工学系研究科博士課程中退
- 現　在　東京大学名誉教授・工学博士
- 主な著書　『続々・物性科学のすすめ』（培風館, 1985）
　　　　　『磁気と物質』（産業図書, 1990）

重川秀実（しげかわ ひでみ）
- 1955年　広島県に生まれる
- 1980年　東京大学大学院工学系研究科博士課程中退
- 現　在　筑波大学物理工学系教授・工学博士
- 主な著書　『走査型プローブ顕微鏡-STMからSPMへ』（丸善, 1998）
　　　　　『ナノテクノロジーのための走査プローブ顕微鏡』（丸善, 2002）

毛利信男（もうり のぶお）
- 1941年　北海道に生まれる
- 1965年　北海道大学大学院理学部修士課程修了
- 現　在　東京大学名誉教授, 埼玉大学理学部教授・理学博士
- 主な著書　『高圧現象』（金属物性基礎講座, アグネ, 1996）
　　　　　『新しい高圧力の科学』（講談社サイエンティフィク, 2003）

朝倉物性物理シリーズ 4
極限実験技術

定価はカバーに表示

2003年7月10日　初版第1刷

著　者	三　浦　　　登	
	毛　利　信　男	
	重　川　秀　実	
発行者	朝　倉　邦　造	
発行所	株式会社 朝倉書店	

東京都新宿区新小川町 6-29
郵便番号　162-8707
電　話　03 (3260) 0141
FAX　03 (3260) 0180
http://www.asakura.co.jp

〈検印省略〉

© 2003〈無断複写・転載を禁ず〉

ISBN 4-254-13724-9　C3342

中央印刷・渡辺製本

Printed in Japan

◆ 朝倉物理学大系 ◆

荒船次郎・江沢　洋・中村孔一・米沢富美子 編集

駿台予備学校 山本義隆・明大 中村孔一著
朝倉物理学大系 1
解 析 力 学 I
13671-4 C3342　　A 5 判 328頁 本体4800円

満を持して登場する本格的教科書。豊富な例題を通してリズミカルに説き明かす。本巻では数学的準備から正準変換までを収める。〔内容〕序章—数学的準備／ラグランジュ形式の力学／変分原理／ハミルトン形式の力学／正準変換

駿台予備学校 山本義隆・明大 中村孔一著
朝倉物理学大系 2
解 析 力 学 II
13672-2 C3342　　A 5 判 296頁 本体5200円

満を持して登場する本格的教科書。豊富な例題を通してリズミカルに説き明かす。本巻にはポアソン力学から相対論力学までを収める。〔内容〕ポアソン括弧／ハミルトン-ヤコビの理論／可積分系／摂動論／拘束系の正準力学／相対論的力学

前阪大 長島順清著
朝倉物理学大系 3
素 粒 子 物 理 学 の 基 礎 I
13673-0 C3342　　A 5 判 288頁 本体5200円

実験物理学者が懇切丁寧に書き下ろした本格的教科書。本書は基礎部分を詳述。とくに第7章は著者の面目が躍如。〔内容〕イントロダクション／粒子と場／ディラック方程式／場の量子化／量子電磁力学／対称性と保存則／加速器と測定器

前阪大 長島順清著
朝倉物理学大系 4
素 粒 子 物 理 学 の 基 礎 II
13674-9 C3342　　A 5 判 280頁 本体4800円

実験物理学者が懇切丁寧に書き下ろした本格的教科書。本巻はIを引き継ぎ、クオークとレプトンについて詳述。〔内容〕ハドロン・スペクトロスコピィ／クォークモデル／弱い相互作用／中性K中間子とCPの破れ／核子の内部構造／統一理論

前阪大 長島順清著
朝倉物理学大系 5
素粒子標準理論と実験的基礎
13675-7 C3342　　A 5 判 416頁 本体7200円

実験物理学者が懇切丁寧に書き下ろした本格的教科書。本巻は高エネルギー物理学の標準理論を扱う。〔内容〕ゲージ理論／中性カレント／QCD／Wボソン／Zボソン／ジェットの性質／高エネルギーハドロン反応

前阪大 長島順清著
朝倉物理学大系 6
高エネルギー物理学の発展
13676-5 C3342　　A 5 判 376頁 本体6500円

実験物理学者が懇切丁寧に書き下ろした本格的教科書。本巻は高エネルギー物理学最前線を扱う。〔内容〕小林・益川行列／ヒッグス／ニュートリノ／大統一と超対称性／アクシオン／モノポール／宇宙論

北大 新井朝雄・学習院大 江沢　洋著
朝倉物理学大系 7
量子力学の数学的構造 I
13677-3 C3342　　A 5 判 328頁 本体5500円

量子力学のデリケートな部分に数学として光を当てた待望の解説書。本巻は数学的準備として、抽象ヒルベルト空間と線形演算子の理論の基礎を展開。〔内容〕ヒルベルト空間と線形演算子／スペクトル理論／付：測度と積分、フーリエ変換他

北大 新井朝雄・学習院大 江沢　洋著
朝倉物理学大系 8
量子力学の数学的構造 II
13678-1 C3342　　A 5 判 320頁 本体5800円

本巻はIを引き継ぎ、量子力学の公理論的基礎を詳述。これは、基本的には、ヒルベルト空間に関わる諸々の数学的対象に物理的概念あるいは解釈を付与する手続きである。〔内容〕量子力学の一般原理／多粒子系／付：超関数論要項、等

東大 高田康民著
朝倉物理学大系 9
多 体 問 題
13679-X C3342　　A 5 判 392頁 本体6800円

グリーン関数法に基づいた固体内多電子系の意欲的・体系的解説の書。〔内容〕序／第一原理からの物性理論の出発点／理論手法の基礎／電子ガス／フェルミ流体理論／不均一密度の電子ガス：多体効果とバンド効果の競合／参考文献と注釈

近大 西川恭治・広島大 森 弘之著
朝倉物理学大系10

統 計 物 理 学

13680-3　C3342　　A5判 376頁　本体6500円

量子力学と統計力学の基礎を学んで，よりグレードアップした世界をめざす人がチャレンジするに好個な教科書・解説書。〔内容〕熱平衡の統計力学：準備編／熱平衡の統計力学：応用編／非平衡の統計力学／相転移の統計力学／乱れの統計力学

前東大 高柳和夫著
朝倉物理学大系11

原 子 分 子 物 理 学

13681-1　C3342　　A5判 440頁　本体7300円

原子分子を包括的に叙述した初の成書。〔内容〕水素様原子／ヘリウム様原子／電磁場中の原子／一般の原子／光電離と放射再結合／二原子分子の電子状態／二原子分子の振動・回転／多原子分子／電磁場と分子の相互作用／原子間力，分子間力

前筑波大 亀淵 迪・慶大表 実著
朝倉物理学大系13

量 子 力 学 特 論

13683-8　C3342　　A5判 276頁　本体5000円

物質の二重性(波動性と粒子性)を主題として，場の量子論から出発して粒子の量子論を導出する。〔内容〕場の一元論／場の方程式／場の相互作用／量子化／量子場の性質／波動関数と演算子／作用変数・角変数・位相／相対論的な場と粒子性

前東大 村田好正著
朝倉物理学大系17

表 面 物 理 学

13687-0　C3342　　A5判 320頁　本体6200円

量子力学やエレクトロニクス技術の発展と関連して進歩してきた表面の原子・電子の構造や各種現象の解明を物理としての面白さを意識して解説〔内容〕表面の構造／表面の電子構造／表面の振動現象／表面の相転移／表面の動的現象／他

前九大 髙田健次郎・前新潟大 池田清美著
朝倉物理学大系18

原 子 核 構 造 論

13688-9　C3342　　A5判 416頁　本体7200円

原子核構造の最も重要な3つの模型(殻模型，集団模型，クラスター模型)の考察から核構造の統一的理解をめざす。〔内容〕原子核構造論への導入／殻模型／核力から有効相互作用へ／集団運動／クラスター模型／付：回転体の理論，他

前九大 河合光路・元東北大 吉田思郎著
朝倉物理学大系19

原 子 核 反 応 論

13689-7　C3342　　A5判 400頁　本体7200円

核反応理論を基礎から学ぶために，その起源，骨組み，論理構成，導出の説明に重点を置き，応用よりも確立した主要部分を解説。〔内容〕序論／核反応の記述／光学模型／多重散乱理論／直接過程／複合核過程−共鳴理論・統計理論／非平衡過程

戸田盛和・宮島龍興・長谷田泰一郎・小林澈郎編著

物理学ハンドブック（第2版）

13053-8　C3042　　A5判 648頁　本体15000円

本書は旧版以来の「高校程度の物理の知識をもとにしてこれを補い発展させて物理学の知識・基礎および実際的な応用例などを，くわしく興味ある解説をほどこす」という趣旨を徹底し，新たな最近の物理学の進歩—ソリトン，カオス，超伝導，ゲージ変換，素粒子，形状記憶合金，レーザー等—を大幅に加筆・訂正した。〔内容〕力学／変形する物体の力学／熱と熱力学／電気と磁気／光／電子と原子／物質の電気・磁気的性質／電子の利用／素粒子の世界／宇宙／学者年表，物理定数等

H.J.グレイ／A.アイザックス編
山口東理大 清水忠雄・上智大 清水文子監訳

ロングマン 物 理 学 辞 典 （原書3版）

13072-4　C3542　　A5判 824頁　本体27000円

定評あるLongman社の"Dictionary of Physics"の完訳版。原著の第1版は1958年であり，版を重ね本書は第3版である。物理学の源流はイギリスにあり，その歴史を感じさせる用語・解説がベースとなり，物理工学・電子工学の領域で重要語となっている最近の用語も増補されている。解説も定義だけのものから，1ページを費やし詳解したものも含む。また人名用語も数多く含み，資料的価値も認められる。物理学だけにとどまらず工学系の研究者・技術者の座右の書として最適の辞典

東邦大 小野嘉之著
朝倉物性物理シリーズ1
金 属 絶 縁 体 転 移
13721-4 C3342　　A5判 224頁 本体4200円

計算過程などはできるだけ詳しく述べ、グリーン関数を付録で解説した。〔内容〕電子輸送理論の概略／パイエルス転移／整合と不整合／2次元、3次元におけるパイエルス転移／アンダーソン局在とは／局在-非局在転移／弱局在のミクロ理論

東大 勝本信吾著
朝倉物性物理シリーズ2
メ ゾ ス コ ピ ッ ク 系
13722-2 C3342　　A5判 212頁 本体4200円

基礎を親切に解説し興味深い問題を考える。〔内容〕メゾスコピック系とは／コヒーレントな伝導／量子閉じ込めと電気伝導／量子ホール効果／単電子トンネル／量子ドット／超伝導メゾスコピック系／量子コヒーレンス・デコヒーレンス

東大 久我隆弘著
朝倉物性物理シリーズ3
量　　子　　光　　学
13723-0 C3342　　A5判 192頁 本体4200円

基本概念を十分に説明し新しい展開を解説。〔内容〕電磁場の量子化／単一モード中の光の状態／原子と光の相互作用／レーザーによる原子運動の制御／レーザー冷却／原子の波動性／原子のボース・アインシュタイン凝縮／原子波光学／他

大貫惇睦・浅野 肇・上田和夫・佐藤英行・中村新男・髙重正明・三宅和正・竹田精治著
物　性　物　理　学
13081-3 C3042　　A5判 232頁 本体3800円

物性科学、物性論の全体像を的確に把握し、その広がりと深さを平易に指し示した意欲的入門書。〔内容〕化学結合と結晶構造／格子振動と物性／金属電子論／半導体と光物性／誘電体／超伝導と超流動／磁性／ナノストラクチャーの世界

前阪大 櫛田孝司著
光　物　性　物　理　学
13051-1 C3042　　A5判 224頁 本体4800円

光を利用した様々な技術の進歩の中でその基礎的分野を簡明に解説。〔内容〕光の古典論と量子論／光と物質との相互作用の古典論／光と物質の相互作用の量子論／核の運動と電子との相互作用／各種物質と光スペクトル／興味ある幾つかの現象

元京大 田中哲郎著
物　性　工　学　の　基　礎
21003-5 C3050　　A5判 200頁 本体3900円

工学関係の学生に固形物理に関する基礎知識を与えることを目的に、物質の電気的・磁気的性質、光学的性質、熱的性質、力学的性質、化学的性質について平易に解説。〔内容〕量子力学の基礎／統計力学の基礎／結晶の状態／固体の電子論

近角聰信・太田恵造・安達健五・津屋 昇・石川義和編
磁 性 体 ハ ン ド ブ ッ ク
13004-X C3042　　A5判 1348頁 本体49000円

最新データを網羅したわが国初のハンドブック。〔内容〕1.基礎編（一般論／磁性理論／静磁気現象／磁気共鳴／核磁気／中性子回折）。2.物質編（金属・合金の磁性／化合物の磁性／酸化物の磁性／ハライドの磁性／その他の磁性）。3.物性編（磁気異方性／磁歪／磁区／静的磁化過程／動的磁化過程／電子スピン共鳴／電気と磁気／磁気と光／熱と磁気）、4.応用編（高透磁率材料／永久磁石／角型ヒステリシス材料／薄膜と微粒子／超音波発生用磁歪材料／磁気録音および磁気記憶）

東工大 大津元一・阪大 河田 聡・山梨大 堀 裕和編
ナ ノ 光 工 学 ハ ン ド ブ ッ ク
21033-7 C3050　　A5判 604頁 本体22000円

ナノ寸法の超微小な光＝近接場光の実用化は、回折限界を超えた重大なブレークスルーであり、通信・デバイス・メモリ・微細加工などへの応用が急発展している。本書はこの近接場光を中心に、ナノ領域の光工学の理論と応用を網羅的に解説。〔内容〕理論（近接場，電磁気，電子工学，原子間力他）／要素の原理と方法（プローブ，発光，分光，計測他）／プローブ作製技術／生体／固体／有機材料／新材料と極限／微細加工技術／光メモリ／操作技術／ナノ光デバイス／数値計算ソフト／他

上記価格（税別）は2003年6月現在